计算机网络

主　编　刘　阳　王蒙蒙
副主编　黄培花　路来智　张显江　孙强强

北京理工大学出版社
BEIJING INSTITUTE OF TECHNOLOGY PRESS

内 容 简 介

本教材以因特网为例，以成熟的网络协议、网络设备和网络技术为主要内容进行讲解和剖析，使学生掌握计算机网络的基本原理、基本方法和基本技术。同时，将前沿的网络技术引入教学，使学生能够更好地把握技术的发展趋势。从内容上，共分为 8 章，第 1 章为全书概述；第 2 章介绍数据通信基础；从第 3 章开始，以计算机网络五层原理体系结构为主线，从低层到高层逐层介绍物理层、数据链路层、网络层、运输层和应用层各层的功能、主要协议及相关设备；第 8 章介绍网络安全技术。从结构上，每一章包含学习要点、学习目标、教学内容、小结、习题（含实验设计参考）五部分。

图书在版编目（CIP）数据

计算机网络／刘阳，王蒙蒙主编. --北京：北京理工大学出版社，2022.7

ISBN 978-7-5763-1443-4

Ⅰ. ①计…　Ⅱ. ①刘…②王…　Ⅲ. ①计算机网络-高等学校-教材　Ⅳ. ①TP393

中国版本图书馆 CIP 数据核字（2022）第 114810 号

出版发行／北京理工大学出版社有限责任公司

社　　址／北京市海淀区中关村南大街 5 号

邮　　编／100081

电　　话／（010）68914775（总编室）

　　　　　（010）82562903（教材售后服务热线）

　　　　　（010）68944723（其他图书服务热线）

网　　址／http：//www.bitpress.com.cn

经　　销／全国各地新华书店

印　　刷／河北盛世彩捷印刷有限公司

开　　本／787 毫米×1092 毫米　1/16

印　　张／17.25　　　　　　　　　　　　责任编辑／王玲玲

字　　数／405 千字　　　　　　　　　　　文案编辑／王玲玲

版　　次／2022 年 7 月第 1 版　2022 年 7 月第 1 次印刷　　责任校对／刘亚男

定　　价／88.00 元　　　　　　　　　　　责任印制／李志强

前　言

21 世纪，人类社会已经全面迈入网络时代，计算机网络已经深刻改变了我们的学习、生活和工作方式。近年来，我国互联网工作取得了显著发展成就，网络已经走入千家万户，网民数量居世界第一，我国已成为网络应用大国。但同时也要看到，我国还不是网络技术强国。要实现"网络强国"之梦，捍卫网络空间安全，需要培养出一批技术精良、素质过硬的网络技术人才。计算机网络技术在培养网络技术人才中发挥着重要的作用，是计算机相关专业学生以及从事计算机研究和应用的人员必须掌握的重要知识和技能。

本教材着眼于培养应用型计算机网络技术人才，适合应用型本、专科高校和高职类本、专科的计算机科学与技术、网络工程、计算机网络技术、物联网工程等相关专业的计算机网络相关课程选用。在编写教材内容时，着力从以下几个方面考虑：

第一，具备较宽的覆盖面、较系统的理论体系。教材按照计算机网络体系结构层次模型从低到高逐层展开讲解，讲解由浅入深、通俗易懂、示例丰富，主要包括每一层涉及的协议实现方法、设备工作原理，具备理论性和系统性的特点。

第二，将抽象的内容转换成易于接受的、较为具体化的实例进行讲解。考虑到在日常教学中，由于协议看不见、摸不着，内容比较抽象，学生们理解起来比较困难，在讲解的过程中利用 Wireshark 工具，结合实际网络中捕获到的数据包对协议进行更深入的剖析，做到理论联系实际，为从事网络管理、协议分析等相关工作奠定基础。

第三，针对每一章理论内容提供了必要的实训指导，做到学以致用。在网络体系结构的每一层，以网络构建为主线设计了实训项目，分别从网线制作、交换网络构建、网络互联、Socket 编程、网络服务等方面指导学生实践。

第四，教材配套资源丰富。包括线上 MOOC、课程标准、课后习题及答案、电子课件、教案，以及教材中案例涉及的数据包文件、实训配置文件、工具软件等，所有资源持续更新和完善，为教师教学和学生学习提供支持。

具体章节和内容安排如下：

第 1 章：计算机网络体系结构、计算机网络的基本概念、发展历程、网络新技术等。

第 2 章：数据通信基础知识、常见接入技术。

第 3 章：物理层基础知识、常见设备、物理层下面的传输介质及双绞线的制作。

第 4 章：数据链路层基础知识、PPP 协议、以太网协议、高速以太网、虚拟局域网、无线网、交换网络的组建。

第 5 章：网络层基础知识、IP、ICMP、ARP、RIP、OSPF、BGP、IPv4 到 IPv6 的过渡技术、路由设备、网络间互联等。

第 6 章：运输层基础知识、TCP、UDP 以及 Socket 编程等。

第 7 章：应用层基础知识、Web 服务、DNS 服务、DHCP 服务等。

第 8 章：网络安全概述、网络安全协议、网络安全设备等。

以下几点建议供安排与组织教学时参考：

第一，在开设本课程前，一般应学习过计算机基础相关课程，如计算机导论、大学计算机等。

第二，本课程理论与实践并重。为便于学生理解和掌握，建议安排 64 学时，其中理论 48 学时、实验 16 学时。

本教材提供的配套资源可以通过以下方式获取：

（1）线上 MOOC。课程网址：https://coursehome.zhihuishu.com/courseHome/1000009441#teachTeam

（2）课程标准、电子课件和教案等。请联系北京理工大学出版社获取。

本教材由刘阳、王蒙蒙担任主编，黄培花、路来智、张显江、孙强强担任副主编。其中，第 1 章由张显江编写，第 2、3、5 章由刘阳编写，第 4 章由王蒙蒙编写，第 6 章由路来智编写，第 7、8 章由黄培花编写，孙强强参与本教材部分编写和资料整理工作。在本教材的编写过程中，参阅了大量的书籍和网络资料，在此向这些书籍和资料的作者一并表示诚挚的感谢。

限于作者的编写水平有限，书中难免有不妥之处，恳请读者批评指正。

目 录

CONTENTS

第1章 概　述

21世纪，人类社会已经全面迈入网络时代。计算机与互联网改变了人们的学习、生活和日常工作。那么，计算机网络是如何为人们服务的？是如何通过网络介质和设备进行信息传递的？当利用网络聊天、浏览网页时，计算机网络内部到底发生了什么？本章将带您一起走入网络的世界，一起探寻网络内部的奥秘。

 学习要点

本章为全书的概要，以讲述计算机网络原理相关的基础知识为主。本章首先介绍计算机网络的发展历史，并对网络的定义、组成、分类等方面进行了介绍。接着对互联网的历史及组成进行了概述。然后讲解了网络的主要性能指标与典型的计算机网络体系结构，最后介绍网络标准化工作与网络新技术。

本章的重要内容：

（1）因特网分组交换技术。

（2）计算机网络的性能指标。

（3）计算机网络体系结构。

 学习目标

（1）了解计算机网络与互联网的发展历史。

（2）理解计算机网络的基本概念、组成和功能。

（3）了解计算机网络的分类和拓扑结构。

（4）理解计算机网络的性能指标。

（5）理解计算机网络体系结构。

（6）了解网络的标准化工作。

（7）了解网络新技术。

1.1 计算机网络的形成与发展

随着 1946 年 2 月 14 日世界上第一台通用计算机——电子数字积分器与计算机（Electronic Numerical Integrator And Computer，ENIAC）在美国宣告诞生，计算机技术与通信技术开始迅速融合。随着计算机技术和通信技术的不断发展，计算机网络经历了从简单到复杂、从单机到多机的发展过程，其演变过程主要可分为面向终端的计算机网络、计算机通信网络、计算机互联网络和高速互联网络四个阶段。

1.1.1 面向终端的计算机网络

20 世纪 60 年代初期是计算机网络发展的萌芽阶段。本阶段的计算机通信系统被称为联机系统，是面向终端的计算机网络。该阶段的计算机网络以单台计算机为中心，将多台处于不同地理位置终端设备通过通信线路与其进行连接。其结构如图 1-1 所示。在这种联机方式中，计算机主机是网络的中心和控制者，可以批量处理数据，终端则通过通信线路与主机相连，用户通过本地的终端远程使用主机，终端本身并不具备数据的存储和处理能力。

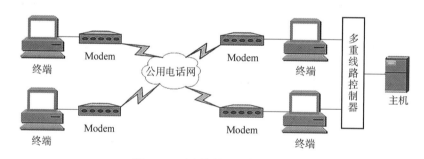

图 1-1 面向终端的计算机网络

分布在不同地理位置的终端，通过公共电话网及相应的通信设备与一台中央计算机相连，以交互的方式将命令发送至计算机，使该主机上的各种资源分配给多个用户共同使用，实现了通信与计算机的结合。这种具有通信功能的单机系统称为第一代计算机网络——面向终端的计算机网络，它将计算机技术与通信技术结合，可以让用户以终端方式与远程主机进行通信，因此可看作计算机网络的雏形。

但是，随着用户数量迅速增加，中央主机负担不断加重，系统响应时间过长，甚至出现死机等情况。一旦中央主机发生问题，整个计算机网络系统就会瘫痪。为了解决上述问题，提出设置前端处理机（Front-End Processor，FEP），主要目的是减轻中央主机的负担，采用这种方法，主机就不会经常被外部设备中断。

1.1.2 计算机通信网络

随着计算机网络技术的迅速发展，到 20 世纪 60 年代中期，出现了多个计算机互连的系统，实现了计算机和计算机之间的通信。这其中就有大家公认的计算机网络的鼻祖——阿帕网（Advanced Research Projects Acency Network，ARPANET）。ARPANET 于 1969 年 12 月诞生，是世界上第一个基于分组技术的计算机分组交换系统，同时也是当今 Internet 的雏形。用户通过这些网络实现了计算机之间的远程数据传输及软硬件资源共享，其结构如图 1-2 所示。

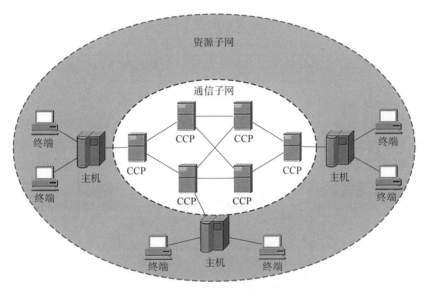

图 1-2　第二代计算机网络结构示意图

从图 1-2 可以看出，第二代计算机网络从功能上划分为两个相对独立的部分：把主机的通信任务从主机中分离出来，由专门的通信控制处理机（Communication Control Processor，CCP）来完成，CCP 组成了一个单独的网络体系，我们称它为通信子网；主机与终端则形成了资源子网。这种网络形式有效地解决了第一代计算机网络中主机负担很重、可靠性低的缺点，提高了网络的可用性和可靠性。

第二代计算机网络之间大多采用租用电话线路的方式实现了远程数据传输及共享。但由于不同厂家提供的网络产品缺乏统一的标准，导致产品无法互联互通。

1.1.3 计算机互联网络

进入 20 世纪 80 年代，由于缺乏统一的网络体系架构和协议标准，不同公司的网络体系只适用于自己公司的设备，不同公司的设备很难进行互联。为了推动不同网络体系结构的网络能够方便进行连接，适应网络向标准化发展的要求，1984 年国际标准化组织（International Organization for Standardization，ISO）正式颁布了一个国际标准"开放系统互连参考模型（Open System Interconnection/Reference Model，OSI/RM）"。

此时的计算机网络在共同遵循 OSI 标准的基础上，形成了一个具有统一计算机网络体系结构，并遵循国际标准的开放式和标准化的网络。1980 年 2 月，电气与电子工程师协会（Institute of Electrical and Electronics Engineers，IEEE）下属的 802 局域网标准委员会宣告成立，并相继推出了若干个 802 局域网协议标准，其中绝大部分后来被 OSI 正式认可，并成为局域网的国际标准。这标志着局域网协议及标准化工作向前迈出了一大步。

随着广域网与局域网的发展以及微型计算机的广泛应用，传统的大、中型主机与终端互连的用户数不断减少，组织结构内部以资源共享为目的的多台计算机互连的需求日益增加。网络结构从此发生了巨大变化：微型计算机可通过局域网连入广域网，而局域网与广域网、广域网与广域网的互联通过路由器实现。用户计算机可以通过校园网、企业网或网络业务提供商（Internet Service Provider，ISP）连接地区主干网，地区主干网通过国家主干网连接国家间的高速主干网，这样就形成一种以路由器为互连设备的大型、具有层次结构的现代计算机网络，即互联网络。计算机互联网络的简化结构示意图如图 1-3 所示。

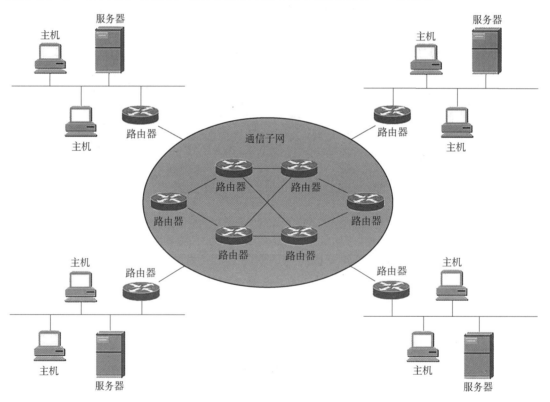

图 1-3　计算机互联网络结构示意图

虽然 OSI/RM 的诞生大大促进了计算机网络的发展，但主要还是表现在局域网范围中，在后来的广域网，包括 Internet（互联网）的发展中，OSI/RM 却被后来居上的 TCP/IP 协议规范远远抛在后面。1983 年，美国国防高级研究计划局（Defense Advanced Research Projects Agency，DARPA）将 ARPANET 上的所有计算机结构转向了 TCP/IP 协议，并以 ARPANET 为主干建立和发展了 Internet，形成了 TCP/IP 体系结构。

TCP/IP 协议体系结构虽然不是国际标准，但它的发展和应用都远远超过了 OSI/RM，成为 Internet 体系结构上的实际标准。究其原因，主要有以下三个方面：一是 TCP/IP 协议簇非常庞大，功能完善且实用，用户基础好；二是曾经的 Internet 的投资者不会轻易放弃在 TCP/IP 协议体系上的巨大投资；三是 OSI/RM 的网络体系结构本身分层过多，有些层次（如会话层和表示层）没有太大单独划分的必要性，而有些功能（如流量控制和差错控制等）又在多个层次中出现，实现和协调起来比较难。

当然，OSI/RM 提出了许多计算机网络的概念和技术至今仍广为使用。另外，也正是在它的推动下，使得计算机网络体系结构的标准化工作不断进展。事实上，后来的 TCP/IP 协议规范也是在 OSI/RM 基础上改进而来的。

1.1.4 高速互联网络

进入 20 世纪 90 年代后，随着计算机网络技术的迅猛发展，特别是 1993 年美国宣布建立国家信息基础设施（National Information Infrastructure，NII）后，各个国家都纷纷制定和建立本国的 NII，从而极大地推动了计算机网络技术的发展，使计算机网络的发展进入一个崭新阶段，即高速互联网络阶段。

计算机互联网络是通过数据通信网络实现数据通信和资源共享，此时的计算机网络基本上以电信网作为信息的载体，即计算机通过电信网络中的 X.25 网、数字数据网（Digital Data Network，DDN）、帧中继网等传输信息，如图 1-4 所示。

图 1-4　计算机互联网络

这一阶段也称为网络的国际化阶段，网络技术由低速向高速、由共享到交换、由窄带向宽带方向迅速发展，网络应用更加广泛和深入。新一代的计算机网络将满足高速、大容量、综合性、数字信息传输等多方位的需求。

目前，计算机网络正朝着高速、实时、智能、业务综合等方向不断发展，全球以 Internet 为核心的高速计算机互联网络已形成，Internet 已经成为人类最重要的、最大的知识宝库。

1.2　计算机网络的定义和组成

计算机网络是计算机技术与通信技术相结合的产物。随着计算机网络技术的快速发展和广泛应用，计算机网络已成为人们现代生活的必备工具，无论是学习生活、科学研究还是休闲娱乐,都离不开以计算机为核心的网络。计算机网络的广泛应用对人类社会发展具有巨大的推动作用。

1.2.1　计算机网络的定义

由于计算机网络技术和应用的不断发展,计算机网络的内涵也在不断发生变化,所以关于"计算机网络",至今仍没有一个严格意义上的定义。

目前大多数认可的"计算机网络",就是指将不同地理位置,具有独立功能的多台计算机及网络设备通过通信线路(包括传输介质和网络设备)连接起来,在网络操作系统、网络管理软件及网络通信协议的共同管理和协调下实现资源共享和信息传递的计算机系统。简单地讲,计算机网络就是许多独立工作的计算机系统通过通信线路(包括连接电缆和网络设备)相互连接构成的计算机系统集合。

1.2.2　计算机网络的组成

计算机网络从物理结构上看,由计算机系统、通信链路和网络节点组成。计算机系统进行各种数据处理,通信链路和网络节点提供通信功能。从逻辑功能上看,又可以把计算机网络分成资源子网和通信子网两部分。通信子网提供计算机网络的通信功能,资源子网提供访问网络和处理数据的能力。

1. 计算机网络的物理组成

(1) 计算机系统

计算机系统是计算机网络的重要组成部分,是计算机网络不可缺少的硬件元素。计算机网络连接的计算机可以是巨型机、大型机、小型机、工作站(或微机)以及其他包含计算机系统的数据终端设备。其主要作用有信息采集、存储和加工处理。

(2) 网络节点

网络节点主要负责网络中信息的发送、接收和转发。网络节点是计算机与网络的接口,计算机通过网络节点向其他计算机发送信息,鉴别和接受其他计算机发送来的信息。在大型网络中,网络节点一般由一台处理机或通信控制器来担当,此时网络节点还具备存储转发和路径选择的功能。

(3) 通信链路

通信链路是连接两个节点之间的通信信道,通信信道包括通信线路和相关的通信设备。通信线路包括同轴电缆、双绞线、光缆、无线电、微波等。通信设备是用来实现网络中各计算机之间互联的设备,常用的设备有中继器、调制解调器等。其中,中继器的作用是将数字信号放大,调制解调器能够将数字信号和模拟信号进行转换,使得数字信号可以利用现有的电话线来传输。

2. 计算机网络的逻辑组成

计算机网络从逻辑功能角度，可划分为资源子网和通信子网两部分。

（1）资源子网

资源子网是计算机网络中实现资源共享功能的设备及其软件的集合，是面向用户的部分，它负责整个网络的数据处理，向网络用户提供各种网络资源和网络服务。资源子网通常由计算机系统、终端设备、软件资源和信息资源组成。

（2）通信子网

通信子网是计算机网络中实现网络通信功能的设备及其软件的集合。它主要负责数据传输和转发等通信处理工作。通信子网是信息传输的主体，主要由通信设备、通信线路（传输介质）和通信控制软件组成。

1.2.3 计算机网络基本功能

计算机网络的基本功能是资源共享和数据通信，除此之外，还有负载均衡、分布式处理和提高系统安全性与可靠性等功能。

1. 资源共享

资源共享是计算机网络的基本功能，其目的是连接到计算机网络中的任何计算机均能够使用网络上的资源，这些资源可以是高性能计算机、大容量磁盘、高性能打印机、高精度图形设备、通信线路、通信设备等硬件设备，也可以是大型专用软件、各种网络应用软件等，还可以是各种形式的数据，包括像文字、数字、声音、图形、图像、视频等形式的数据。这样既方便了网络用户的使用，又提高软件、硬件和数据的利用效率，有效避免资源重复建设。

2. 数据通信

数据通信主要实现网络中计算机系统之间的数据传输，它是计算机网络应用的基础。它为分布在世界各地的网络用户提供了一种强大的通信手段。通过数据通信使分布在不同地理位置的网络用户之间能够相互通信、交流信息。计算机网络可以传输数据、声音、图像、视频等多媒体信息，可以发送电子邮件，实现网络视频会议、远程诊断和网上聊天等。

3. 负载均衡与分布式处理

负载均衡也称负载共享，是指对系统中的负载情况进行动态调整，以尽量消除或减少系统中各节点负载不均衡的现象。具体实现方法是将过载节点上的任务转移到其他轻载节点上，以提高系统的综合处理效率。

分布式处理是指将一个大型的复杂处理任务，在控制系统的统一管理下，将任务分配给网络上多台计算机，每个计算机各自承担同一工作任务的不同部分，进行协同工作，共同处理同一任务，从而实现一台计算机无法完成的复杂任务。

4. 提高系统的可靠性

网络系统中计算机具有互为备份的特性，这样提高了系统的可靠性。也就是说，当某台计算机出现问题时，其工作可以由网络上其他计算机承担，不致因单机故障而导致系统瘫痪，同时，数据的安全性也得到了保障。

1.2.4 计算机网络分类

计算机网络的种类很多，性能各异，为了使人们便于认识、理解和描述计算机网络，根据不同的分类标准，可以将计算机网络划分为各种不同的类型。

1. 按网络的管理方式分类

（1）客户机/服务器（Client/Server，C/S）网络

在计算机网络中，有一台或多台服务器（Server），专门用来管理、控制网络的运行或为网络提供资源和服务，并安装有负责网络运行的网络管理软件（特别是网络操作系统），或者安装网络服务应用软件。网络中的其他计算机利用服务器提供的资源和服务，进行数据处理，这些计算机为客户机（Client）。在客户机上一般需要安装客户端软件，才能利用服务器提供的资源和服务。这样由服务器、客户机就构成了网络的一种基本工作模式，简称C/S模式。

（2）对等（Peer-to-Peer，P2P）网络

在对等模式的计算机网络中，每一台计算机都可以为网络提供资源和服务，同时也可使用网络上的资源和服务。对等网中每一台计算机在功能上是对等的，没有主从之分，每一台计算机既是服务器，又是客户机，简称P2P模式。

2. 按照计算机网络的传输介质类型分类

（1）有线网

在两个通信设备之间利用可见的物理媒体传输信息的网络。有线传输介质主要有双绞线、同轴电缆和光纤。双绞线和同轴电缆利用电信号进行信息传递，光纤利用光信号进行信息传递。

（2）无线网

利用无线电波在自由空间的传播实现多种无线通信的网络。在自由空间传输的电磁波，根据频谱可将其分为无线电波、微波、红外线、激光等，信息被加载在电磁波上进行传输。无线传输的介质有无线电波、红外线、微波、卫星和激光。

关于传输介质的相关内容，在3.3小节具体介绍。

3. 按照计算机网络的应用范围分类

（1）公用网

公用网对所有人提供服务，只要符合网络拥有者的要求（如按照规定进行缴费），就能使用这个网络。也就是说，它为全社会所有的人提供服务，例如中国公用分组交换数据网（China Public Packet Switching Data Network，CHINAPAC）。

（2）专用网

专用网为一个或几个部门所拥有，它只为拥有者提供服务，不向拥有者以外的人提供服务。如军事专用网、银行专用网等。

4. 按照计算机网络的作用范围分类

（1）局域网（Local Area Network，LAN）

局域网是指在某一区域内（"某一区域"指的是同一办公室、同一建筑物、同一公司和

同一学校等，一般是覆盖面积在几千米以内），将各种计算机、打印机、存储设备等通过通信线路与网络连接设备相连，形成局部物理网络，在软件系统的支持下，实现局部网络中数据通信、资源共享和分布式处理的系统。

从资源共享角度看，它可以实现文件管理、应用软件共享、打印机共享、扫描仪共享、工作组内的日程安排、电子邮件和传真通信服务等功能。局域网规模可大可小，可以由办公室内的两台计算机组成，也可以由一个公司内成百上千的计算机组成。简单的局域网如图1-5所示。

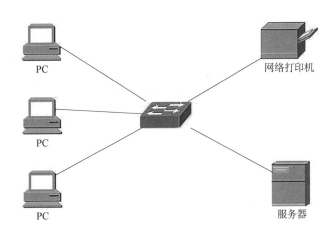

图 1-5　简单局域网示例

局域网可以通过数据通信网或专用的数据电路，与其他局域网、城域网等相连，构成一个更大范围的计算机网络。

归纳起来，局域网具有以下主要特点：

■ 地理范围有限。由于局域网的覆盖范围一般为 0.1～2.5 km，其可以是一个建筑物内、一个校园或者大致数千米直径的一个区域。整个网络为该单位或部门所有，仅供其内部使用。

■ 通信速率较高。局域网通信传输率从 10 Mb/s 到 100 Mb/s（Mb/s，百万比特每秒），随着局域网技术的进一步发展，目前正在向着更高的速度发展，近年来已达到 1 000 Mb/s、10 000 Mb/s。

■ 通信质量较好，传输误码率低，误码率一般为 10^{-8}～10^{-11}。

■ 支持多种通信传输介质。根据网络本身的性能要求，局域网中可使用多种通信介质，例如双绞线、同轴电缆、光纤及无线电波等。

■ 网络协议简单，网络拓扑结构灵活，便于管理和扩展。

■ 技术成熟，便于安装、维护和扩充，建网成本低、周期短。

（2）城域网（Metropolitan Area Network，MAN）

城域网是一种大型的局域网，它将位于一个城市之内不同地点的多个计算机局域网连接起来实现资源共享，通常使用与 LAN 相似的技术。它的覆盖范围介于局域网和广域网之间，一般为几千米至几万米，城域网的覆盖范围在一个城市内。城域网所使用的通信设备和网络设备的功能要求高于局域网，从而有效地覆盖整个城市的地理范围。能够满足政府机关、金融保险、中小学、企业对高速、高质量数据通信服务日益强烈的需求，特别是快速发展的互联网用户群体对高速互联网接入的需求。

（3）广域网（Wide Area Network，WAN）

广域网也称远程网，覆盖几十千米到几千千米的地理范围，可跨越一个地区、国家、洲形成国际性远程网络，实现广阔地域的数据通信和资源共享。

通常广域网的数据传输速率比局域网低，而信号的传播延迟却比局域网要大得多。广域网的典型速率是从 56 kb/s 到 155 Mb/s，现在已有 622 Mb/s、2.4 Gb/s 甚至更高速率的广域网；传播延迟可从几毫秒到几百毫秒。

广域网的主要特点是：覆盖的地理区域大、广域网连接常借用公用电信网络、传输速率比较低、网络拓扑结构复杂等。

5. 将用户接入互联网的网络

在这里，将用户接入互联网的网络就是指的接入网（Access Network，AN）。所谓接入网，是指骨干网络到用户终端之间的所有设备。其长度一般为几百米到几千米，因而被形象地称为"最后一千米"。

由于通信技术快速发展，人民生活水平的不断提高，对网络接入的需求呈现出多样化的趋势。如何充分利用现有网络资源提高服务质量，为用户提供多样化的互联网业务需求，就成为接入网技术发展的动力。其接入网的接入方式包括铜线（普通电话线）接入、光纤接入、光纤同轴电缆（有线电视电缆）混合接入和无线接入等几种方式。我们将在第 2 章 2.4 节具体介绍常用接入网技术。

1.2.5 网络的拓扑结构

计算机网络的拓扑结构是指用拓扑学的方法来研究点与线之间的关系，而不受大小和形状的影响。应用拓扑学的思想，将网络中的计算机和通信设备抽象为点，将传输介质抽象为线，由点和线组成的几何图形（几何排列形式）称为**计算机网络拓扑**。网络拓扑反映了网络实体（节点）之间的结构关系，这对所采用的技术、网络性能、网络可靠性、可维护性和实施成本有重大影响。

计算机网络的拓扑结构主要包括总线型、星型、环型、树型和网状，其中星型拓扑是局域网最常用的拓扑结构。

1. 总线型拓扑结构

总线型拓扑结构将所有节点通过网络适配器直接连接到一条公共的总线介质上，其物理连接如图 1-6（a）所示，其拓扑结构如图 1-6（b）所示。

总线型网络使用广播方式进行传输，总线上的所有节点都可以发送数据到总线上，数据沿总线传播。由于总线是由多个节点共享的，作为共同的传输媒介，因此可能会有两个或多个节点同时使用总线发送数据，从而可能会发生"碰撞"。随着更多的设备连接到总线上，"碰撞"加剧，网络发送和接收数据的速度也就变得更慢。

总线型拓扑结构具有如下特点：

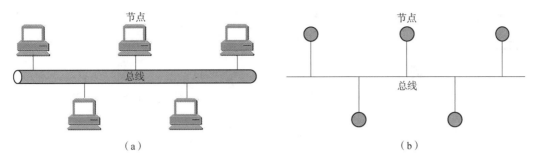

图 1-6 总线型拓扑结构

（a）物理连接；（b）拓扑结构

①结构简单灵活，易于扩展，共享能力强，便于广播式传输。

②网络响应速度快，但负荷重时性能迅速下降；局部节点故障不影响整体，若总线出现故障，则将影响整个网络。

③易于安装，组建网络费用低。

2. 环型拓扑结构

环型拓扑是指将网络中的所有节点连接在一条封闭的环型通信线中，通过相应的网络适配器进行点到点的连接，其物理连接如图 1-7（a）所示，其拓扑结构如图 1-7（b）所示。

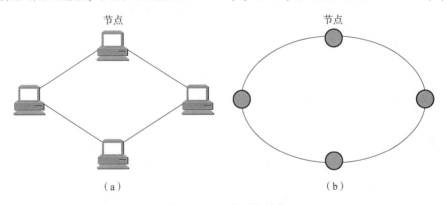

图 1-7 环型状拓扑结构

（a）物理连接；（b）拓扑结构

在环型拓扑结构中，数据发送沿着一个方向依次传输，采用令牌控制节点轮流发送数据。在环型拓扑中，多个节点共同使用一条线路，但不会出现冲突。

环型拓扑结构具有如下特点：

①各节点间无主从关系，结构简单；信息流在网络中沿环单向传递，实时性较好。

②两个节点之间只有一条的路径，简化了路径选择。

③可靠性差，任何线路或节点的故障，会导致全网故障，且故障定位困难。

④网络的管理较为复杂，与总线型局域网相比，可扩展性较差。

3. 星型拓扑结构

星型拓扑结构是每个节点通过点到点通信线路与中心节点（如交换机、集线器等）连接，其物理连接如图 1-8（a）所示，其拓扑结构如图 1-8（b）所示。

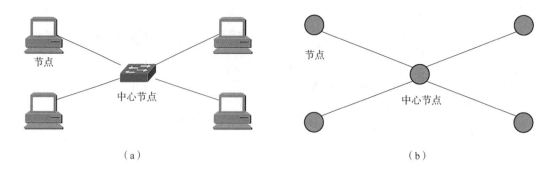

图1-8　星型拓扑结构

（a）物理连接；（b）拓扑结构

在星型拓扑结构中，节点间的通信都通过中心节点进行。当一个节点向另一个节点发送数据时，首先将数据发送到中心节点，然后由中心节点设备将数据转发到目标节点。目前星型拓扑结构是局域网中最常用的拓扑结构。

星型拓扑结构具有如下特点：

①结构简单，易管理、易维护、易布线、易扩充。

②通信线路专用，电缆成本高。

③中心节点负担重，易成为信息传输的"瓶颈"，并且中心节点一旦出现故障，会导致全网瘫痪。

④中心节点管理整个网络，其可靠性同时也影响整个网络的可靠性。

4. 其他拓扑结构

网络拓扑结构除了上述几种形式外，还有树型、网状等形式的拓扑结构。

树型拓扑结构是从总线和星状结构演变来的，是一种节点按层次连接的层次结构，如图1-9所示。树型拓扑结构连接简单，适用于有汇集信息的应用要求，但除了叶节点及其相连的线路外，任一节点或其相连的线路故障都会使系统受到影响。

网状拓扑结构是指网络中任意设备间均有点到点的连接，将各网络节点与通信线路互连成不规则的形状，如图1-10所示。网状拓扑结构主要用于地域覆盖范围广、接入网络中的主机数量多的环境，大型局域网或广域网一般都采用这种结构。其优点是可靠性高，易扩展，但是结构复杂，任意节点都与多点进行连接，因此必须采用路由算法和流量控制方法。

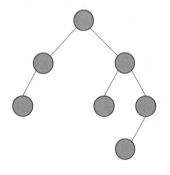

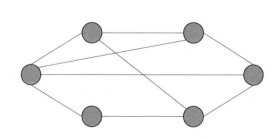

图1-9　树型拓扑结构图　　　　　　图1-10　网状拓扑结构图

1.3 互联网概述

学习计算机网络，不得不提起与我们生活密切相关的因特网，其是将全世界范围内各个国家、地区的网络连接起来所构成的一个庞大网络。因特网目前已经成为世界上最大的计算机互联网。本节通过对因特网的介绍来帮助大家理解互联网的发展史。

1.3.1 因特网的历史

因特网是"Internet"的中文名字，而"internet"则泛指互联网。因特网只是互联网的一种。我们生活中常说的"去上网"，这里"上网"指的是万维网（World Wide Web，WWW），也称为 Web、3W 等。互联网与万维网并不相同，万维网只是一个基于超文本相互链接而建立的全球性系统，是互联网所能提供的服务其中之一。

1.1.2 节已经介绍过，因特网起源于 1969 年的美国，其前身叫作 ARPANET，是一个世界范围的计算机互联网络。该网络早期用于军事连接，后将美国四所大学的四台计算机连接起来进行科学实验，这就是因特网的前身。通过这个网络，进行了分组交换设备、网络通信协议、网络通信与系统操作软件等方面的研究。自从 1983 年 1 月 TCP/IP 协议成为正式的 ARPANET 的网络协议标准后，大量的网络、主机和用户都连入了 ARPANET，使 ARPANET 迅速发展。到 1984 年，美国国家科学基金会（National Science Foundation，NSF）决定组建 NSFNET。该网络通过三级层次结构的广域网络将全美的大学和科研机构连接起来。NSFNET 和 ARPANET 就是目前因特网的基础。

当美国在发展 NSFNET 的时候，其他一些国家、大学和科研机构也在建设自己的广域网络，这些网络都是和 NSFNET 兼容的，它们最终构成因特网在各地的基础。20 世纪 90 年代以来，这些网络逐渐连接到因特网上，从而构成了今天的世界范围内互连网络。随着 NSFNET 的广泛流行，NSF 不断升级它的骨干网络。1990 年，NSFNET 代替了原来的慢速的 ARPANET，成为互联网的骨干网络，ARPANET 在 1989 年被关闭，1990 年正式退役。

ARPANET 和 NSFNET 由于接入主机数量的增加，同时受到因特网商业化巨大潜力的影响，使因特网有了质的飞跃，并最终成为全球化网络。由于因特网存在着技术上和功能上的不足，加上用户数量猛增，使得现有的因特网不堪重负，因此 1996 年美国的一些研究机构和 34 所大学提出开发新一代因特网，取名"Internet2"，并推出了"下一代因特网（Next Generation Internet Initiative，NGI）"计划。

NGI 计划要实现的主要目标如下所述。

①推动下一代因特网技术研究，提供比现有因特网快 100~1 000 倍的传输速率，端到端的传输速率达到 100 Mb/s 至 10 Gb/s。

②使用更加先进的网络服务技术和开发许多带有革命性的应用，如远程医疗、远程教育、能源和地球系统的研究、环境监测和预报、紧急反应与危机情况处理等。

③使用超高速全光网络，能实现更快速交换和路由选择，同时具有为一些实时应用保留

带宽的能力。

④对整个因特网的管理和保证信息的可靠性及安全性方面进行较大的改进。

1. 3. 2　因特网的边缘

因特网的网络结构非常复杂，几乎覆盖了全球。从网络的边缘开始由外向内逐步观察，我们会发现因特网的边缘设备都是我们日常使用的设备，如个人计算机、服务器、智能手机等设备。这些设备都具有发送和接收数据、音频或视频的特性，同时提供自身的资源进行共享。这些设备借助于因特网与其中的服务器相互连接。

许多设备是在家庭中使用的，其中有智能电视、智能洗衣机、智能电冰箱，智能启扫地机器人，甚至智能音箱能每天自动叫你起床并告诉你今天的天气如何。智能手表或智能手机利用全球卫星定位系统、北斗卫星定位系统以及基站定位等技术提供因特网位置相关的服务。利用部署在实际场景中的网络传感器实时远程监测水文变化、地震监控、生物多样性保护以及智能气象预报。

网络应用程序运行在处于网络边缘的不同的边缘设备上，通过彼此间的通信来共同完成某项任务。因特网的边缘设备之间的通信方式通常可以分为两大类：客户/服务器方式（C/S方式）和对等方式（P2P方式）。

1. 客户/服务器方式

因特网中最传统的，也是最成熟的方式就是C/S方式。在边缘设备间通信的对象实际上是双方的两个应用进程，其中一方为客户，另一方为服务器。所以C/S方式所描述的是进程之间服务和被服务的关系，客户是服务的请求方，服务器是服务的提供方，双方都要使用网络核心部分所提供的服务。

基于C/S方式的应用服务通常是服务集中型的，即应用服务集中在网络中比客户计算机少得多的服务器计算机上。很多我们熟悉的网络应用采用的都是C/S方式，包括万维网、电子邮件、文件传输等。

2. 对等方式

在P2P方式中，没有固定的服务请求者和服务提供者，分布在网络边缘各个边缘设备中的应用进程是对等的，被称为对等方。对等方相互之间直接通信，每个对等方既是服务的请求者，又是服务的提供者。

基于P2P的应用是服务分散型的，因为服务不是集中在少数几个服务器计算机中，而是分散在大量对等计算机中，这些计算机并不为服务提供商所有，而是为个人控制的桌面计算机和笔记本电脑，它们通常位于住宅、校园和办公室中。目前，在因特网上流行的P2P应用主要包括P2P文件共享、即时通信、P2P流媒体、分布式存储等。

1. 3. 3　因特网的核心

在考察了因特网边缘后，更深入地研究因特网的核心部分，了解数据是如何通过网络核心从源主机到达目的主机的。边缘部分中的任何一个主机都可以利用网络中的核心部分与其他主机通信。既然要经过网络核心进行数据交换，就要确保数据准确无误地从一个网络交换到另一个网络，直到到达目的主机。因此，网络核心解决的基本问题就是数据交换。

在因特网的核心部分中，主要通过路由器（Router）实现数据的交换，在这里数据以分组的形式被转发，称为分组交换（Packet Switching）。那么，在由路由器互连的网络中，分组交换如何保证数据从源主机到达目的主机的呢？首先，我们要弄清楚电路交换的基本原理。

1. 电路交换

当电话问世后，随着越来越多的通信需求，电话机的数量也相对增多，人们发现，所有电话机两两相连需要的电线数量太大。为了解决这个需求，采用一种叫作电话交换机的设备。该设备接通电话线的方式就是电路交换方式。

当一方通过电话网络向另一方进行语音通话时，发送方首先需要与接收方协商建立一条物理连接。连接建立完成后，通话双方就可以进行语音通话了。通话结束后，双方挂断电话，将刚刚占用的物理连接释放，到此，完成一次电路交换过程，如图 1-11 所示。

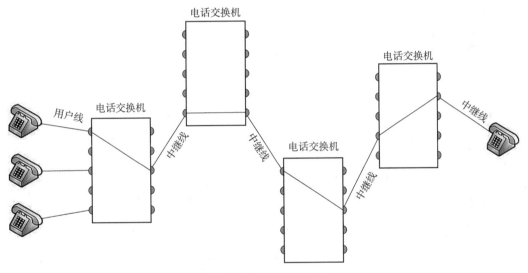

图 1-11　电路交换过程

若采用电路交换来传送计算机数据，则需要在通信双方之间建立一条被双方独占的物理通路（由通信双方之间的交换设备和链路逐段连接而成），因而有以下优点：

①通信时延小。通信双方通过专用线路进行通信，数据可以直达。当数据传输量较大时，优点将十分显著。

②线路独占，没有冲突。

③实时性强。一旦通信线路建立，双方可以实时通信。

电路交换的缺点主要包括以下几个方面：

①线路独占，利用率往往很低。

②连接建立时间过长。

当采用电路交换来传送计算机数据时，由于计算机数据具有突发性的特点，因此，线路真正用来传输数据的时间往往不到 10%，线路在绝大部分时间属于空闲状态，而这部分时间的线路又不能分配给其他用户使用，极大地浪费了网络资源。

2. 报文交换

莱昂纳多·克莱洛克于1961年提出的报文交换是采用基于存储的报文交换方式。报文交换方式将信息组织成一个报文逐站向前进行发送，报文携带有源地址和目的地址等信息，中间节点采用存储转发的传输方式将收到的报文根据目标地址选择路径，最后在下一个站点空闲时将数据转发出去。经过多个站点的存储转发，最终被目标站点接收。

报文交换的优点主要包括以下几个方面：

①无须建立连接。报文交换不需要为通信双方预先建立一条专用的通信线路，不存在连接建立时延，用户可随时发送报文。

②动态分配线路。由于采用存储转发的传输方式，交换结点还具有路径选择功能，便于类型、规格和速度不同的计算机之间进行通信，甚至目的主机具有多个不同地址也可以。

③线路利用率高。通信双方不是固定占有一条通信线路，而是在不同的时间一段一段地部分占有这条物理通路，因而大大提高了通信线路的利用率。

报文交换的缺点主要包括以下几个方面：

①报文交换对报文的大小没有限制，需要网络节点有足够的缓存空间。

②报文交换在节点处要经历存储、转发等操作，从而引起一定时延。

由于报文交换实时性差，不适合计算机通信中传送实时或交互式业务。

3. 分组交换

目前，计算机网络采用分组交换方式进行数据发送。它的实质仍然是基于**存储转发**技术。同报文交换的工作方式基本相同，发送节点首先将待发送的数据报文进行存储接收，然后将报文划分成一定长度的分组（Packet），最终以分组为单位进行传输和交换。中间节点接收到相邻节点发送的分组进行存储，依据自身的转发表将分组向下一个节点转发。最终，接收节点将收到的分组进行组装，成为报文。整个过程如图1-12所示。由于每个分组都携带有完成的地址信息，无须为通信双方预先建立通信线路，分组依然可以正确到达接收节点。

由于分组交换采用与报文交换同样的存储转发方式进行数据发送，因此分组交换除了具有报文交换的优点之外，与报文交换相比，还具有以下优点：

①由于分组长度小于报文，等待发送时间更短。

②分组长度固定，缓冲区大小也固定，易于管理。

③由于分组较小，出错概率和重发数据量远远低于报文交换，更加适用于计算机系统之间突发数据的传输。

分组交换与报文交换相比，依然存在以下几个缺点：

①仍然存在存储转发时延。

②仍然需要在首部增加地址等控制信息，同样增加了处理时间。

③仍然存在分组失序、丢失或重复的情况。

总之，如图1-13所示，若要传送的数据量很大，并且其传送时间远大于呼叫时间，采用电路交换较为合适；当端到端的通路有很多段的链路组成时，采用分组交换传送数据较为合适。从信道利用率上看，报文交换和分组交换优于电路交换，其中分组交换比报文交换的时延小，尤其适用于计算机之间的突发式的数据通信。

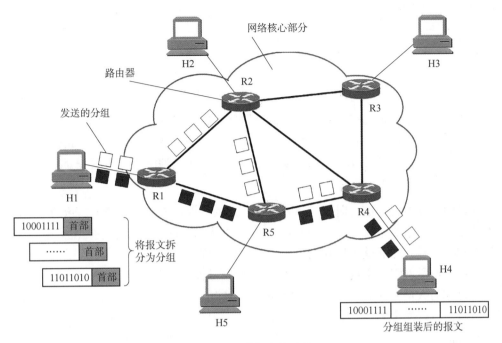

图 1-12 分组交换过程

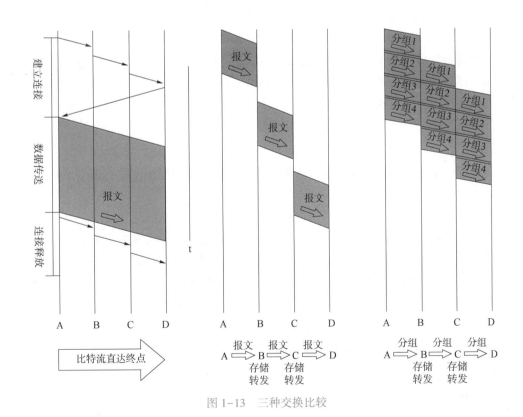

图 1-13 三种交换比较

1.4 网络性能

生活中，人们常常因为网络各种各样的问题间接或直接影响了工作效率。如何检测网络运行状态，提前发现网络存在的问题隐患是非常重要的。计算机网络的性能指标通常需要从不同的方面来衡量网络的性能，下面选取具有代表性的 7 个性能指标来逐一介绍。

1. 速率

计算机网络在进行通信的时候，需要将待发送的数据转换成用 0 或 1 表示的二进制数字进行发送。一位二进制数就代表一个比特（bit）。网络中的计算机将这些二进制数字进行编码转换成数字信号，然后就可以在网络介质中进行传输了。

那么如何衡量网络发送数据的快慢呢？在这里，计算机网络采用速率表示每秒传输的比特数量，也称为数据率或者比特率。速率的单位是 b/s（比特每秒），即 bit per second。当速率较高时，可以使用 kb/s（$k=10^3=$千）、Mb/s（$M=10^6=$兆）、Gb/s（$G=10^9=$吉）或者 Tb/s（$T=10^{12}=$太）。现在生活中人们习惯使用更简洁但不严格的表示方法来描述速率，如 1 000M 网络，省略了单位 b/s。

2. 带宽

计算机网络中的带宽是指在一段时间内网络所传送的最多比特数，单位是"比特每秒"，即为 b/s。例如，一个网络带宽为 1 000 Mb/s，就表示该网络每秒钟能传送十亿比特的数据。也可以按传送每个比特所消耗的时间长短来测量带宽。例如，一个笔记本的网卡是千兆网卡，接入的网络带宽也是千兆，表示传送一个比特需要花费 0.001 μs。随着网络技术的快速发展，传送与接收技术不断进步，传送每比特所消耗的时间变得越来越窄，意味着带宽变得越来越宽。

3. 吞吐量

网络中吞吐量非常容易与带宽混淆。带宽的字面含义是频带的宽度。如果你发现带宽以赫兹（Hz）为单位，那么它表示的就是容纳信号的范围。

当我们探讨通信链路的带宽时，指的就是线路上每秒所传送的比特数量。但实际线路中每秒传送的比特数与带宽是有区别的。在这里，使用吞吐量表示网络系统中单位时间内实际通过某个网络或接口的比特数。因此，实际生活中受到各种因素影响，例如线路的编码方式、线缆制作水平、周围环境干扰等，一段带宽为 1 000 Mb/s 的线路上，发送端与接收端之间可能只达到 400 Mb/s 的吞吐量。

4. 时延

在网络性能的 7 个指标中，时延是很重要的性能指标。它是将数据从网络的一端传到另一端所花费的时间，又叫作延迟或者迟延。

通常情况，时延由四个部分组成。第一个部分，发送一个数据单元所花费的时间，称为**发送时延**。第二个部分，信息在两点之间传输所花费的时间，称为**传播时延**（信息在自由空间的传播速率是光速，即 $3.0×10^5$ km/s，在电缆中的传播速率约为 $2.3×10^5$ km/s，在光纤

中的传播速率约为 $2.0×10^5$ km/s）。第三部分，主机、路由器或分组交换机在接收到网络数据时，需要对数据进行分析、重组，在这个处理过程中所产生的时间，称为**处理时延**。第四部分，网络内数据在进行发送与接收的过程中在相应的路由器或者分组交换机时需要排队等待所产生的时间，称为**排队时延**。

因此，总的时延为：

$$总时延=发送时延+传播时延+处理时延+排队时延 \tag{1-1}$$

其中：

$$发送时延=\frac{数据帧大小(b)}{发送速率(b/s)} \tag{1-2}$$

$$传播时延=\frac{信道距离(m)}{传播速率(m/s)} \tag{1-3}$$

5. 时延带宽积

把传播时延和带宽相乘，就可以得到时延带宽积，即

$$时延带宽积=传播时延×带宽 \tag{1-4}$$

时延带宽积需要结合实际应用才能体现它的重要性。例如，当用户需要发送 1 字节数据并接收返回的 1 字节应答数据时，时延远比带宽更重要。若用户需要获取一个 100 MB 的文件，这时带宽越宽，用户获取文件的速度就越快。所以，采用时延带宽积来进行综合考虑。

例如，通信双方距离 1 km，采用电缆进行连接，电缆中信息的传播速率为 $2.3×10^5$ km/s，则传播时延为 $4.3×10^{-6}$ s；若双方网络带宽为 1 000 Mb/s，则一方向另一方发送数据时，共有多少比特的数据在链路中传播？这时就需要使用时延带宽积这个概念。

时延带宽积= $4.3×10^{-6}×1\ 000×10^6$ = 4 300（bit）。即发送方持续向线路中发送数据，会有 4 300 bit 的数据在链路中传播。

6. 往返时间

信息从网络的一方传送到另一方所花费的时间称为时延。但很多情况下，我们更关心的是信息从一方传送到另一方并返回所花费的时间，称其为往返时间。由于往返距离相对是一样的，所以，数据长度越长，往返时间就越长。

7. 网络利用率

网络利用率是指网络中有百分之多少时间是有数据发送的。当网络中几乎没有数据流动时，数据进入路由器或交换机时就会被快速转发，无须排队等待。随着网络中数据流量越来越多，路由器或交换机处理数据的时间增多，数据开始进入排队等待状态。数据等待的时间随着网络中注入数据越来越多，排队时间越来越长。

如果 D_0 表示网络空闲时的时延，D 表示当前网络时延，可以用式（1-5）来表示 D、D_0 和网络利用率 U 之间的关系：

$$D=\frac{D_0}{1-U} \tag{1-5}$$

U 数值在 0 和 1 之间。当网络的利用率接近最大值 1 时，网络的时延就趋近于无穷大，如图 1-14 所示。

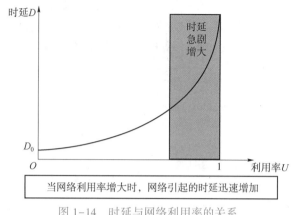

图 1-14　时延与网络利用率的关系

1.5　典型的计算机网络体系结构

通过 1.1.3 小节的介绍可知，随着 OSI/RM 的诞生，整个计算机网络体系架构以标准形式确定下来，极大地推动了计算机网络的发展，迎来了计算机网络发展历史上第一个真正意义上的"百花齐放"。这其中 OSI/RM 协议体系与 TCP/IP 协议体系最具有代表性。本节先来认识计算机网络体系结构中的协议与层次的划分，然后再去了解这两种网络体系结构及其原理。

1.5.1　协议与层次划分

OSI/RM 协议体系与 TCP/IP 协议体系都采用了分层的思想，层与层之间遵循着特定的规则进行数据的交换。这些特定的规则就是我们常说的网络协议。简单来说，计算机网络的各层与其协议的集合构成了计算机网络体系结构。

1. 协议

通过通信信道和网络设备互连起来的不同地理位置的多个计算机系统，要使其能协同工作实现信息交换和资源共享，它们之间必须具有共同的语言。交流什么、怎样交流及何时交流，都必须遵循某种互相都能接受的规则。而在计算机网络中为了进行网络中的数据交换而建立的规则、标准或者约定称为网络协议，简称为协议。

网络协议主要由三个要素组成：

①语法：数据与控制信息的结构或格式。

②语义：需要发出何种控制信息，完成何种动作以及做出何种响应。

③同步：事件实现顺序的详细说明。

由此可见，若想从网络中的其他计算机上复制一份文档到自己的计算机上，两台计算机就必须首先进行一系列的协商，约定什么时间、采用什么格式、需要复制哪些数据，以及如何确保复制数据不会出错等一系列的内容。这恰好证明了网络协议在计算机网络中的重要性。

2. 层次划分

计算机网络系统本身是一个十分复杂的系统，它的良好运行需要多方面的协调配合。为了使这套系统更好地运行，易于维护与管理，最初的 ARPANET 的设计人员提出了分层的方法。通过分层将一个复杂的网络系统分解为若干个容易处理的子系统，这些子系统相对容易设计、研究和实现。将整个网络系统划分为层次结构的好处在于使每一层实现一种相对独立的功能，同时还有利于交流、理解和标准化。

计算机网络系统分层遵循着以下几个基本原则：

① 各层之间相互独立，每层只实现一种相对独立的功能。

② 每层之间界面自然清晰，易于理解，相互交流尽可能少。

③ 结构上可分割开。每层都采用最合适的技术来实现。

④ 保持下层对上层的独立性，上层单向使用下层提供的服务。

⑤ 整个分层结构应该能促进标准化工作。

依据上述的原则，可以将实际的网络系统中的软硬件从层与协议的角度对其进行抽象化、概念化、功能化，进而形成完整的网络体系结构。下面来认识一下两种具有代表性的网络体系结构。

1.5.2　OSI/RM 体系结构

OSI/RM 体系结构是 ISO 最早正式指定的计算机互连的体系结构，将网络按照不同的功能需求划分为七层，每层都由一个或者多个协议实现本层的功能。

从底层开始，物理层（Physical Layer）主要处理通信链路上原始比特的传输。数据链路层（Data Link Layer）收集比特流合并为帧（Frame）。网络层（Network Layer）处理分组交换网络中分组（Packet）的路由选择。这三层在所有的路由器（或分组交换机）、用户主机上实现。运输层（Transport Layer）实现进程与进程间的通信，双方交换的数据单元称为消息（Message，又称为报文）。运输层与更高层通常在用户主机上运行，并不在中间的分组交换机或者路由器上运行。

高层中，会话层（Session Layer）提供一个名字空间用来将一个应用的各部分不同的传输流联系在一起。表示层（Presentation Layer）围绕对等层之间交换的数据格式进行了定义。应用层（Application Layer）包含主机应用进程间通信需要的应用协议。例如文件传输协议（File Transfer Protocol，FTP）等。

OSI/RM 低三层负责创建网络通信所需的网络连接（面向网络），属于"通信子网"部分，高四层具体负责端到端的用户数据通信（面向用户），属于"资源子网"部分。OSI/RM 七层结构如图 1-15 所示。

OSI/RM 的每一层都要完成特定的功能，每层都直

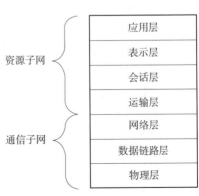

图 1-15　OSI/RM 七层结构

接为它的上层提供服务，同时又调用它下层所提供的服务。所有层次都互相支持，在发送端网络通信是自上而下进行的（也就是自上而下调用服务），在接收端网络通信是自下而上（也就是自下而上提供服务）进行的，但双方必须在对等层次上进行通信（这就是对等通信原理，具体将在本章后面介绍）。当然，并不是每一通信都需要经过 OSI 的全部七层，要视具体通信的类型而定，有的甚至只需要双方对应的某一层即可。

OSI/RM 对各个层次的划分遵循下列原则：

①同一层中的各网络节点都有相同的层次结构与功能。

②同一节点内相邻层之间通过接口（可以是逻辑接口）进行通信。

③七层结构中的每一层使用下一层提供的服务，并向其上层提供服务。

④不同节点的同等层按照协议实现对等层之间的通信。

网络设备（不包括计算机主机）间自身的通信仅需要低三层，用来构建数据通信的网络平台。网络平台构建好后，用户应用数据就可以利用这个平台进行各种网络应用通信，但所有网络应用通信都需要经过网络体系结构中的所有层次，其中最上面的四层用来为用户的网络应用通信提供各种服务支持，构建数据通信平台。

但是 OSI/RM 的七层结构划分从现在看来，并不是很科学，这主要表现在两方面：一是层次数方面还是多了些；二是在进行网络系统设计时，仍然觉得比较麻烦。另外，像"会话层"和"表示层"单独划分的意义并不大，因为它们的用途并不像其他层那样明显。所以在后面的 TCP/IP 协议体系结构中不再有这两层了。

1.5.3　TCP/IP 协议体系结构

TCP/IP 协议体系结构，又称为因特网体系结构，TCP 和 IP 是它的两个主要协议。TCP/IP 体系结构是从早期的分组交换网 ARPANET 发展而来的，现在使用最广的因特网也是基于这一模型设计的。

TCP/IP 协议体系结构虽说与 OSI/RM 很相似，但它们所针对的网络类型存在较大区别，所以这两种体系结构中各层所采用的通信协议以及功能实现，原理上都存在非常大的差异。这一点在后面章节中都会有相应的体现。现在常用的通信协议，绝大多数都不是很适用于OSI/RM，而是适用于 TCP/IP 协议体系结构，因为它们都应用于 TCP/IP 网络中。

TCP/IP 协议体系结构只划分了四层，从低到高分别是：网络访问层（Network Access Layer，又称网络接口层），该层有多种网络协议，这些协议由硬件设备（如网络适配器）和软件（如网络设备驱动程序）共同实现。网际互连层（Internet Layer，又称互联网层），该层只有一个协议——网际协议（Internet Protocol，IP），这个协议支持各种网络技术互连成一个逻辑网络。运输层（Transport Layer），该层共有两个协议，分别是传输控制协议（Transmission Control Protocol，TCP）和用户数据报协议（User Datagram Protocol，UDP）。通过这两个协议为应用程序提供可靠与不可靠的数据传输服务。应用层（Apllication Layer）运行了许多应用协议，如简单邮件传输协议（Simple Mail Transfer Protocol，SMTP）、超文本传送协议（Hyper Text Transport Protocol，HTTP）等。虽然只有四层，但它却包含了 OSI/RM 中的所有七层的功能，同样包括了局域网和广域网通信所需要的全部功能。图 1-16 描绘了二者间的关系。

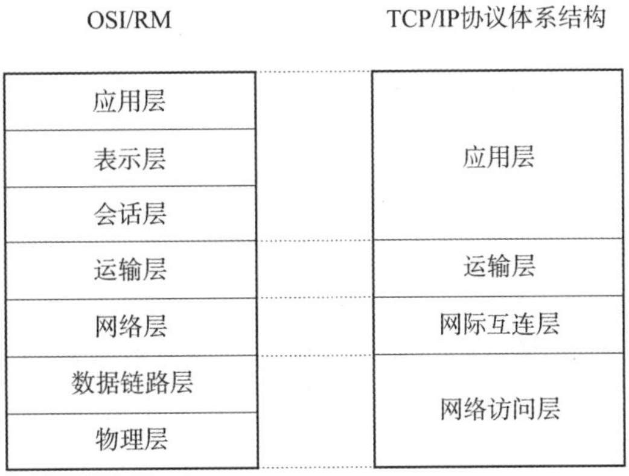

OSI/RM   TCP/IP协议体系结构

OSI/RM	TCP/IP协议体系结构
应用层	应用层
表示层	
会话层	
运输层	运输层
网络层	网际互连层
数据链路层	网络访问层
物理层	

图 1-16 TCP/IP 与 OSI/RM

从图中可以看出，在 TCP/IP 协议体系结构中对原来 OSI/RM 的七层结构进行了进一步的简化，主要体现在以下两个方面：

①将 OSI/RM 中物理层、数据链路层合二为一，称作网络访问层，它提供局域网中的功能。

②将 OSI/RM 中的最高的三层合并为新的应用层。因为事实上，在 OSI/RM 中会话层和表示层的功能都非常单一，完全可以合并到应用层之中。

其他两层，运输层与 OSI/RM 中的功能划分是一样的，而网际互连层与 OSI/RM 的网络层实际上也是一样的，只不过名称不一样而已。但要注意的是，这里仅是从功能划分上来说的，实际上这两个体系结构是存在相当大差异的。因为 OSI/RM 是开放性的标准，所以适用于所有类型网络设计参考；而 TCP/IP 协议体系结构是专门针对 TCP/IP 网络的，各种通信协议和功能实现原理更加具体。

总体而言，TCP/IP 协议体系结构更加精简，更有利于网络系统的设计。但是其中网络访问层本身并不是实际的一层，包括了 OSI/RM 中的物理层和数据链路层这两层的功能，现在把它们合并其实不是很合理，所以现在通常认为如图 1-17 所示的五层网络体系结构才是最为科学、合理的。因为它综合了 OSI/RM 和 TCP/IP 协议两种体系结构的优点，同时克服了这两种体系结构的不足。本书也将以这种五层体系结构进行介绍。

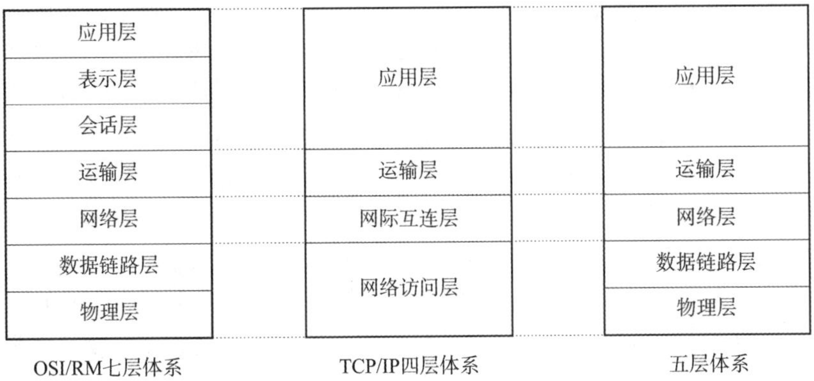

OSI/RM七层体系	TCP/IP四层体系	五层体系
应用层	应用层	应用层
表示层		
会话层		
运输层	运输层	运输层
网络层	网际互连层	网络层
数据链路层	网络访问层	数据链路层
物理层		物理层

图 1-17 五层网络体系结构

1.6 网络的标准化工作

互联网的标准化对互联网的发展至关重要，要实现不同厂商的硬件、软件之间的相互连通，必须遵从统一的标准。

互联网的标准一般分为两类：一类是法定标准，是由权威机构制定的、正式的、合法的标准，比如 OSI 标准；另一类是事实标准，某些公司的产品在竞争中占据了主流，时间长了，这些产品中的协议和技术就成了标准，比如 TCP/IP 协议。

互联网的所有标准都以请求评议（Request For Comments，RFC）的形式在互联网上发布，但并非每个 RFC 都会最终成为正式的互联网标准，RFC 要上升为正式的互联网标准，需经过以下 4 个阶段。

①互联网草案（Internet Draft）：这个阶段还不是 RFC 文档。

②建议标准（Proposed Standard）：从这个阶段开始就成为 RFC 文档。

③草案标准（Draft Standard）：将 RFC 文档交由互联网工程部（Internet Engineering Task Force，IETF）和互联网架构委员会（Internet Architecture Board，IAB）进行审核，目前该步骤于 2011 年 10 月已经取消。

④互联网标准（Internet Standard）：成为正式标准后，每个标准就分配到一个编号 STD ××。一个标准可以和多个 RFC 文档关联。截至 2021 年 12 月，互联网标准的最大编号为 STD 95，可以通过 https://www.rfc-editor.org/ 进行查询。

1.7 网络新技术

1.7.1 物联网

物联网（Internet of things，IoT）即"万物相连的互联网"。简而言之，物联网是通过在物品上嵌入电子标签、条码等能够存储物体信息的标识，通过无线网络的方式将其即时信息发送到后台信息处理系统，而各大信息系统可互连形成一个庞大的网络，从而可达到对物品进行实时跟踪、监控等智能化管理的目的。通俗来讲，物联网可实现人与物之间的信息沟通。

实际上，物联网概念起源于比尔·盖茨 1995 年《未来之路》一书，在《未来之路》中，比尔·盖茨已经提及物联网概念，只是当时受限于无线网络、硬件及传感设备的发展，并未引起重视。随着网络技术的发展，物联网技术逐渐受到全球的广泛关注。

物联网是新一代信息技术的重要组成部分，物联网的核心和基础仍然是互联网，是在互联网基础上的延伸和扩展的网络，其用户端延伸和扩展到了任何物品与物品之间，进行信息交换和通信。

根据物联网对信息感知、传输、处理的过程，将其划分为三层结构，即感知层、网络层和应用层，如图 1-18 所示。

①感知层：主要用于对物理世界中的各类物理量、标识、音频、视频等数据的采集与感知。数据采集主要涉及传感器、RFID、二维码等技术。

②网络层：主要用于实现更广泛、更快速的网络互连，从而把感知到的数据信息可靠、安全地进行传送。目前能够用于物联网的通信网络主要有互联网、无线通信网、卫星通信网与有线电视网。

③应用层：主要包含应用支撑平台子层和应用服务子层。应用支撑平台子层用于支撑跨行业、跨应用、跨系统之间的信息协同、共享和互通。应用服务子层包括智能交通、智能家居、智能物流、智能医疗、智能电力、数字环保、数字农业、数字林业等领域。

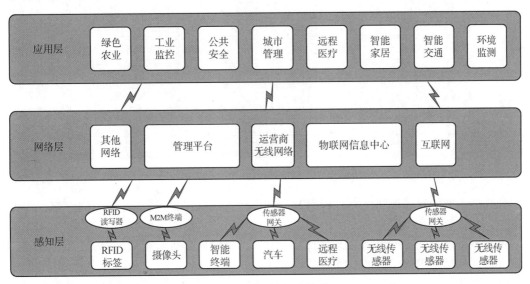

图 1-18　物联网三层架构

从推动经济发展角度来讲，作为计算机、互联网、移动通信后的又一次信息化产业浪潮，物联网已经成为经济增长的引擎，被称为是下一个万亿级的通信业务。物联网的发展给各行各业带来了巨大的机遇与挑战。可以预见，随着物联网市场的进一步发展和成熟，物联网的优势将完全体现，使得有限的资源更加合理地使用分配，从而提高了行业效率、效益。

1.7.2　云计算

云计算（Cloud Computing）是分布式计算技术的一种，其最基本的概念，是透过网络将庞大的计算处理程序自动分拆成无数个较小的子程序，再交由多部服务器所组成的庞大系统经搜寻、计算分析之后将处理结果回传给用户。通过这项技术，网络服务提供者可以在数秒之内达成处理数以千万计甚至亿计的信息，达到和"超级计算机"同样强大效率的网络服务。

在 2006 年 8 月 9 日，"云计算"（Cloud Computing）的概念被首次提出。早期的云计算主要利用分布式计算，解决任务分发与结果汇总的简单任务。现阶段所说的云服务已经不单单是一种单独的服务，而是一个服务集合，通过整合、共享和动态地提供资源实现 IT 投资利用率的最大化。

"云"实质上就是一个网络，将大量的 IT 资源、数据、应用作为一种资源，一种服务通过网络提供给用户。理论上，云可以提供无限的资源与服务，用户可以像使用生活中的水、电一样获得，更快、更好、更便宜、更安全。

云计算的服务模式包括基础设施即服务（Infrastructure as a Service，IaaS）、平台即服务（Platform as a Service，PaaS）和软件即服务（Software as a Service，SaaS），如图 1-19 所示。

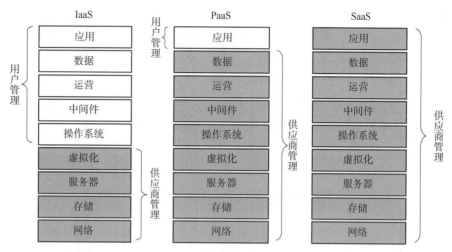

图 1-19　云计算的三种服务模式

IaaS 是主要的服务类别之一，利用 IT 基础设施，包括服务器、存储和网络等，对外提供虚拟化的计算机资源服务。

PaaS 是把服务器平台或开发环境作为一种服务通过网络进行提供的形式。Paas 为开发、测试和管理软件应用程序提供按需开发环境。

SaaS 是通过网络提供软件服务。用户根据实际需求，通过网络向服务提供者按照服务多少和时间长短支付费用。它改变了传统软件服务的提供方式，进一步突出信息化软件的服务属性。

总之，云计算作为全新的网络应用，其本质就是围绕互联网构建一个快速且安全的基于云端的计算服务与存储服务，为全球的使用者提供巨大的计算资源与数据中心。

1.7.3　SDN

软件定义网络（Software Defined Network，SDN）源于 2006 年美国斯坦福大学 Clean-Slate 课题研究组提出的一种新型网络创新架构，是网络虚拟化的一种实现方式。

SDN 是一种新的网络设计理念，即控制与转发分离、集中控制并且开放 API。一般称控制器开放的 API 为北向接口，而控制器与底层网络之间的接口为南向接口。南北向接口目前都还没有统一的标准，但南向接口用得比较多的是 OpenFlow，使其成为事实上的标准。

SDN 的基本架构分为三层，如图 1-20 所示。

（1）应用层（Application Layer）

此层包含网络应用，如 VoIP 的沟通应用、防火墙的安全应用和网络服务等。传统网络的应用都是由交换机和路由器处理的。SDN 允许卸除（Offload）处理，让它们更容易管理，即脱离硬件来管理，可为公司节省许多成本和网络设备。

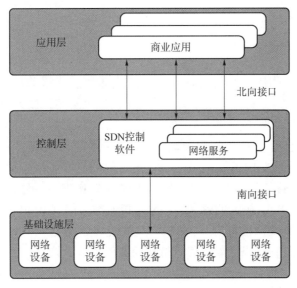

图 1-20 SDN 基本架构

（2）控制层（Control Layer）

交换机和路由器的控制平面集中式处理时，允许可程序化网络。OpenFlow 是一个开放源码网络通信协议，在工业应用上已经有网络供货商。

（3）基础设施层（Infrastructure Layer）

此层有物理交换机、路由器和数据。此层在 SDN 中被更改，因为交换机和路由器仍会移动封包。最大的不同是流表规定是以集中式管理的。这并不是说要剔除传统的供货商设备，事实上，许多大型网络提供容纳 SDN 经由应用程序接口（Application Programming Interface，API）达到集中式的控制。也就是说，它可能使用一般封包转发装置，相比传统网络设备，SDN 会以较低的成本来建置完成。

SDN 一方面实现了控制平面与数据平面相分离，摆脱硬件对网络架构的限制，如图 1-21 所示。另一方面开放了网络可编程能力，这样便可以像升级、安装软件一样对网络进行修改，便于更多的应用程序能够快速部署到网络上，从而提高了网络的灵活性和可管控性。此外，SDN 网络运营建立在开放软件的基础上，不需要依靠特定的硬件设备，从而大大降低了业务部署和维护成本。

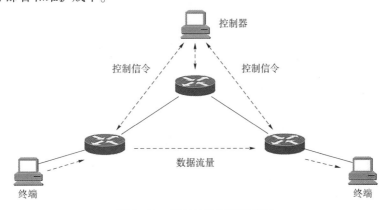

图 1-21 SDN 的数据控制分离

1.7.4 5G 技术

在信息技术发展过程中，移动通信技术的成熟与发展，为移动互联网时代的到来奠定了坚实的基础。每一次代际变更，都是一次通信技术的巨大进步，极大地促进了信息技术的发展，引领了社会经济的发展与变革。1G 实现了模拟语音通信，2G 实现了数字语音通信，3G/4G 实现移动宽带连接，5G 则彻底突破人与人之间信息传递的界限，全面覆盖人与人、人与物、物与物之间万物连接场景。

5G 是第五代移动通信技术的简称，是具有极高的速率——移动宽带增强（Enhanced Mobile Broadband，eMBB）、极大的容量——海量机器类通信（Massive Machine Type of Communication，mMTC）和极低的时延——高可靠和低延迟通信（Ultra Reliable Low Latency Communications，uRLLC）特点的新一代宽带移动通信技术。

2018 年 6 月，"第三代合作伙伴计划"（3rd Generation Partnership Project，3GPP）发布了第一个 5G 标准（Release-15）。2020 年 6 月，Release-16 版本标准发布。Release-17（R17）计划于 2022 年 6 月发布。5G 的性能指标全面超越 4G，在峰值速率、连接密度、端到端时延等指标方面表现均远远优于目前广泛使用的 4G 网络，频谱效率提升 5～15 倍，能源效率及成本效率均提升百倍以上。

5G 的优势不仅在于传输速率、连接密度、时延、功耗等性能指标全面超越，更在于以超强的性能指标为支撑，以具体的业务场景为导向，从而按照场景的具体需求提供组合服务的能力，大幅提升移动网络运营和使用效率，降低数据传输成本，并提供更好的用户体验。5G 技术除了满足更高清晰度的视频传输、增强现实（Augmented Reality，AR）、虚拟现实（Virtual Reality，VR）应用等增强移动宽带体验之外，还将支持包括海量物联网终端接入以及自动驾驶、工业互联网等对低时延、高可靠有更高要求的业务类型，如图 1-22 所示。5G 所能支撑的业务形态愈加多样化，并且最终将成为能够承载众多应用场景的通用型服务平台。

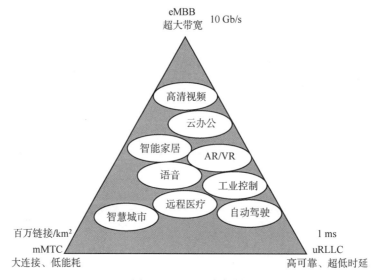

图 1-22 5G 业务场景

实训指导

【实训名称】绘制网络拓扑

【实训目的】

1. 能够识别各种网络拓扑结构的类型。

2. 掌握各种网络拓扑结构的特点。

3. 能够根据应用场景，运用 Visio 或亿图等专业绘图软件绘制网络拓扑结构。

【实训任务】

观察宿舍、家庭、办公室或学校的网络，根据观察到的场景运用 Visio 或亿图等专业绘图软件绘制网络拓扑结构。

【实训设备】

安装有 Visio 或亿图等专业绘图软件的计算机（1 台）。

【知识准备】

1. 拓扑结构分类和特点。

2. 绘图软件的使用方法。

【实训步骤】

步骤 1：绘制草图。

观察宿舍、家庭、办公室或学校的网络，记录各设备的连接方式，绘制草图。

步骤 2：熟悉绘图软件中设备的常用符号及介质的表示。

步骤 3：绘制网络拓扑结构。

利用 Visio 或亿图等专业绘图软件绘制网络拓扑结构。

小　结

1. 计算机网络（可简称为网络）把许多计算机连接在一起，而互联网则把许多网络连接在一起，是网络的网络。

2. 因特网现在采用存储转发的分组交换技术。

3. 计算机网络由计算机系统、通信链路和网络节点组成。计算机系统进行各种数据处理，通信链路和网络节点提供通信功能。因此，从逻辑上，可以把计算机网络分成资源子网和通信子网两部分。

4. 按覆盖范围的不同，计算机网络分为广域网 WAN、城域网 MAN、局域网 LAN。

5. 网络的拓扑结构包括总线型、环型、星型等。

6. 计算机网络最常用的性能指标是速率、带宽、吞吐量、时延（发送时延、传播时延、处理时延、排队时延）、往返时间和信道（或网络）利用率。

7. 网络协议即协议，是为进行网络中的数据交换而建立的规则。计算机网络的各层及其协议的集合，称为网络的体系结构。

8. OSI/RM 的体系结构由物理层、数据链路层、网络层、运输层、会话层、表示层和应用层组成。

9. TCP/IP 体系结构包括网络访问层（或网络接口层）、网际互连层、运输层和应用层。运输层最重要的协议是 TCP 和 UDP 协议，而网络层（或网际互连层）最重要的协议是 IP 协议。

习题

1-01　什么是计算机网络？计算机网络的组成部分包括哪些？

1-02　计算机网络有哪些基本功能？请结合生活实际说明。

1-03　计算机网络按照覆盖范围可以分为哪几类？举例说明。

1-04　列举学校的宿舍、家庭网络属于哪种拓扑结构？说明原因，并说明这种拓扑结构的特点。

1-05　简述电路交换、报文交换和分组交换的主要优缺点。

1-06　假定一个分组交换网络中的两台主机进行数据传输，其中发送方与接收方的数据率分别为 b_1 和 b_2，若要发送一个长为 x 的分组，在仅考虑发送时延的情况下，其端到端的时延是多少？

1-07　假定有一个长为 1 000 bit 的分组经过一条 1 000 km 长的链路传输，其传播速率为 $2.0×10^5$ km/s，该链路带宽为 10 Mb/s，它的发送时延最小需要多长时间？它的传播时延的多少？

1-08　网络协议三要素及其含义是什么？

1-09　说明分层基本原则。

1-10　列举生活中哪些事例用到了分层思想。

第 2 章 数据通信基础

计算机网络是计算机技术与通信技术相结合的产物。计算机系统关心信息的编码体制（如用 ASCII 或 EBDIC 来表示字母或数字，用 GIF 或 BMP 表示图片等）或数据形式，而数据通信系统关心的是如何将信号经过传输媒体传递出去。那么，数据如何表示成信号？信号如何利用传输媒体传递出去呢？本章将解开这些疑惑。

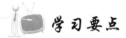 **学习要点**

本章首先对数据通信系统基本知识进行讲解，然后介绍数据编码技术和信道复用技术，最后介绍常用的 Internet 接入技术。

本章的重要内容：

（1）数据通信系统。

（2）数据编码技术：编码和脉码调制。

（3）信道复用技术：频分多路复用、时分多路复用、波分多路复用。

（4）常用的接入技术。

学习目标

（1）能够描述数据通信系统的模型。

（2）能够分辨不同编码并描述不同编码的规则。

（3）能够理解信道复用的意义并阐述不同复用技术的特点。

（4）能够利用香农公式计算信道最大容量。

（5）能够描述几种常见的接入技术。

2.1 数据通信系统

本节主要介绍数据通信系统的相关概念和几个重要技术。

2.1.1 数据传输基础

1. 信号

信号（Signal）是运载消息的工具，是数据的电气或电磁的表现。数据在通信线路上传递需要变成电信号或光信号。

根据信号中代表消息的参数的取值方式不同，信号可分为以下两大类：

（1）模拟信号

代表消息的参数的取值是连续的，可取无限多个值。例如温度、湿度、压力等。在图2-1中，用户家中的调制解调器到电话端局之间的用户线上传送的信号就是模拟信号。

图2-1　模拟信号与数字信号

（2）数字信号

代表消息的参数的取值是离散的，只能取有限个数值的信号。例如，在图2-1中，用户家中的计算机到调制解调器之间传送的信号就是数字信号。

模拟信号与数字信号之间可以相互转换：模拟信号一般通过脉码调制（Pulse Code Modulation，PCM）方法量化为数字信号；数字信号一般通过对载波进行移相等方法转换为模拟信号。具体转换方法将在2.3小节介绍。

2. 码元

码元是承载信息的基本信号单位，一个码元能承载的信息量多少，是由码元信号所能表示的数据有效值状态个数决定的。在使用时间域（或简称为时域）的波形表示数字信号时，代表不同离散数值的基本波形就称为码元。在使用二进制编码时，只有两种不同的码元，一种代表0状态，另一种代表1状态。

3. 信道

在许多情况下，需要使用"信道（Channel）"这一名词。**信道一般都是用来表示向某一个方向传送信息的媒体**。该定义与传输媒体或传输线路不一样，一条通信线路上可能包含多个信道。

信道本身可以是模拟的或数字的。用于传输模拟信号的信道叫模拟信道，用于传输数字信号的信道叫数字信道。

从通信的双方信息交互的方式来看，可以有以下三种基本方式：

（1）单工通信

图2-2　单工通信

是指通信双方任何时间只能有一个方向的通信而没有反方向的交互，如图2-2所示。如无线电广播以及传统的电视广播就属于此种类型。

（2）半双工通信

是指通信双方既可以发送信息，也可以接收信息，但双方不能同时发送或同时接收信息。这种通信方式发送和接收是交替进行的，一方发送，另一方接收，过一段时间后可以再反过来。如图 2-3 所示。如对讲机通信就是典型的半双工通信方式。

（3）全双工通信

是指通信双方可以同时发送和接收信息，如图 2-4 所示。普通电话是一种典型的全双工通信。

图 2-3　半双工通信　　　　　　　图 2-4　全双工通信

单工通信只需要一条信道，而半双工通信或全双工通信每个方向各需要一条信道。但很显然，全双工通信的传输效率最高。

4. 香农定理

传输性能是数字通信系统的一项重要测量标准，单位是位每秒（b/s）。几十年来，通信领域的学者一直在努力寻找提高数据传输速率的途径。从概念上讲，有以下两个因素限制信息在信道上的传输速率。

（1）带宽

任何实用的信道都有限定的带宽，通常信道带宽越宽，信息的传输速率就越快。例如，以 56 kb/s 从 Internet 站点下载一个大小为 4 MB 的图像文件大约需要 10 min。同样的图像文件通过"非对称数字用户线"（Asymmetric Digital Subscriber Line，ADSL）下载只需要几秒钟。

（2）信噪比

除了带宽，信号的功率和通信信道上的噪声也将限制数据速率。噪声的影响是相对的，提高信号的功率将明显提高最大数据传输速率，扩展信号的传播距离。但是过多地提高功率将使传输和交换设备产生更多的热量。对于无线网络，更高的功率会增加与其他通信的干扰。当然，功率越大，成本也越大。

所谓信噪比，就是信号的平均功率和噪声的平均功率的比值，常记为 S/N，并用分贝（dB）作为度量单位。即

$$信噪比（dB）= 10\log_{10}(S/N)（dB） \tag{2-1}$$

式（2-1）中表示，如果信号功率的平均功率与噪声的平均功率的比值是 1 000，则信噪比为 30 dB，即 $10\log_{10}1\,000 = 30$。

1948 年，信息论的创始人香农（Claude Shannon）推导出了著名的香农公式，指出了在有噪声的环境中，信道极限传输速率与信噪比和带宽之间的关系，见式（2-2）。即

$$C = W\log_2(1+S/N)（b/s） \tag{2-2}$$

式中，W 为信道的带宽（以 Hz 为单位）；S 为信道内所传信号的平均功率；N 为信道内部的高斯噪声功率。

【例 2-1】假定用带宽为 3 kHz、信噪比为 20 dB 的信道传送一个数字信号，该数字信号采用两种物理状态，那么信道的最大信息传输速率是多少？

利用香农公式，在信噪比为 20 dB 的信道上，其最大数据传输速率就是：

$$C = W\log_2(1+S/N)$$

其中，$20\ dB = 10\log_{10}(S/N)$，则 $S/N = 100$。

所以

$$C = 3\ 000\log_2(1+100) = 19.98(kb/s)$$

也就是说，在这个数字信道上的最大信息传输速率是 19.98 kb/s。

注意，以上只是理论上的数据传输速率。

香农公式表明：信道的带宽或信道中的信噪比越大，信息的极限传输速率就越高。香农公式的意义在于：只要信息传输速率低于信道的极限信息传输速率，就一定可以找到某种方法来实现无差错的传输。香农公式给出了上限的理论值，但并没有给出得到这种信道容量的方法。实际上，可以通过调制与编码技术提高信道效率。

2.1.2 数据通信系统模型

通过两台计算机经过公用电话网进行通信的例子来说明数据通信系统的模型。如图 2-5 所示，一个**数据通信系统**可划分为三大部分，即源系统、传输系统和目的系统。

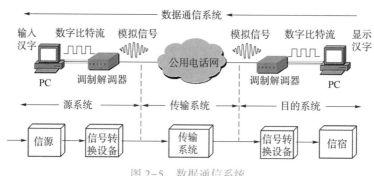

图 2-5 数据通信系统

1. 源系统

源系统一般包括两个部分：信源和信号转换设备。

（1）信源

信息的发送端，主要负责将要处理的原始数据转换成原始的电信号。

（2）信号转换设备

通常信源生成的原始的电信号需要通过信号转换设备进行转换后才能够在信道中传输。图 2-5 中的调制解调器就是常见的信号转换设备，其主要作用是负责将计算机产生的原始电信号（数字信号）转换成适合在公用电话网中传输的信号（模拟信号）。现在很多计算机使用内置的调制解调器，用户在计算机外面看不见调制解调器。

2. 目的系统

目的系统一般也包括两个部分：信号转换设备和信宿。

（1）信号转换设备

信号转换设备将从传输系统传送过来的信号转换成原始的电信号。图 2-4 所示调制解调器负责将在公用电话网中传输的信号（模拟信号）转换成原始电信号（数字信号），然后交由信宿处理。

（2）信宿

信宿就是信息的接收端，是接收所传送信息的设备。

3. 传输系统

传输系统处于源系统和目的系统之间。传输系统可以是简单的传输线路，也可以是连接在源系统和目的系统之间的复杂网络系统。传输系统的传输线路可以是各种各样的传输媒体（在 3.3 小节会介绍）。

另外，为了能够允许共享信道，在传输系统中可能还包括用于多路复用和交换数据通路的设备。

2.1.3　数字通信的优点

无论是模拟信号还是数字信号，都可以通过合适的传输系统进行传输。当利用传统电话网络传输计算机产生的数据时（图 2-5），需要进行信号的转换，即需要在发送端将数字信号转换成模拟信号，在接收端需要将模拟信号还原成数字形式。相反，模拟信号通过数字信道进行传输时，需要将模拟信号转换成数字信号（图 2-6）。

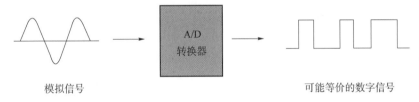

模拟信号　　　　　　　　　　　　　　　　　　　可能等价的数字信号

图 2-6　模拟信号转换成数字信号

以上两种传输方式相比，数字信号在计算机网络通信中更加合适。原因是：与模拟信号相比，数字信号没有错误，而且更容易操作。

①任何信号，不论是数字的还是模拟的，不论是采用电信号还是光信号，都会在传输过程中经历不均匀的弱化和失真。模拟信号在进行远距离传输时，需要引入模拟放大器来增强信号能量，但同时噪声也被放大，如果通过放大器级联实现远距离传输，那么信号的失真程度将更加严重。与之相对，数字信号进行远距离传输时使用的中继器可以重新生成数字信号，重新生成的数字信号与原始信号完全相同。因此，数字传输不再受累积变形的影响，和模拟传输相比，数字传输可以保持更低的信噪比。

②声音、视频等许多模拟信息可以很容易地转换成数字形式，通过高速的数字通信设备进行传输。采用数字多路复用技术（如时分多路复用技术）比模拟多路复用技术（如频分多路复用技术）更加容易，而且是高效的。

③数字传输比模拟信号更安全，这是其固有的性质。

④数字加密的成本更低，但对解密者来说解密却更加困难。

2.2 数据编码技术

来自信源的信号常称为**基带信号**。以原始形式直接传输大多数自然信号（声音、光等）的效率非常低，即使转换成电信号也是如此，因此需要进行某种形式的调制。

2.2.1 数字数据的模拟信号编码

数字数据的模拟信号编码的目的是把数字形式的源数据编码到载波信号上，从而使数字数据能够通过模拟信道传输。载波具有三要素，即幅度、频率和相位。可以通过变化载波的这三个要素来进行编码，因而出现了图2-7给出的三种最基本的调制方法。

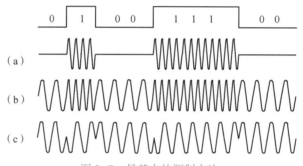

图2-7 最基本的调制方法

（a）移幅键控法；（b）移频键控法；（c）移相键控法

1. 移幅键控法

移幅键控法（Amplitude Shift Keying，ASK）是通过改变载波的"振幅"来表示数字的1或0的调制技术。如图2-7（a）中，当保持载波频率和相位不变的情况下，当载波振幅等于0时，表示数字0；当载波振幅不等于0时，表示数字1。即，一个载波的振幅随基带数字信号而变化。

2. 移频键控法

移频键控法（Frequency Shift Keying，FSK）是通过改变载波的频率来表示数字的0或1的调制技术。如图2-7（b）中，当保持载波振幅和相位不变的情况下，当载波频率等于某值时表示1，当载波的频率等于另一个值时表示0。即载波的频率随基带数字信号而变化。

3. 移相键控法

移相键控法（Phase Shift Keying，PSK）是通过改变载波相位来表示数字0或1的调制技术。通过将相角交换180（或者π弧度）就可以将信号从0转换成1。即载波的初始相位随基带数字信号而变化，如图2-7（c）所示。实际的调相技术比这种简单的方法更成熟。

2.2.2 数字数据的数字信号编码

常用的编码方式如图 2-8 所示。

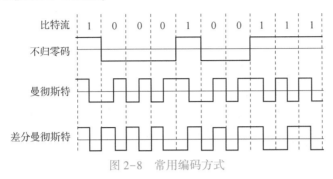

图 2-8 常用编码方式

1. 不归零码

信号电平由 0、1 表示。其中，正电平代表 1，负电平代表 0，并且在表示完一个码元后，电压不需要回到 0。

2. 曼彻斯特编码

是一种通过电平跳变来表示 1 或 0 的编码方法。每个码元均采用两个相位正好相反的电平来表示。在该种编码中，每一位的中间有一个跳变。例如：每一位中心向下跳变代表 1，向上跳变代表 0。当然，也可以反过来定义。每位中间的跳变用来作为时钟信号。

3. 差分曼彻斯特编码

每一位的中间也有一次电平跳变，用作同步信号。在该种编码中，每一位起始处有跳变表示 0，没有跳变表示 1。

曼彻斯特编码和差分曼彻斯特编码，是二相编码，它们被广泛地用于网络中。Ethernet 和 CSMA/CD（IEEE 802.3 LAN 标准中的物理层）在同轴电缆和双绞线介质中使用的就是曼彻斯特编码。差分曼彻斯特编码用于 IEEE 802.5 令牌环 LAN，使用的介质为屏蔽双绞线。

二相编码是自同步编码，容易实现。它们没有直流成分，而且比不归零编码更能抵抗错误。不过，因为它们在每一位的间隔里至少需要一次跳变，平均有一半的时间是两次跳变，信号脉冲是原始宽度的一半，因此它们占用的带宽是直接不归零编码的两倍，这限制了二相编码方案在高速网络上的应用。

2.2.3 脉码调制

脉码调制 PCM 是将模拟数据进行数字化的主要方法，基本思路是把取值连续的模拟数据变换为在时域和振幅上都离散的数据，然后将其转化为代码形式传输。PCM 编码一般分为 3 个步骤：采样、量化和编码。

1. 采样

根据采样定理，当采样频率大于信号中最高频率的 2 倍时，采样之后的数字信号完整地保留了原始模拟信号中的信息,一般实际应用中保证采样频率为信号最高频率的 2.56~4 倍。依据采样定理,当以高过两倍有效信号频率对模拟信号进行采样时,所得到的采样值就包含了原始信号的所有信息。如图 2-9 所示,给出了对模拟信号进行采样的方法。

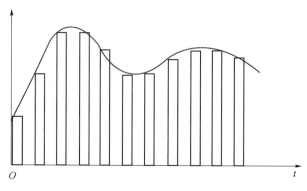

图 2-9　对模拟信号进行采样

2. 量化

量化是将采样样本幅度按量化级决定取值的过程。经过量化后的样本幅度为离散值,而不是连续值。量化之前,要规定将信号分为若干量化级,如可分为 8 级、16 级以及更多的量化级。为便于用数字电路实现,量化电平数一般为 2 的整数次幂,以便于采用二进制编码表示。量化过程如图 2-10 所示。

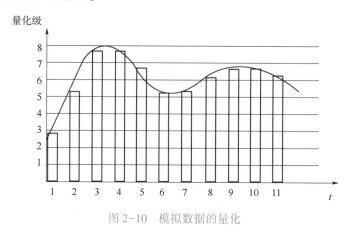

图 2-10　模拟数据的量化

3. 编码

编码是用相应位数的二进制码来表示已经量化的采样样本的级别。表 2-1 显示了当量化级是 8,采用 3 位二进制编码的情形。

表 2-1　模拟数据的编码

样本序号	1	2	3	4	5	6	7	8	9	10	11
样本值(十进制)	3	6	8	8	7	6	6	6	7	7	7
二进制编码	010	101	111	111	110	101	101	101	110	110	110

2.3　信道复用技术

一个网络可能由数百万台计算机组成，从经济上考虑，也不可能完全连接每一台计算机。不过，通过共享物理链路，仍然可以提供完全连接。"多路复用"（Multiplexing，MUX）技术是充分利用传输媒体，在一条物理线路上建立多个通信信道的技术。这与计算机科学中用来共享 CPU 资源的多任务和分时概念非常相似。目前有许多非常优秀的多路复用方法。传统的电话系统中使用了模拟通信，通过"频分多路复用"（Frequency Division Multiplexing，FDM）方法实现了多路复用。对于数据通信和网络，"时分多路复用"（Time Division Multiplexing，TDM）允许共享时间。对于光纤通信系统，可以采用"波分多路复用"（Wavelength Division Multiplexing，WDM）。

2.3.1　频分多路复用

频分多路复用 FDM 技术的思想来自无线电广播。可以把空气看成一个巨大的通信管道。不同的无线电波信号可以通过空气传输，而不会相互干扰，这是因为它们使用了频率不同的载波。接收器端按照载波频率的不同，把一个信道与其他信道区分开。FDM 模拟信号以不同的频率在物理链路上传输，非常类似于不同电视台的信号以不同的频率通过空气和电视电缆进行传输。

对于传统的模拟电话系统，12 个 4 000 Hz 的声音信道组成一组，然后经调制、混合（多路复用）到 60～108 kHz 的传输带宽（图 2-11）。在每个 4 000 Hz 的信道上，只有 3 000 Hz（从 300 Hz 到 3 300 Hz）用于实际的信号，另外还有两个均为 500 Hz 的边带用于防止相邻两信道之间可能出现的干扰。接收器端的低频和高频过滤器把有用的信号从边带和载波中分出来。另外，过滤器还将把一个信道中的信号与其他信道中的信号分开（多路分解）。

频分复用可以用一句话概括其特点，即，**所有用户在同样的时间占用不同的频率带宽资源**。

图 2-11　频分多路复用 FDM

2.3.2　时分多路复用

数字化的信号，例如声音、图像和数据，通常通过"时分多路复用"（TDM）传输。时分多路复用是将时间划分为一段段等长的时分复用帧（TDM 帧）。每一个时分复用的用户在每一个 TDM 帧中占用固定序号的时隙。为简单起见，在图 2-12 中展示了只有 4 个用户（A~D）进行时分复用的 TDM 帧。从图中可以看出，每一个用户在 TDM 帧中占用固定序号的时隙，同时，每个用户占用同样的频带宽度。因此，**时分复用的所有用户是在不同的时间占用同样的频带宽度**。使用最广泛的 TDM 系统是北美（AT&T）数字 TDM 分级系统。

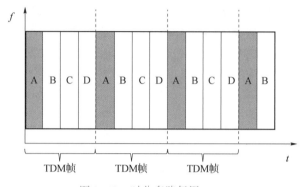

图 2-12　时分多路复用 TDM

频分多路复用和时分多路复用这两种复用方法的优点是技术比较成熟，但缺点是不够灵活。**频分复用有利于模拟信号的传输，而时分复用则更有利于数字信号的传输**。

当采用时分复用系统传送计算机数据时，由于计算机数据具有突发性的特点，一个用户对已经分配到的时隙的利用率往往不高。例如，当用户正在阅读屏幕上的信息或者正在录入数据时，已经分配给该用户的时隙可能处于空闲状态，但此时，其他用户又没有办法使用这部分空闲时隙。因此，为了提高利用率，可以采用统计时分复用 STDM（Statistic TDM）。关于统计时分复用技术在这里不再赘述。

2.3.3　波分多路复用

波分多路复用 WDM 是将两种或多种不同波长的光载波信号（携带各种信息）在发送端经复用器（也称合波器，Multiplexer）汇合在一起，并耦合到光线路的同一根光纤中进行传输的技术；在接收端，经解复用器（也称分波器或称去复用器，Demultiplexer）将各种波长的光载波分离，然后由光接收机做进一步处理以恢复原信号。这种在同一根光纤中同时传输两个或多个不同波长光信号的技术，称为波分多路复用。如图 2-13 所示。

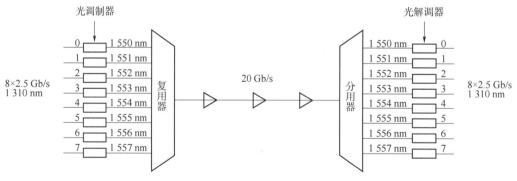

图 2-13　波分多路复用

2.4　接入技术

在办公室或者家庭中，用户终端一般先连接到局域网，再通过路由器接入远程主干网。本节将介绍目前常用的几种接入技术。

2.4.1　数字用户线路 xDSL

随着 Internet 带宽的持续增加，人们越来越关注从高速网络到远程的办公室和家庭用户"最后一千米"的网络传输瓶颈问题。xDSL 技术正是为了克服用户"最后一千米"的传输瓶颈而产生的。xDSL 是各种类型 DSL（Digital Subscribe Line，数字用户线路）的总称。xDSL 在现有的铜质电话线路上采用较高的频率及使用相应的调制技术，即利用在模拟线路中加入或获取更多的数字数据的信号处理技术来获得高传输速率（理论值可达到 52 Mb/s）。xDSL 中 x 表示任意字符或字符串，根据调制方式的不同，获得的信号传输速率和距离不同，以及上行信道和下行信道的对称性不同。xDSL 可以分为 ADSL、RADSL、VDSL、SDSL、IDSL 和 HDSL 等。各种 DSL 技术最大的区别体现在信号传输速率和距离的不同，以及上行信道和下行信道的对称性不同两个方面。

1. ADSL

ADSL（Asymmetric Digital Subscriber Line，非对称数字用户线）是目前常用的 xDSL 技术。ADSL 利用原有的电话线向用户提供宽带上网服务。之所以称之为"非对称"，是因为上行信道（由用户到网络）和下行信道（由网络到用户）的数据速率并不相同。主要是考虑到一般用户在使用网络时，上行信道仅传送少量信息，而下行信道却要传送大量信息，因此，下行信道的数据速率远远大于上行信道的数据速率。在一对用户线上，上行信道的数据速率只有 16~640 kb/s，而下行信道可高达 640 kb/s~8 Mb/s。具体能够达到多大速率，与所采用的 ADSL 设备和线路的质量以及用户到电信公司端局的距离有关。图 2-14 是基于 ADSL 的接入网的组成。

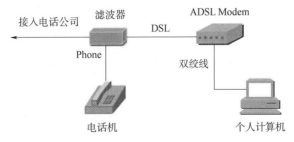

图 2-14　基于 ADSL 的接入网组成

2. VDSL

VDSL（Very high speed DSL，极高速率数字用户线路）和 ADSL 一样，也是一种上行和下行传输速率不对称的技术，比 ADSL 还要快，但其传输距离短，传输速率不稳定，并且没有标准。VDLS 可以成为光纤到家庭的具有高性价比的替代方案，深圳的 VOD（Video On Demand，视频点播）就是采用这种接入技术实现的。

3. RADSL

RADSL（Rate Adaptive DSL，速率自适应数字用户线）能够提供的速度范围与 ADSL 的基本相同，但 RADSL 可以根据双绞电话线质量的优劣和传输距离的远近动态地调整用户的访问速度。这些特点使 RADSL 成为用于网上高速冲浪、视频点播、远程局域网络访问的理想技术，因为在这些应用中用户下载的信息往往比上载的信息（发送指令）要多得多。

2.4.2　光纤同轴混合网 HFC

HFC 是光纤同轴混合（Hybrid Fiber Coax）的英文首字母缩写，是建立在有线电视同轴网 CATV 基础上的双向交互式宽带网。CATV 即有线电视网，是由广电部门负责用来传输电视信号的网络，其覆盖面广，用户数量大。但传统的有线电视网是单向传输的，只有下行信道。实际上，目前已连到千家万户的有线电视网就是一种 HFC 网，其主干是光纤，而接到用户端的则是同轴电缆。不过，原有的有线电视网是一种广播网络，除了受带宽限制（如有些老的有线电视网带宽只有 300~45 MHz）外，由于只能单向传输，是不适于用作接入网的。在"三网融合"的大背景下，广电运营商对有线电视网的带宽扩展到 750~860 MHz，并进行了双向化改造，以适应 Internet 业务要求，成为一种可供选择的宽带上网方式，俗称有线通。

经扩频后的 HFC 网除保留大部分用于传输多达 75 路 6 MHz 的模拟电视信号外，通常还有 50 路 6 MHz 的信道可以提供给用户双向上网。每路 6 MHz 使用 QAM-256 调制（一种数字调制技术）后能提供 40 Mb/s 的数据速率，总共带宽可达 2 Gb/s。当然，这 2 Gb/s 不会给单个用户使用，而是由数百上千用户共享的。不难计算，若由 500 用户共享，则每个用户可平均分到 4 Mb/s；而若由 2 000 用户共享，则每个用户可平均分到只有 1 Mb/s。HFC 网的结构图如图 2-15 所示。

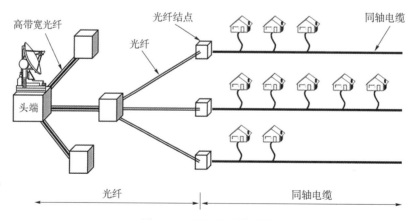

图 2-15　HFC 网的结构图

HFC 网同轴电缆入户后的典型结构示意图如图 2-16 所示。

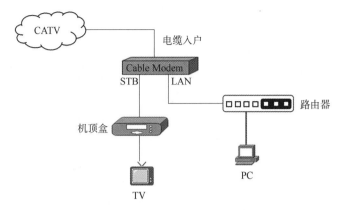

图 2-16　家庭通过 HFC 宽带接入的结构示意图

国内目前多数城市已完成市区有线电视网的扩容和双向改造，并可向住户提供有线通的宽带上网服务，它和电信公司提供的其他宽带上网方式一起向用户提供了多种选择途径。

2.4.3　光纤接入 FTTx

为了能够提高上网速率，能够流畅地访问、下载各种网络资源，最理想的住宅接入方式就是将光纤直接铺设到户，即光纤到户（Fiber To The Home，FTTH）。所谓光纤到户，就是把光纤一直铺设到用户家庭，只有在光纤进入用户的家门后，才把光信号转换为电信号。光纤巨大的带宽不仅可以为用户提供高速的互联网业务，还能提供电话、可视电话、有线电视、视频点播、视频监控等多种业务。

为了降低成本，可以采用多种变通的光纤宽带接入方式，称为 FTTx（即光纤到……），表示 Fiber To The …。这里字母 x 可代表不同的意思，实际上就是把光电转换的地方。光电转换的地方在用户家中（这时 x 就是 H），向外延伸到离用户家门口有一定距离的地方。

其实，现在陆地上长距离的信号传输，基本上都已经实现了光纤化。在前面所介绍的 ADSL 和 HFC 宽带接入方式中，用于远距离的传输媒体也都是光缆。只是到了临近用户家庭的地方，才转为铜线（电话的用户线和同轴电缆）。FTTx 接入方式也是这样。光信号从局端的光线路终端（Optical Line Terminal，OLT）传输到最后，要设置一个叫作用户端的光网络单元（Optical Network Unit，ONU），也可简称为光结点，用来把光信号转换为电信号。FTTx 中的 x 就表示这种光网络单元 ONU 的位置安放在什么地方。

根据 ONU 的位置的不同，现在已有很多种不同的 FTTx。例如：光纤到路边 FTTC（C 表示 Curb），光纤到小区 FTTZ（Z 表示 Zone），光纤到办公室 FTTO（O 表示 Office），光纤到大楼 FTTB（B 表示 Building），光纤到楼层 FTTF（F 表示 Floor），光纤到桌面 FTTD（D 表示 Desk）等。由于光纤的带宽非常高，可以使用同一条光纤上网、打电话和收看有线电视。从 ONU 到用户的个人计算机一般使用以太网连接，使用 5 类线作为传输媒体。ONU 离用户越近，成本越高，但用户所获得的带宽也越高。因此，究竟选择何种接入方式，应当视具体情况而定。图 2-17 所示为光纤接入示意图。

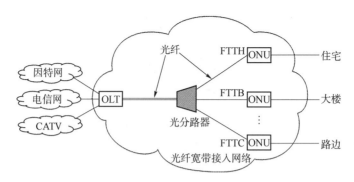

图 2-17　光纤接入示意图

过去，由于成本、技术等多方面的原因，FTTH 一直没有普及应用。近几年，FTTH 步入了快速发展阶段。目前，我国很多新建居民住宅都已开始光纤到户。根据中国互联网络信息中心 CNNIC 第 49 次《中国互联网络发展状况统计报告》数据显示，截至 2021 年 12 月，光纤到户 FTTH 和光纤到办公室 FTTO 用户规模达 5.06 亿户，占固定互联网宽带接入用户总数的 94.3%。

2.4.4　以太网接入

目前，各种政府机构、公司和学校等都组建了自己单位的局域网，希望通过内部的局域网接入因特网。这些单位的路由器往往通过租用电信运营商的公共传输网络连接到因特网核心路由器。实际上，这些单位相当于 ISP，并为其用户提供接入服务。有线局域网目前基本上采用以太网，将在第 4 章详细讨论以太网技术。

由于以太网低成本、高性能和使用方便，一些接入网运营商将其用于住宅接入网领域。但由于接入网是一个公用的网络环境，与局域网的私有网络环境有很大不同，需要解决接入端口的控制、用户间的隔离、计费等功能，因此，在原有以太网技术的基础上（采用原有以太网的帧结构和接口）增加了很多新的内容，并形成了自己的标准。

2.4.5　无线接入

以上几种接入方法都属于有线接入。但目前人们对因特网的需求使得人们希望随时随地都能访问因特网。移动无线通信技术的迅速发展，使得用户可以利用无线接入的手段随时上网。

目前有多种设备可以进行无线接入，大到台式计算机，小到智能手机。最常用的无线接入技术有两种。一种是通过蜂窝移动通信系统接入因特网的广域无线接入方式，另一种是通过无线局域网接入因特网的局域无线接入方式。

我们知道，蜂窝移动通信经历了多次的更新换代。最初的第一代（1G）蜂窝移动通信只能够提供模拟话音通信，但现已被淘汰了。后来发展到第二代（2G），其特点是以数字话音通信为主，也能提供短信、收发邮件和浏览网页的数据通信功能（速率不高）。常用的

2G 蜂窝移动通信标准有两种：一种是 GSM，另一种是使用码分多址 CDMA（严格来说是IS-95 CDMA）。第三代（3G）蜂窝移动通信与前两代的主要区别，不仅在传输话音和数据的速度上提高了，而且还能够处理图像、视频流等多种媒体形式，并提供电话会议、电子商务等多种信息服务。目前有 3 个主流 3G 无线接口标准：欧洲的 WCDMA（W 表示宽带 Wideband）、美国的 CDMA2000 和我国提出的时分同步码分多址 TDS-CDMA。在 3G 广泛应用之前，还出现了过渡的 2.5G。简单地说，2.5G 与 2G 相比，增加了能够提供数据传输服务的几种标准，例如，GPRS（General Packet Radio Service）、EDGE（Enhanced Data rates for GSM Evolution）等。当前，提供高速数据传输服务的第四代移动通信（4G）技术已在中国全面推广应用，而第五代移动通信（5G）正逐渐走进人们生活。5G 的性能目标是高数据速率、减少延迟、节省能源、降低成本、提高系统容量和大规模设备连接。2019 年 10 月 31 日，三大运营商公布 5G 商用套餐，并于 11 月 1 日正式上线 5G 商用套餐。中国成为最早采用最新一代移动通信技术的国家之一。

据统计，截至 2020 年 12 月，我国通过手机上网的网民人数已达 9.86 亿，增长的速度很快。虽然手机上网最大的优点是移动性好，但手机的屏幕和键盘都较小，使用起来显然不如笔记本电脑方便。为了使一般计算机也能够利用蜂窝无线通信技术连接到因特网，移动无线上网卡（如 4G 上网卡）应运而生。它可以在拥有无线电话信号覆盖的任何地方，利用 USIM 或 SIM 卡来连接到互联网上。无线上网卡外观就像一个 U 盘，有一个 USB 接口。只要把无线上网卡插入笔记本电脑或台式计算机中的 USB 接口，就可以通过蜂窝无线通信系统接入因特网。

小 结

1. 数据通信系统由源系统、传输系统和目的系统三部分组成。其中，源系统由信源和信号转换设备组成；目的系统由信宿和信号转换设备组成。传输系统可以是传统的电话网络，也可以是计算机网络等。

2. 信号是数据的电气或电磁的表现。信号可分为以下两大类：模拟信号和数字信号。模拟信号代表消息的参数的取值是连续的；数字信号代表消息的参数的取值是离散的。

3. 从通信的双方信息交互的方式来看，可以有以下三种基本方式：单工通信、半双工通信和全双工通信。

4. 香农定理：信道最大容量与带宽和 S/N 有关，关系为 $C = W\log_2(1+S/N)$。

5. 最基本的带通调制方法有调频、调幅和调相。

6. 常用的编码方法有不归零码、曼彻斯特编码和差分曼彻斯特编码。其中，曼彻斯特编码在以太网中广泛应用。

7. 常用的信道复用技术有频分多路复用、时分多路复用和波分多路复用。频分多路复用是不同用户在相同的时间占用不同的带宽；时分多路复用是所有用户在不同的时间占用同样的频带宽度。

8. 接入技术有很多中，目前常见的有 xDSL、HFC、FTTx、以太网接入和无线接入等。

习 题

2-01 试描述数据通信系统的模型及各部分的作用。

2-02 试写出以下英文缩写的全称,并进行解释。

FDM,TDM,WDM,PCM,ASK,FSK,PSK

2-03 试分别按照不归零码、曼彻斯特编码和差分曼彻斯特编码的规则画出数据流 1000 1101 的波形。

2-04 若一条带宽为 50 kHz 的信道,信息传输速率要达到 1.544 Mb/s,其信噪比至少要多大?

2-05 用香农公式计算:假定信道带宽是 3 100 Hz,最大信息传输速率是 35 kb/s,那么若想使最大信息传输速率增加 60%,信噪比 S/N 应增大到多少倍? 如果在刚才计算的基础上将信噪比 S/N 再增大到 10 倍,最大信息速率能否再增加 20%?

2-06 简述数字通信的优点。

2-07 一个有线电视系统有 100 个商业频道,所有频道都轮流播放广告。它更类似于 TDM 还是 FDM? 请加以解释。

2-08 比特/秒与码元/秒有何区别?

2-09 查阅资料,完成如下问题:假设三个终端连接在一个统计时分多路复用器,每个复用器所产生的输出如下所示(0 表示没有输出)。请构造发送的帧。

终端 1:A 0 0 B C

终端 2:0 0 A C D

终端 3:C B C 0 D

第3章 物理层

网络中的传输介质有很多种，有有线的，也有无线的。那么，如何选择合适的传输介质，并能够在不同的传输介质中实现透明的比特流传输呢？也就是如何屏蔽掉这些传输介质的差异，使得无论上层数据链路层交下来的是什么样的数据，都可以合适的方式在介质中传输？本章将解决这个问题。

 学习要点

本章主要介绍物理层的基本概念，阐述物理层的定义、功能，然后以常见的 EIA RS-232 DB9 为例展开介绍物理层接口的四大特性，接下来介绍常见的物理层设备，最后介绍传输介质。

本章的重要内容：

（1）物理层的任务：功能、四大特性。

（2）物理层的接口标准 RS-232。

（3）物理层的设备：放大器、中继器、调制解调器、集线器。

（4）物理层下面的传输介质：双绞线、光纤、微波、通信卫星等。

 学习目标

（1）能够阐述物理层的任务，列举物理层协议。

（2）能够正确解释物理层的四大特性。

（3）能够阐述物理层设备调制解调器、集线器的功能。

（4）能够根据不同的应用场合选择合适的传输介质。

3.1 物理层基本概念

3.1.1 物理层定义及功能

物理层是计算机网络体系结构中的最低层，其主要作用是考虑如何在各种具有差异的传输介质上传输比特流，而不是指具体的传输介质。现有的计算机网络中的硬件设备和传输介质的种类繁多，而通信手段也存在很大差异。例如，传输介质有采用光纤的，也有采用电缆的，有有线的，也有无线的，有采用同步传输的，也有采用异步传输的，等等。物理层的作用就是要尽可能地屏蔽掉这些差异，使物理层上面的数据链路层感觉不到这些差异，这样就可使数据链路层只需要考虑如何完成本层的协议和服务，而不必考虑网络具体的传输介质是什么。

物理层协议的**主要任务**是制定物理设备与传输介质之间的接口规则，实现两个物理设备之间二进制比特流的传输。物理层虽然不是具体的物理设备或传输介质，但物理层的内容与具体的物理设备及传输介质有关。

物理层协议实际上就是物理层的接口标准。物理层协议也常称为物理层规程，具体可用**四个特性**来描述：机械特性、电气特性、功能特性和规程特性。

（1）机械特性

规定物理连接时使用的连接器的形状、尺寸、引脚数目与排列情况，以及采用的锁定装置等。

（2）电气特性

规定信号传输中使用的电平、脉冲宽度、编码方式、允许的数据传输速率和最大传输距离等。

（3）功能特性

规定物理接口上各条信号线的功能分配和确切定义。

（4）规程特性

规定接口电路信号出现的顺序、应答关系及操作过程。

3.1.2 物理层接口标准

物理层接口标准有多种，如 EIA RS-232-C、EIA RS-449 及 V.35 等。不同的接口标准在其四个接口特性上都不尽相同。串行接口标准 EIA RS-232-C 是物理层协议的一个典型实例，下面就以 EIA RS-232-C 为例来理解物理层协议。

EIA RS-232-C 是美国电子工业协会（Electronic Industries Association，EIA）制定的物理层接口标准。RS 表示 EIA 是一种"推荐标准"，232 是标识号，C 是版本号，C 版本之后还有修订的 232-D、232-E 标准。由于新版本对标准修改得并不多，因此人们经常将它们简称为 RS-232 标准。

RS-232 提供了数据终端设备（Data Terminal Equipment，DTE）和数据电路端接设备（Data Circuit terminating Equipment，DCE）之间进行串行二进制数据交换的接口标准。

两台计算机通过公用电话网进行远程数据通信，计算机（DTE）通过调制解调器 Modem（DCE）将数字数据转换成模拟信号（这个过程叫调制），以便在公用电话网上传输。通信系统的另一端的调制解调器 Modem（DCE）将模拟信号转换成数字数据（这个过程叫解调）传给接收端计算机（DTE），从而实现两台计算机间二进制比特流的传输。计算机与调制解调器之间采用 EIA RS-232 接口标准。

下面将从物理层接口的四个特性出发，对 EIA RS-232 标准进行解释。

（1）EIA RS-232 的机械特性

在机械特性方面，EIA RS-232 规定使用一个 25 针（DB25）插头，实际通信中用到的管脚一般只有 3~9 个。随着设备的改进，现在 DB25 针很少看到了，代替它的是 DB9 针的接口，因此现在常把 RS-232 接口叫作 DB9。图 3-1 是 DB9 接口外观图。上面一排针编号分别为 1~5，下面一排针编号分别为 6~9，还有一些其他尺寸的严格说明。

图 3-1　EIA RS-232 DB9 外观

（2）EIA RS-232 的电气特性

在电气特性方面，EIA RS-232 采用负逻辑电平。用 $-15 \sim -3$ V 表示逻辑 1，用 $+3 \sim +15$ V 逻辑 0。当 DTE 与 DCE 间的连接电缆长度不超过 15 m 时，数据传输速率最高为 20 kb/s。

（3）EIA RS-232 的功能特性

在功能特性方面，EIA RS-232 定义了 DB25 针中的 20 根引脚线的功能，其他 5 根未定义。由于现在 DB25 接口已很少使用，因此，图 3-2 只给出了 DB9 接口的引脚图。图 3-3 是计算机与调制解调器之间通过 RS-232 DB9 连接时的典型接口电路图。

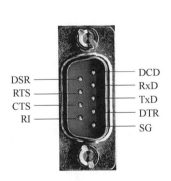

图 3-2　DB9 接口的引脚图

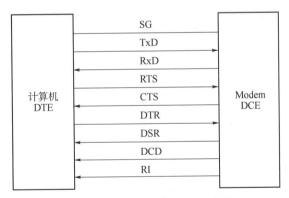

图 3-3　RS-232 DB9 接口电路图

其中，各引脚功能分别为：

①DCD：载波检测。

②RxD：接收数据。

③TxD：发送数据。

④DTR：数据终端准备好。

⑤SG：或称为 SGND，信号地线。

⑥DSR：数据准备好。

⑦RTS：请求发送。

⑧CTS：清除发送。

⑨RI：振铃提示。

（4） EIA RS-232 的规程特性

在规程特性方面，EIA RS-232 规定了 DTE 和 DCE 之间控制信号与数据信号的发送时序、应答关系及操作规程。例如，图 3-3 中，计算机（DTE）开始通信前，首先使 RTS 信号有效，表示向调制解调器（DCE）发出发送请求，如果调制解调器（DCE）已准备就绪，则使 CTS 信号有效，表示允许计算机（DTE）发送数据，从而完成 DTE 与 DCE 双方握手。

3.2　物理层的设备

3.2.1　放大器和中继器

信号在传出一段距离之后，由于在传输媒体中的能量损失，信号通常会变弱（衰减），所以，可以对信号进行放大。放大器（amplifier）即是用于增强衰弱信号功率的电路。

中继器是一种接收信号后，将信号以更高功率重新传送出去的电子设备，这样就能使信号覆盖更长的距离而不会衰减。

有时，这种信号衰减会在抵达目的地之前发生多次。在这种情况下，信号将在不止一个中间点处被放大，并以某个功率增益重新发出。这些中间点被称为中继器（repeater）。因此，放大器是中继器一个必不可少的组成部分。

1. 放大器

放大器是一种能增加输入信号功率的电子电路。放大器的种类有很多，从扩音器到不同频率的光学放大器都有。

2. 中继器

中继器是一种接收信号并将其以更高功率重新发出的电子电路。因此，中继器由信号接收器、放大器和传输器组成。中继器通常用于海底通信电缆，因为当信号传出这么远的距离之后，将会衰减为一个随机噪声。

不同类型的中继器，根据其所传输的媒体不同，会有不同的配置。如果媒介是微波，那么中继器可能是由天线和波导管组成的；如果媒介是光，那么中继器可能含有光探测器和光发射器。

中继器不会对数据执行任何其他操作。最初的中继器是一种独立的设备。在今天，中继器可以是独立的设备，也可以被合并到集线器中。

3.2.2　调制解调器

"**调制解调器**"（Modulator/Demodulator，Modem）是 Modulator（调制器）与 Demodulator

（解调器）的简称，是将数字信号和模拟信号进行转换的设备，目的是在模拟信道（实际是电话线路）传输数字信号。根据 Modem 的谐音，通常也称为"猫"。

调制解调器是模拟信号和数字信号的"翻译员"。传统电话线路传输的是模拟信号，而 PC 机之间传输的是数字信号。所以，当想通过电话线把自己的电脑连入 Internet 时，就必须使用调制解调器来"翻译"两种不同的信号。连入 Internet 后，当 PC 机向 Internet 发送信息时，由于电话线传输的是模拟信号，所以必须要用调制解调器来把数字信号"翻译"成模拟信号，才能传送到 Internet 上，这个过程叫作**"调制"**。当 PC 机从 Internet 获取信息时，由于通过电话线从 Internet 传来的信息都是模拟信号，所以必须借助调制解调器这个"翻译"，将模拟信号"翻译"成数字信号，这个过程叫作**"解调"**。

新一代的调制解调器功能日趋强大，不仅能够完成信号的"翻译"工作，同时能够像其他成熟的网络设备（如交换机、路由器等）一样，执行日常的控制功能，如数据压缩和错误检验及纠正的任务。

由于调制解调器涉及通信双方，为使通信能够正确进行，必须对通信过程中所涉及的各种参数、协议、工作方式等做统一的规定。ITU-T 制定有关调制解调器的标准和建议，称为 V 系列建议。V 系列建议的高速 Modem 的调制协议有如下几种：

（1）V.32 协议

是 9 600 b/s 高速 Modem 的标准调制协议。它采用 QMA 调制，使其传输速率达到 9 600 b/s。

（2）V.32bis 协议

是 14 400 b/s 高速 Modem 的标准调制协议，是 V.32 协议的增强版本，采用 TCM 调制方式使传输速率达到 14 400 b/s，与 V.32 兼容。

（3）V.34 协议

采用四维 TCM 编码调制等方式和 V8 协商握手等先进手段先进技术，使其传输速率达到 28.8 kb/s。

此外，ITU-T 还制定了一个 56 kb/s 的数据传输标准 V.90，V.90 使得调制解调器能够在标准公用电话交换网（PSTN）上以 56 kb/s 的速率接收数据。

另外，V.40~V.49 系列是有关 Modem 的差错控制和数据压缩控制方面的建议。差错控制协议是为了保证传输正确而提供的协议，主要有两个工业标准：MNP 和 V.42。V.42 是差错控制协议。MNP 包括 MNP2、MNP4，均为差错控制协议。数据压缩协议是高速 Modem 的关键技术，数据压缩有两个工业标准：V.42bis 和 MNP5。

3.2.3　集线器

集线器（Hub）是局域网中重要的部件之一。有时也被称为中继集线器或多端口转发器。集线器带有多个端口，是一个工作在物理层的设备。

集线器本质是一个中继器，**主要功能**是对接收到的信号进行再生放大，以扩大网络的传输距离。集线器虽然不具备交换功能，但是价格低廉、组网方便灵活，局域网中应用得比较多。集线器适用于星型网络布线，网络中计算机或其他终端都使用一条双绞线连接到中央节点集线器上，这样组网的优点是，即使星型局域网中某工作站出现问题，也不会影响整个网络的正常运行。

当集线器从其中一个端口收到信号之后，会将信号广播到其他所有端口上。因此，由集线器所组建的网络属于同一个**广播域**，也就是，处在这个广播域内的任何一站点发送信号，广播域内的所有站点都会接收到。同时，由集线器所组建的网络也属于同一个**冲突域**，也就是：在任一时刻，在冲突域中只能有一个站点在发送信号，否则就会产生冲突。

集线器外部结构非常简单，面板正面分布有多个（多组）RJ-45 端口（接口），每个RJ-45 端口有一个对应的 LED 状态指示灯，背面有交流电源插座和开关，集线器结构如图 3-4 所示。通常集线器都提供两类端口：一类是用于连接结点的 RJ-45 端口，这类端口数目通常是 8、12、16、24 等；另一类端口用于集线器之间的级联，这类端口称为级联或向上连接端口。通常端口规格有连接双绞线的 RJ-45 端口、用于光纤连接的端口等。

级联端口　　　　　普通端口

图 3-4　集线器

由于从节点到集线器的无屏蔽双绞线最大长度仅为 100 m，因此可以利用集线器向上连接端口级联来扩大局域网覆盖范围。单一集线器结构适用于小型工作组规模的局域网，如果需要联网的节点数超过单一集线器的端口数，通常需要采用多集线器的级联结构，或者是采用可堆叠式集线器。

普通集线器没有管理软件或协议来提供网络管理功能，不具备堆叠功能，当联网节点数超过单一集线器的端口数时，只能采用多集线器的级联方法来扩充。

集线器堆叠是通过厂家提供的一条专用连接电缆，从一台集线器的"UP"堆叠端口直接连接到另一台集线器的"DOWN"堆叠端口，以实现单台集线器端口数的扩充。堆叠中的所有集线器在逻辑上作为一个集线器进行管理。这种方法不仅成本低，而且简单易行，可方便地扩充联网的结点数。

另外，网卡也具备物理层的功能，但由于其主要功能集中在数据链路层，所以关于网卡，会在第 4 章进行介绍。

3.3　物理层下面的传输介质

传输介质是所有数据通信的物理基础，每一种传输介质都有它自己的特性，包括频率带宽、成本，以及安装和维护的难易程度等。大致上可以将传输介质分为：**导引型传输介质**，即电磁波或光信号被导引沿着固定媒体（如铜线或光纤）传播；**非导引型传输介质**，就是指自由空间，在非导引传输介质中，电磁波的传输常称为无线传输。

在接下来的小节中，将讨论这些传输介质。

3.3.1　导引型传输介质

1. 双绞线

双绞线由两根相互绝缘的铜线组成的，铜线的直径大约为 1 mm。这两根铜线以螺旋状的形式绞合在一起，这也是双绞线名字的由来。把两根绝缘的铜导线互相绞在一起，每一根导线在传输中辐射出来的电波会被另一根线上发出的电波抵消，可以有效降低信号干扰的程度。

双绞线最开始应用于语音通信，主要应用于电话系统，几乎所有的电话都是通过双绞线连接到电话公司的交换局的。双绞线可以延伸几千米而不需要放大，但是如果距离再远的话，就需要加放大器，以便将衰减了的信号放大到合适的数值（对于模拟传输），或者加上中继器，以便对失真了的数字信号进行整形（对于数字传输）。

双绞线既可以用于传输模拟信号，也可以用于传输数字信号。传输速率与铜线的粗细以及传输的距离有关。在许多情况下，几千米的传输距离内双绞线可以达到几 Mb/s 的传输速率。导线直径越大，其传输距离就越长，但导线的价格也越高。目前，**双绞线是局域网中最常用的传输介质**。

如图 3-5 所示，根据有无屏蔽层，**双绞线分为屏蔽双绞线（Shielded Twisted Pair，STP）与无屏蔽双绞线（Unshielded Twisted Pair，UTP）**。

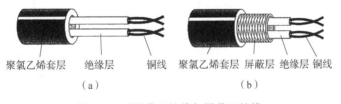

聚氯乙烯套层　绝缘层　铜线　　聚氯乙烯套层　屏蔽层　绝缘层　铜线
（a）　　　　　　　　　　　　　　　（b）

图 3-5　无屏蔽双绞线与屏蔽双绞线
（a）无屏蔽双绞线；（b）屏蔽双绞线

与无屏蔽双绞线 UTP 相比，屏蔽双绞线 STP 在绝缘层与聚氯乙烯套层之间增加了一层导体编织物即屏蔽层，屏蔽层可减少辐射，防止信息被窃听，也可阻止外部电磁干扰的进入；另外，屏蔽双绞线体积较大，价格也更高，一般应用于安全性较高的网络环境中，例如军事网络等。

1991 年，EIA/TIA（美国电子工业协会/电信工业协会）发布了 EIA/TIA-568 标准，该标准规定了用于室内传输数据的无屏蔽双绞线和屏蔽双绞线的标准。随着局域网上数据传输速率的不断提高，1995 年，EIA/TIA 将布线标准更新为 EIA/TIA-568-A，此标准规定了无屏蔽双绞线的种类，将无屏蔽双绞线分为 6 类。表 3-1 给出了其中几类无屏蔽双绞线的带宽、特点及典型应用。

表 3-1　双绞线的种类

类别	带宽/MHz	线缆特点	典型应用
3	16	2 对双绞线	模拟电话，10 Mb/s 传统以太网
5	100	4 对双绞线，增加了绞合度	传输速率不超过 100 Mb/s 的应用。如快速以太网
5E（超 5 类）	125	与 5 类相比，衰减、串扰和时延误差更小	传输速率不超过 1 Gb/s 的应用
6	250	与 5 类相比，改善了串扰等性能，传输损耗小	千兆位以太网和万兆位以太网

　　计算机网络中，常用的是 3 类线、5 类线、超 5 类线和 6 类线。3 类线和 5 类线主要的区别在于：5 类线大大增加了每单位长度的绞合次数，同时，在线对间的绞合度和线对内两根导线的绞合度都经过了精心的设计，并在生产中加以严格的控制，使干扰在一定程度上抵消，从而提高了线路的传输质量。

　　3 类线和 5 类线对比如图 3-6 所示。

（a）　　　　　　　　　　　　（b）

图 3-6　3 类双绞线与 5 类双绞线
(a) 3 类双绞线；(b) 5 类双绞线

　　6 类线与 5 类线、3 类线相比，电缆的直径更粗，增加了绝缘的十字骨架，将双绞线的 4 对线分别置于十字骨架的 4 个凹槽内，保持 4 对双绞线的相对位置，从而提高了电缆的平衡特性和抗干扰性，而且传输的衰减也更小。6 类线如图 3-7 所示。

2. 同轴电缆

　　同轴电缆由内导体铜质芯线、绝缘层、网状编织的外导体屏蔽层以及绝缘保护套层组成，如图 3-8 所示。

图 3-7　6 类双绞线

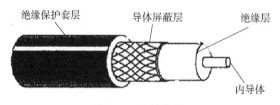

绝缘保护套层　　导体屏蔽层　　绝缘层

内导体

图 3-8　同轴电缆

　　同轴电缆的这种结构和屏蔽性使得它既有很高的带宽，又有很好的抗噪特性，被广泛用于传输较高速率的数据。同轴电缆可能达到的带宽取决于电缆的质量、长度以及数据信号的信噪比。现代的电缆可以达到 GHz 的带宽。

过去，同轴电缆在电话系统中广泛地用于长途线路，但是现在，在长途路径上大部分已经被光纤所取代。然而，同轴电缆仍然广泛地应用于有线电视网的居民小区中。

3. 光纤

光纤通信已经成为现代通信技术中的一个十分重要的领域。

光纤由纤芯、包层和保护层组成，如图 3-9 所示。光纤的纤芯是一根细玻璃丝或塑料丝，纤芯很细，直径为 2~125 μm；外面是包层。纤芯和包层构成双层通信的圆柱体。纤芯和包层之间的边界是看不见的，因为它们都是用透明的玻璃或塑料制作的。

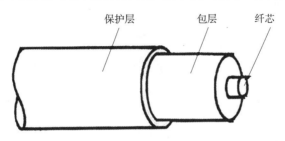

图 3-9　光纤结构示意图

包层较纤芯有比较小的折射率，也就是说，光线在包层中的传输速度比纤芯中的速度更快。当光线到达纤芯和包层之间的边界时，由于速度上的变化，使得光线完全反射或者完全返回（全是内部反射），如图 3-10 所示。这种结构成了一种灵活的介质，它能够把光线传递很长的距离，而信号从源端到目的端的损失很少。

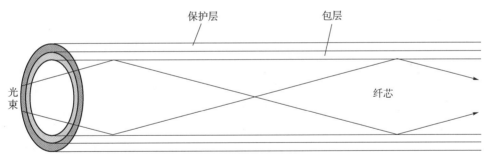

图 3-10　光在光纤中的传播

光纤太细了，以至于可以把数百根光纤捆扎成一根。最外层是保护层，由塑料或其他分层的保护材料组成，它包着一根或一束已包好的光纤。

每根光纤只能单向传送信号，因此要实现双向通信，光缆中至少应包括两条独立的纤芯，一条发送，另一条接收。

用于光纤通信的光源既可以是激光二极管，也可以是发光二极管。可以使用简单的亮度调制方法在光纤上传递二进制信号——一个短的光脉冲表示 1，没有光脉冲表示 0。

实际上，**光纤有两种基本类型——多模光纤和单模光纤。**多模光纤的芯直径比较大，它导致光线在纤芯中以不同的角度反射。光脉冲在多模光纤中传输时，存在多条传播路径（模），也就意味着路径长度不同，而且通过光纤的时间也不同。正是这些差异极大地限制了传输速度。同时，光脉冲在多模光纤中传输会逐渐展宽，造成失真。使用单模光纤，纤芯的直径很细（达到 1.5~5 μm，可以和通过的光的波长相比），光纤就像一根波导一样，它可以使光线一直向前传播，而不会产生多次反射。这种设计只允许存在一条光束的传输路径，它会在接收端产生干净、强烈的信号流（光线在多模光纤和单模光线中的传播对比如图3-11所示）。非常昂贵、非常纯的单模玻璃光纤比人的头发还细，但韧性却高于钢，而且可以保证信号的损失极低。塑料光纤便宜许多，但是这些多模介质仍然提供了良好的性能，尤其在短距离通信上。

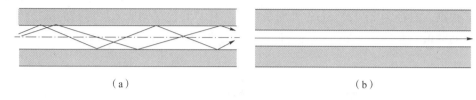

（a）   （b）

图3-11　光在不同的光纤中的传播路径示意图
（a）多模光纤；（b）单模光纤

与铜线相比，光纤有着非常多的**优点**，不仅通信容量非常大，还体现在覆盖的距离、可靠性、持久性、安全性、重量与尺寸，以及成本。

①**频率高**、**衰减低**。最高级单模光纤的带宽/距离参数可以高达 1 000 GHz/km，这意味着它能够以 1 000 GHz 的频率把信号传递 1 km 的距离。因此，50 000 个电话呼叫可以在一条光纤上同时传递。

②**抗雷电和电磁干扰性能好**，光纤的错误率可以低于 10^{-10}。对于带有保护套的光纤来说，平均每 1 000 km 才会出现 1~2 个错误，其中有超过 80% 的错误是由于线路的切口。

③**在恶劣的环境下，光纤比铜线更耐用**。

④**光信号不辐射能量**，因此，它们几乎不产生干扰，所以可以有效防止偷听，提高了安全性。

⑤**体积小，质量小**，这对目前电缆管道已经拥塞不堪的情况特别有利。如果使用同轴电缆覆盖同样大的范围，那么光纤的重量大约是同轴电缆的 1/6，而且光纤有着更高的容量。例如，1 km 长的 1 000 对双绞线电缆约重 8 000 kg，而同样长度但容量大得多的一对两芯光缆仅重 100 kg。

迄今为止，我们只利用了光纤容量的一小部分。所有现代网络的主干都毫无例外地依赖光纤，已经被广泛地应用在计算机网络、电信网络和有线电视网络的主干网和高速局域网中。

3.3.2　非导引型传输介质

当通信线路需要通过一些高山或岛屿时，使用导引型传输介质很难施工。即使在城市中，挖开马路铺设电缆也不是一件容易的事情。另外，当通信距离很远时，铺设电缆既昂贵又费时。由于信息技术的发展，人们对信息的需求是无处不在的，很多人需要随时与客户、朋友等保持在线连接，需要利用各种智能设备（如笔记本电脑、iPad、智能手机等）随时随地获取信息。对于这些用户，显然导引型传输介质无法满足需求。因此，可以利用无线电波在自由空间的传播实现通信。由于无线电波不使用 3.3.1 小节的导引型传输介质进行传输，因此就将自由空间称为"非导引型传输介质"。

1. 无线电

无线电（Radio）通信在无线电广播和电视广播中已广泛使用。

国际电信联盟的 ITU-R 已将无线电的频率划分为若干波段，即低频（Low Frequency，LF）、中频（Medium Frequency，MF）、高频（High Frequency，HF）、甚高频（Very High Frequency，VHF）、超高频（Ultra High Frequency，UHF）、特高频（Super High Frequency，SHF）、极高频（Extremely High Frequency，EHF）等。低频的范围为 30~300 kHz，中频的范围为 300 kHz~3 MHz，依此类推。特高频和极高频已是微波（1 GHz 以上）的范围了。低频和中频波段内，无线电波可以轻易地通过障碍物，但能量随着与信号源距离的增大而急剧减少，因而可沿地表传播，但距离有限，如图 3-12（a）所示。在高频和甚高频波段内，地表电波会被地球吸收，但会被离地表数百千米高度的带电粒子层——电离层反射再回到地面，因而可达到更远的距离，如图 3-12（b）所示。

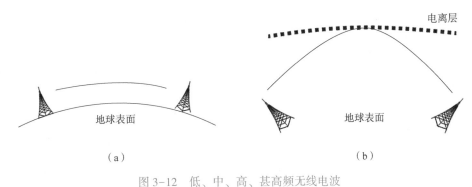

图 3-12　低、中、高、甚高频无线电波
（a）低频和中频无线电波；（b）高频和甚高频无线电波

无线电广播和电视广播都是单向的通信。后来，人们对使用高端频率的无线电传输数字信息进行双向通信产生了兴趣。1970 年，夏威夷大学开发了一套无线分组交换网并开始投入服务，将分布在夏威夷群岛中各岛屿上的分部连接起来。这就是著名的 ALOHA 系统。

无线电通信现在也已广泛应用于电话的领域来构成蜂窝式的无线电话网。蜂窝式的名称来源于其形状，如图 3-13 所示。因为在无线电通信时，一对通话要占用一条信道，即一段特殊的频率。频率当前已成为无线电通信中宝贵的资源。为了达到频率复用的目的，可以按地理范围分成若干单元，如图 3-13 中的粗线所示。单元内又可分成若干小单元，如图 3-13 中一个单元由 7 个小单元构成。每个小单元内的一个字母代表了一组频率，不同的字母则表示了不同组的频率。由图可见，相同的频率组之间至少间隔了两个小单元的地理距离，从而不会相互干扰。每个小单元中有一个基站，控制位于该小单元内的手持移动电话。当移动电话从一个小单元移入另一个小单元时，控制权也随之移交。若干基站连到一个移动电话交换站，通过多级移动电话交换站集中到移动交换中心与公用电话交换网互连。

2. 微波

微波通信技术是在微波频段通过地面视距进行信息传播的一种无线通信手段。最初的微

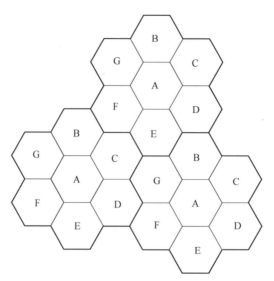

图 3-13　蜂窝式无线电话网

波通信系统都是模拟制式的，它与当时的同轴电缆载波传输系统同为通信网长途传输干线的重要传输手段。在 20 世纪 60 年代至 70 年代初期，随着微波通信相关技术的进步，人们研制出了中小容量（如 8 Mb/s、34 Mb/s）的数字微波通信系统，这是通信技术由模拟通信技术向数字通信技术发展的必然结果。80 年代后期，由于同步数字系列（SDH）在传输系统中的推广应用，出现了 $N×155$ Mb/s 的 SDH 大容量数字微波通信系统。

微波通信是指用微波频率（频率范围一般为 2~400 GHz）作为载波携带信息进行中继（接力）通信的方式。在长途线路上，典型的工作频率为 2 GHz、4 GHz、8 GHz 和 12 GHz。微波通常只能沿直线传播，所以微波的发射天线和接收天线必须精确对准。如果两个微波塔相距太远，一方面，地球表面会阻挡信号，另一方面，微波长距离传送会发生衰减，因此，每隔一段距离就需要有一个微波中继站，如图 3-14 所示。

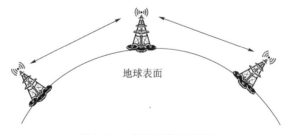

地球表面

图 3-14　微波通信示意图

中继通信是发展最早、技术最成熟和使用最广泛的一种远距离微波通信方式。由于微波波段频率很高，波段的绝对带宽要大得多，因而可以传送大容量的信息，而且其速率高，并可利用一定带宽的天线方便地传送几个并行的微波波道，所以微波通信的通道容量大。

微波的波长短，是以直射波的方式传播的，但地球的表面是一个曲面，这样微波在地面上的传播距离就受到了限制。为进行远距离的微波通信，通常是在两个通信点之间每隔 30～50 km 设立一个中继站，按照接力的方式，将信号一站一站地依次传递下去。

微波通信在传输质量上比较稳定，由于频率很高，因此可以同时传送大量的信息。与同轴电缆相比，微波通信不需要铺设电缆，可以减少地理条件的影响，并且有抗水淹、台风和地震等自然灾害的能力，微波通信的可靠性高。当利用微波通信组网时，只需要建设站点，因而建设投资少，调整比较方便，维护费用也低，比有线通信具有更大的灵活性，所以被广泛应用于各种通信业务。

目前，数字微波在通信系统的主要应用场合如下：

①数字微波可作为网络干线中光纤传输的备份及补充，例如，当光纤干线传输系统因自然灾害无法正常工作时。同时，数字微波也可应用于不适合铺设光纤的场合，例如农村、海岛等边远地区、高山、湖海等。

②城市内的短距离支线连接。如移动通信基站之间、基站控制器与基站之间的互连，以及局域网之间的无线联网等。既可使用中小容量点对点微波，也可使用无须申请频率的微波数字扩频系统。

另外，还有未来的宽带业务接入（如 LMDS）、无线微波接入技术等。

3. 卫星通信

常用的卫星通信方法是在地面站之间利用 36 000 km 高空的同步地球卫星作为中继器的一种微波接力通信。通信卫星就是太空中无人值守的用于微波通信的中继器。

卫星通信可以克服地面微波通信距离的限制。一个同步卫星可以覆盖地球 1/3 以上的表面，只要在地球赤道上空的同步轨道上等距离地放置 3 颗相隔 120°的卫星，就可以覆盖地球上的全部通信区域，如图 3-15 所示。这样，地球上的各个地面站之间就都可以互相通信了。

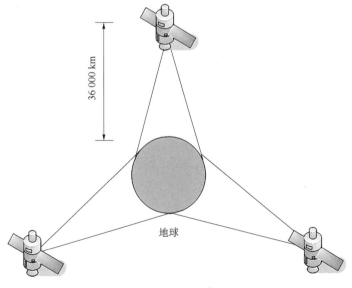

图 3-15　卫星通信示意图

由于卫星信道频带宽，因此也可采用频分多路复用技术分为若干子信道。有些用于地面站向卫星发送，称为上行信道；有些用于由卫星向地面转发，称为下行信道。如图 3-16 所示。

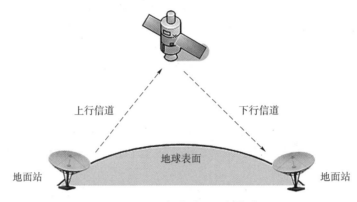

图 3-16　上行信道和下行信道

卫星通信的优点是通信容量很大，距离远，信号所受到的干扰也比较小，通信比较稳定；缺点是传播延迟时间长。由于各地面站的天线仰角并不相同，因此，不管两个地面站之间的地面距离是多少，从发送站通过卫星转发到接收站的传播延迟时间都为 270 ms，这相对于地面电缆传播延迟时间约 6 μs/km 来说，特别是相对于近距离的站点，要相差几个数量级。

在卫星通信领域中，甚小口径天线地球站（Very Small Aperture Terminal，VSAT）已被大量使用。VSAT 系统中利用了如下操作方式：在卫星通信中，只要地面发送方和接收方中的任一方有大的天线和大功率放大器，则另一方就可用只有 1 m 天线的微型终端，即 VSAT。在该系统中，通常两个 VSAT 终端之间无法通过卫星直接通信，还必须再经过一个带有大天线和大功率放大器的中心站来转接。如图 3-17 所示，VSAT A 发送的信号要经过 1、2、3 和 4 四步才能达到 VSAT B。这种系统中，端到端的传播延迟时间不再是 270 ms，而是 540 ms。所以，这种方式实质上是用较长的延迟时间来换取较便宜的终端用户站。

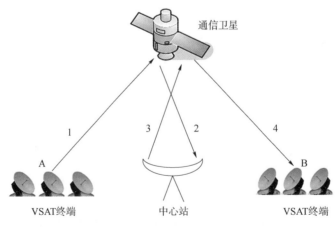

图 3-17　使用中心站的 VSAT

实训指导

【实训名称】制作网线

【实训目的】

1. 能够识别双绞线的种类、结构、电气特性及应用场景。

2. 能够根据应用场景，按照双绞线的制作规范制作双绞线。

【实训任务】

小李办公室的计算机通过交换机与办公室其他同事的主机进行互连。最近，小李又新购置了一台台式计算机，需要自行制作一根双绞线连接到交换机，实现与办公室其他主机的互连。

【实训设备】

5 类或超 5 类无屏蔽双绞线若干米（大于 0.6 m），水晶头若干个，RJ-45 工具钳 1 把，网线测线仪 1 部。

【知识准备】

1. 双绞线的种类、特性及应用。

2. 双绞线制作标准及线序。

3. RJ-45 工具钳及网线测线仪的使用。

【实训步骤】

步骤 1：选线。

选线即准确选择线缆的长度，至少 0.6 m，最多不超过 100 m。

步骤 2：剥线。

利用双绞线工具钳（或用专用剥线钳、剥线器及其他代用工具）将双绞线的外皮剥去 2~3 cm。

步骤 3：排线。

按照 EIA/TIA-568B 标准排列芯线。

步骤 4：剪线。

在剪线过程中，需左手紧握已排好了的芯线，然后用工具钳剪齐芯线，芯线外留长度不宜过长，通常在 1.2~1.4 cm 之间。

步骤 5：插线。

左手握水晶头，金属引脚面对自己，把剪齐后的双绞线插入水晶头的后端。

步骤 6：压线。

利用工具钳压紧水晶头。

步骤 7：做另一线头。

重复第 2~6 步骤做好另一端线头。

步骤 8：测线。

利用测线仪测试网线制作是否成功。

小 结

1. 物理层协议的主要任务是制定物理设备与传输介质之间的接口规则，实现两个物理设备之间二进制比特流的传输。

2. 物理层协议也常称为物理层规程，具体可用四个特性来描述：机械特性、电气特性、功能特性和规程特性。

3. 中继器、集线器、Modem 是常见的物理层的主要设备。

4. 中继器的主要作用是接收并放大信号，以延长信号的传输距离。

5. 集线器相当于多端口的中继器，当从集线器一个端口收到信号之后，采用广播的方式转发信号。

6. Modem 的主要作用是调制和解调。调制，就是将数字信号转换成模拟信号；解调，就是将模拟信号转换成数字信号。

7. 传输介质可以分为导引型传输介质（双绞线、同轴电缆、光纤等）和非导引型传输介质（无线电、微波等）两大类。

8. 双绞线既可以用于传输模拟信号，也可以用于传输数字信号。目前，双绞线是局域网中最常用的传输介质。

9. 根据有无屏蔽层，双绞线分为屏蔽双绞线（Shielded Twisted Pair，STP）与无屏蔽双绞线（Unshielded Twisted Pair，UTP）。

10. 同轴电缆仍然广泛地应用于有线电视网的居民小区中。

11. 光纤有两种基本类型：多模光纤和单模光纤。

习 题

3-01 请说明以下几种描述分别属于物理层接口的哪个特性。

（1）某网络的物理层规定，信号的电平用+10~+15 V 表示二进制 0，用-10~-15 V 表示二进制 1，电缆长度限于 15 m 以内。

（2）描述一个物理接口引脚处于高电平时的含义。

（3）描述完成每种功能的时间发生顺序。

（4）接口采用 T 形接口，9 针，螺丝锁定。

3-02 请举例说明物理层要解决哪些问题，并说明物理层协议的主要任务。

3-03 物理层的接口有哪几个方面的特性？各包含什么内容？

3-04 阐述广播域、冲突域的概念。

3-05 阐述中继器与集线器的共同点与区别。

3-06 比较说明双绞线、同轴电缆和光纤的特点及使用场合。

3-07 某学校拓扑结构如图 3-18 所示，学校网络要求千兆干线，百兆到桌面。其中，信息中心距教学楼 2 km，距实验楼 300 m。实验楼的汇聚交换机位于实验楼的主机房内，楼层设备间共 2 个，距实验主机房距离均大于 200 m，分别位于二层和四层。请根据网络需求和网络拓扑结构图，在满足网络功能的前提下，本着最节约成本的布线方式，在（1）~（4）中选择合适的传输介质并说明原因。

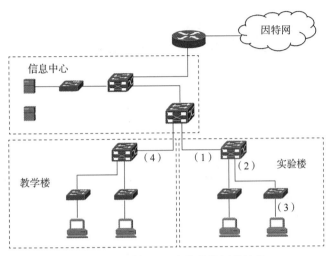

图 3-18　习题 3-07 中某学校拓扑结构

第4章　数据链路层

计算机网络的重要功能之一就是数据通信，物理层解决了信号实际传输问题。但在局域网中是如何确定通信目标的呢？又是按照什么规则来确定的呢？不同类型的局域网又是分别采用什么方式实现的呢？

 学习要点

本章首先介绍点对点信道和在这种信道上最常用的点对点协议PPP；然后详细讨论广播信道的局域网和有关协议，以及无线局域网、虚拟局域网等相关内容；最后给出数据链路层的相关设备、设备原理及以太网的扩展。

本章的重要内容：

（1）数据链路层的点对点信道和广播信道的特点，以及这两种信道所使用的协议（PPP协议以及CSMA/CD协议）的特点。

（2）数据链路层的主要功能：封装成帧、透明传输、差错检错。

（3）介质访问控制技术：CSMA、CSMA/CD。

（4）高速以太网、虚拟局域网、无线局域网等的基本内容和原理。

（5）扩展以太网及以太网交换机。

 学习目标

（1）能够掌握数据链路层的点对点信道和广播信道及所用协议的特点。

（2）能够理解数据链路层的三个基本问题：封装成帧、透明传输和差错检测。

（3）能够掌握数据帧的结构并进行分析。

（4）能够选择合适的数据链路层设备扩展局域网。

（5）能够针对网络应用通过划分虚拟局域网隔离广播域。

4.1　数据链路层基础

在所有计算机网络体系结构中，都直接或间接地包含了数据链路层（在TCP/IP协议体系结构中，数据链路层的功能包含在网络接口层中）。数据链路层和它下面的物理层本质作用是一样的，都是用来构建网络通信、访问的通道，只不过物理层构建的是一条物理通道，而数据链路层构建的是用于数据传输的逻辑通道。因此，在目前广泛使用的 TCP/IP 协议体系结构中，物理层和数据链路层集中划分为**网络接口层**。

数据链路分为**点对点链路**和**点对多点链路**两种。点对点链路就是一个节点只与另一个节点连接起来的链路，用于建立点对点通信。它所采用的是点对点协议，如 PPP（点对点协议）、PPPoE（基于以太网的点对点协议）。点对多点链路就是一个节点同时与多个节点连接建立起来的链路，用于建立点对多点通信。它所采用的通常是点对多点协议，如以太网协议、WLAN（Wireless Local Area Network，无线局域网）协议以及 HDLC（高级数据链路控制）协议。

> **内容补充**：以太网是一种计算机局域网技术。IEEE 组织的 IEEE 802.3 标准制定了以太网的技术标准，它规定了包括物理层的连线、电子信号和介质访问层协议的内容。以太网是应用最普遍的局域网技术，取代了其他局域网技术如令牌环、FDDI 和 ARC-NET。

4.1.1　数据链路的概念

虽然说物理层和数据链路层的本质作用都是用来构建网络通信、访问通道，但它们所建立的通信通道是不一样的。首先要说明的一点是，在物理层上构建的是物理链路，在数据链路层上构建的是数据链路（或者称之为逻辑链路），它们是不同的概念。**物理链路**是指在物理层设备（包括传输介质、物理接口和收发器等）和相应物理层通信规程作用下形成的物理线路，是永久存在的，并且是不可删除的（除非物理拆除）；**数据链路**则是通信双方在需要进行数据通信时，在数据链路层设备和相应的通信规程作用下建立的逻辑链路，可以是永远存在的（如局域网中的以太网链路），也可以不是永久存在的（如广域网中的链路），是否永久存在要视具体的数据链路层服务类型而定。这里还有一个"链路"的概念，它是指相邻节点之间的那段数据线路。

需要注意的是，数据链路必须建立在物理链路之上。如果通信双方的物理链路都不通，是不可能建立用于数据传输的数据链路的。可以这样来理解它们之间的关系：物理链路是基础线路，相当于一条公路的路基，而数据链路是在物理链路之上的高级线路，可以理解为在公路上铺设了柏油或者水泥的车道。它们之间的关系如图 4-1 所示。

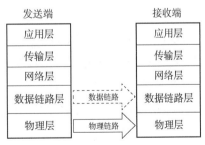

图 4-1　"物理链路"和"逻辑链路"的关系

从逻辑意义上来讲，真正的数据传输通道就是**数据链路**，只不过在要经过多个网络的数据通信中，数据链路是分段的，每个网络都有一段链路，这些链路段连接起来就是整个数据通信的数据链路。图 4-2 所示的是一个有三个网段经过两个路由器（路由器 A 和路由器 B）相连的网络，现假设用户 A 要向用户 B 发送一个数据，它的实际数据传输过程如图 4-2 中各网络物理层之间的实线箭头所示，而逻辑上可以等同于各部分数据链路层之间构建的"数据链路"之间的数据转发，如图 4-2 中的虚线箭头所示。

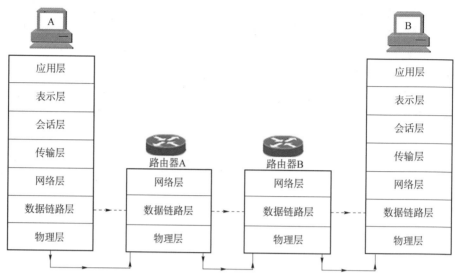

图 4-2　数据在网络中的传输方向

　　既然在物理层中已经将信道作为数据传输通道，那么为什么还要设置一个"数据链路层"呢？其原因有两点：一是由于物理层传输介质多样，通信规程复杂且性能不稳定，而数据链路层的存在就可以在一定程度上忽略不同物理链路上传输介质及其通信规程上的区别，只是从逻辑意义上构建一条性能稳定、不受传输介质类型影响的逻辑数据传输通道。就像修建公路路基时，所用的材质也可能不一样，有的用普通的泥巴，有的用沙石，还有的用大石材，如果仅靠这些路基，可能修好的公路通车性能很差，有的甚至根本不能通车，只能步行，但如果我们在这些路基上再统一铺一层混凝土，那么这些由不同材料修建的公路就可能满足基本相同的通车性能要求。二是由于在物理层中数据是一位位地单独传输的，不仅数据传输效率低下，而且容易出现数据传输差错，就像在一条不能通车的普通公路上，人只能一个个地步行，还可能迷路，而在数据链路层中数据是以"帧"为单位进行传输的，一个帧通常是有数千比特，不仅传输效率提高，还不容易出错（因为在数据链路层中有专门的通信规程来负责数据传输差错控制），就像在能通车的公路上以车为单位运载人一样，不仅传输效率提高，还不容易出现各种交通事故。

4.1.2　数据链路层的实现原理

　　数据链路层位于网络体系结构的第二层，它的一项基本功能就是向其上一层的网络层提供透明、可靠的数据传输服务。这里的"透明"是指在数据链路层上可以传输任意内容、格式或编码类型，即使是特殊用途的控制字符，也能像正常的数据一样传输，使接收端不会误认为这些字符为控制字符；可靠传输是使数据在数据链路上从发送端无差错地传输到目的接收端。总体而言，数据链路层的主要功能有**封装成帧**、**透明传输**、**差错检测**。下面具体介绍。

1. 封装成帧

数据链路层介于物理层和网络层之间，在发送端，数据链路层接收来自网络层的数据分组，而在接收端，它接收来自物理层的比特流，所以数据链路层封装成帧实际包含了两部分内容：一是将来自网络层的数据分组封装成数据帧，二是将来自物理层的一个个比特流组装成数据帧（或者说将比特流"翻译"成数据帧–帧同步）。

网络层传输的单位是"**IP 数据报**"（packet，又称分组或包），在数据链路层中传输的单位是"帧"（frame）。数据分组到达数据链路层后，加上该层的头部和尾部，就构成了一个数据帧。其中来自网络层的数据包充当帧的数据部分。帧头和帧尾代表着帧的起始和结束，也就是帧边界，如图 4-3 所示。

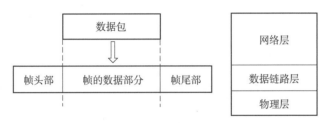

图 4-3　网络层数据包封装成帧的示意图

数据帧的大小是受对应的数据链路层协议 MTU（最大传输单元）限制的，在以太网中，数据链路层的 MTU 值为 1 500 B，即帧中的数据部分最大不能超过 1 500 B（该部分来自网络层的整个数据分组）。同时，帧还有最小限制，在以太网帧中封装的 IP 数据报最小值为 46 B，如果 IP 数据报小于最小帧要求时，就要用一些特殊字符进行填充，以满足对应链路中传输最小帧的限制。

当数据是由可打印的 ASCII 码组成的文本文件时，帧定界可以使用特殊的帧定界符。如图 4-4 所示，控制字符 SOH（Start Of Header）放在一帧的最前面，表示帧的首部开始。另一个控制字符 EOT（End Of Transmission）表示帧的结束。需要注意的是，SOH 与 EOT 都是控制字符的名称，SOH（或 EOT）并不是 S、O、H（或 E、O、T）三个字符。

图 4-4　用控制字符进行帧定界的方法举例

帧定界符的存在，使得接收端很容易判断接收的帧是否完整，只有首部开始符 SOH 而没有传输结束符 EOT 的帧是不完整的帧，应该丢弃，否则应该收下。实现帧定界的方法有很多种，比如字节计数法、字符填充的首尾定界符法、比特填充的首尾定界符法、违法编码法等。

2. 透明传输

因为帧定界符使用了特殊的控制字符，所以，传输的数据中不能包含和帧定界符编码一样的特殊字符，否则就会出现定界错误的问题。当传输数据中不管是什么内容都和帧定界符编码不一致时，即不会将传输的数据内容误认为是帧定界符，就可以实现透明传输了。

如图 4-5 所示，如果数据中的某字节的二进制代码恰好和 SOH 或 EOT 这种控制字符一样，数据链路层就会错误地确定边界，把部分帧收下（误认为是一个完整的帧），而把剩下的那部分数据丢弃（这部分没有帧定界控制字符 SOH）。如果出现了上述情况，显然就不是"透明传输"了，因为当遇到数据中碰巧出现字符"EOT"时，就传不过去了。数据中的"EOT"将被接收端错误地解释为"传输结束"的控制字符，而在其后面的数据因找不到"SOH"被接收端当作无效帧而丢弃。但实际上在数据中出现的字符"EOT"并非控制字符，而仅仅是一部分数据。

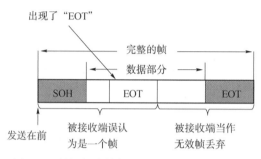

图 4-5　数据部分恰好出现与 EOT 一样的代码

需要注意的是，这里的"透明"是一个术语，它表示：某一个实际存在的事物看起来好像不存在一样。"在数据链路层透明传输数据"表示无论什么样的比特组合数据，都能够按照原样没有差别地通过这个数据链路层。因此，对所传送的数据来说，数据链路层没有什么能阻碍其传输。或者说，数据链路层对这些数据来说是透明的。

为了实现透明传输，必须使数据中可能出现的控制字符"SOH"和"EOT"在接收端不被解释为控制字符。具体的方法是：若传输的数据中出现控制字符"SOH"或"EOT"时，就在其前面插入一个转义字符"ESC"，而在接收端接收数据并送往网络层之前删除这个插入的转义字符。这种方法称为字节填充或字符填充。如果转义字符也出现在数据中，那么解决方法仍然是在转义字符的前面插入一个转义字符。因此，当接收端收到连续的两个转义字符时，就删除其中前面的一个。图 4-6 表示用字节填充法解决透明传输的问题。

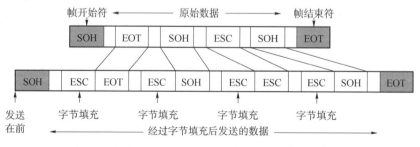

图 4-6　用字节填充法解决透明传输的问题

3. 差错检测

通过"成帧"功能解决了帧同步问题，也就是接收端可以区分每个数据帧的起始和结束了，但是如果有帧出现了错误，怎么办？这就需要数据链路层的差错控制功能。

要实现差错控制功能，就必须能够发现差错并纠正差错。就像我们要发现一个"问题"产品一样，你首先要知道它的"问题"在哪里，也就是存在问题的根源是什么，然后才能采取适当的方法来改正这些"问题"。在数据链路层进行差错检测的方法一般使用**循环冗余校验 CRC**（Cyclic Redundancy Check）的检测技术。

CRC 校验的原理比较简单，就是先在要发送的帧后面附加一个数（这个数就是用来校验的校验码，但要注意，这里的数也是二进制序列的，下同），生成一个新帧发送给接收端。这个附加的数要使所生成的新帧能与发送端和接收端共同选定的某个特定数整除（注意，这里不是直接采用二进制除法，而是采用一种称为模 2 除法的方法）。到达接收端后，再把接收到的新帧除以（同样采用模 2 除法）这个选定的除数。因为在发送端发送数据帧之前就已附加了一个数，而附加的这个数使得数据帧能够被选定的特定数整除，所以余数应该为 0。一旦余数不为 0，则意味着该帧在传输过程中出现了差错。

具体来说，CRC 校验的实现分为以下几个步骤：

①发送端和接收端共同选择一个**除数**（是二进制比特串，通常是以多项方式表示，所以 CRC 又称多项式编码方法，这个多项式又称生成多项式）。

②若除数为 k 位，则在要发送的数据帧（假设为 m 位）后面加上 $k-1$ 位"0"，形成 $m+k-1$ 位的新帧，然后以"模 2 除法"方式除以上面这个除数，所得到的**余数**（也是二进制的比特串）就是该帧的 **CRC 校验码**，又称 FCS（帧校验序列）。其中，余数的位数比除数位数少且只能**少一位**，哪怕前面位是 0，甚至全为 0（整除）时，也都不能省略。

③把校验码**附加在原数据帧后面**，构建一个 $m+k-1$ 位的新帧发送到接收端，最后在接收端再把这个新帧以"模 2 除法"方式除以前面选择的除数，如果整除，则表明该帧在传输过程中没出错，否则出现了差错。

模 2 除法的原理：模 2 除法与算术除法类似，但它既不向上位借位，也不比较除数和被除数的相同位数值的大小，只以相同位数进行相除。模 2 加法运算法则为：$1+1=0$，$0+1=1$，$0+0=0$，无进位，也无借位。模 2 减法运算法则为：$1-1=0$，$0-1=1$，$1-0=1$，$0-0=0$，也无进位，无借位，相当于二进制中的逻辑异或运算。也就是比较后，两者对应位相同，则结果为"0"，不同则结果为"1"。如 100101 除以 1110，结果得到商为 11，余数为 1，如图 4-7（a）所示。再如 $11×11=101$，如图 4-7（b）所示。

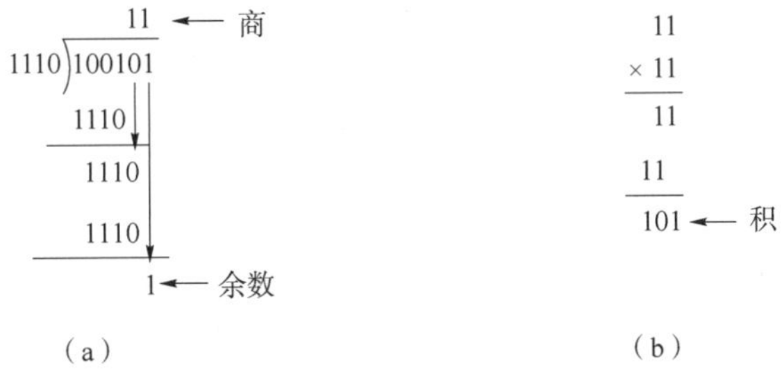

```
        11  ← 商                        11
1110)100101                          × 11
     1110↓                          ────
     ────                             11
     1110                            11
     1110                          ────
     ────                           101 ← 积
     1110
        1  ← 余数

  (a)                                (b)
```

图 4-7　"模 2 除法"和"模 2 乘法"示例

综上所述，CRC 校验中有两个关键点：一是要预先确定一个发送端和接收端都用来作为除数的二进制比特串；二是把原始帧和选定的除数进行"模 2 除法"运算，计算出 FCS。除数可以随机选择，也可按国际上通行的标准选择，但最高位和最低位必须均为"1"，如在 IBM 的 SDLC（同步数据链路控制）规程中使用 CRC-16 生成多项式为 $g(X) = X^{16}+X^{15}+X^5+1$（对应二进制比特串为 11000000000100001）；而 ISO HDLC（高级数据链路控制）规程、ITU 的 SDLC 等中使用 CCITT-16 生成多项式为 $g(X) = X^{16}+X^{15}+X^2+1$（对应二进制比特串为 11000000000100001）。

由以上分析可知，除数是随机或者按标准选定的，所以 CRC 校验的关键是如何求出余数，也就是校验码。

【例 4-1】假若某 CRC 生成多项式为 $g(X) = X^4+X^3+1$，请计算二进制序列 10110011 的 CRC 校验码。计算过程如下：

①首先把生成多项式转换成二进制数，由 $g(X) = X^4+X^3+1$ 可知，它共有 5 位，然后根据多项式各项的含义（多项式只列出二进制值为 1 的位，也就是这个二进制的第 4 位、第 3 位、第 0 位的二进制均为 1，其他位为 0），就可得到它的二进制比特串为 11001。

②因为生成多项式的位数为 5，所以 CRC 校验码的位数为 4（校验码的位数比生成多项式的位数少 1）。因为原数据帧为 10110011，在它后面再加 4 个 0，得到 101100110000，然后再以"模 2 除法"方式除以生成多项式，得到的结果为 0100，如图 4-8 所示。

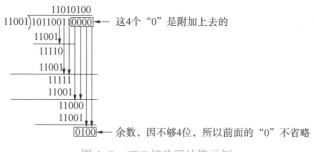

图 4-8　CRC 校验码计算示例

③把上步计算结果添加到原数据帧 10110011 的后面，得到新的帧 101100110100。再把这个新帧发送到接收端。

> **需要注意的是**，上述中的 FCS 生成和 CRC 检验都是用硬件完成的，处理非常迅速，因此不会延误数据的传输。

④当接收端收到新帧后，把这个新帧再用除数 11001 以"模 2 除法"方式去除，验证余数是否为 0，如果为 0，则证明该帧数据在传输过程中没有出现差错，否则出现了差错。

通过这个例子很容易明白，如果链路层传输数据时不以帧为单位进行传送，那么冗余码就无法添加，从而无法进行差错检验。

> **需要注意的是**，循环冗余检验 CRC 差错检验技术保证了数据链路层可以做到对帧的无差错**接收**，也就是说，凡是接收端接收的帧，都能以接近 1 的概率认为这些帧在传输过程中没有产生差错，有些已经接收到的帧因为有差错也被丢弃了，即没有被接收。

也可以笼统地表示，凡是接收端接收的帧，均无差错。**另外**，数据链路层接收的帧无差错，并不意味着实现了可靠传输。**可靠传输**是指发送端发送什么，在接收端就收到什么。传输差错除了比特差错外，还包括了**帧丢失、帧重复或帧失序**。帧丢失是指完整的帧在传输过程中丢失，接收端没有收到；**帧重复**是指某一个帧接收端收到了两次；**帧失序**是指后发送的帧反而先到达了接收端。这些情况都属于"出现传输差错"，但都不代表这些帧里有"比特差错"。相关内容在后面章节会详细介绍。

4.2　点对点信道的数据链路层

4.2.1　点对点协议 PPP

点到点信道是指在一条链路上只有一个发送端和一个接收端，通常用在广域网链路。比如两个路由器通过串口（广域网口）相连，如图 4-9 所示，这就是点到点信道。

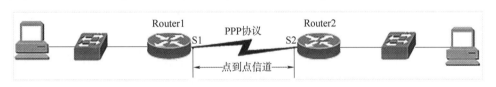

图 4-9　点到点信道

PPP 是 Point-to-Point Protocol 的简称，也称为**点到点协议**。与以太网协议一样，PPP 也是一个数据链路层协议，主要用于在全双工的链路上进行点到点的数据传输封装。不同的是，以太网协议定义了以太网数据帧，PPP 定义了 PPP 帧。

PPP 协议的前身是 SLIP（Serial Line Internet Protocol）协议和 CSLIP（Compressed SLIP）协议，这两种协议现在已基本不再使用，但 PPP 协议自 20 世纪 90 年代推出以来，一直得到了广泛的应用。

PPP 协议现在已经成为使用最广泛的 Internet 接入的数据链路层协议。PPP 可以和 ADSL、Cable Modem、LAN 等技术结合起来完成各类型的宽带接入。家庭最常用的宽带接入方式就是 PPPoE（PPP over Ethernet）。该方式利用以太网（Ethernet）资源，在以太网上运行 PPP 来对用户进行接入认证，PPP 负责在用户端和运营商的接入服务器之间建立通信链路。

以太网协议工作在以太网接口和以太网链路上，而 PPP 协议工作在串行接口和串行链路上。支持 PPP 协议的串行接口种类是多种多样的，有代表性的有 EIA RS-232-C 接口、EIA RS-422 接口、EIA RS-423 接口等。事实上，任何串行接口，只要能够支持全双工通信方式，便是可以支持 PPP 协议的。另外，PPP 协议对于串行接口的信息传输速率没有什么特别的规定，只要求串行链路两端的串行接口在速率上保持一致即可。在本章中，把支持并运行 PPP 协议的串行接口统称为 PPP 接口。

4.2.2　PPP 的特点

PPP 和 SLIP 一样，都是面向字符的链路层协议。具体来讲，PPP 具有以下几个方面的特点：

■ PPP 连接速率更高，最高可以达到 128 kb/s，如像 v.90 以上标准的 Modem 都可达到 64 kb/s。

■ 提供了协议类型字段和帧校验序列（FCS）字段（图 4-10），使得 PPP 除了支持 IP 协议包封装外，还可以封装其他三层协议包，如 DECnet 和 Novell 的 Internet 网包交换（IPX）。另外，有了 FCS 字段，可以提供各种差错控制功能。

图 4-10　PPP 帧格式

■ 提供了链路建立、维护、拆除、上层协议协商、认证等问题的方案。主要包括以下几个子协议：

● 链路控制协议（Link Control Protocol，LCP）：用于建立、配置、测试和管理数据链路连接。

● 网络控制协议（Network Control Protocol，NCP）：协商该链路上所传输的数据包格式与类型，建立、配置不同的网络层协议。

● 口令认证协议（Password Authentication Protocol，PAP）和**挑战握手认证协议**（Challenge Handshake Authentication Protocol，CHAP）：为 PPP 连接提供用户认证功能，确保连接的安全性。

PPPoE 既保护了用户方的以太网资源，又完成了 ADSL 的接入要求，是目前 ADSL 接入方式中应用最广泛的技术标准。同样，在 ATM（异步传输模式，Asynchronous Transfer Mode）网络上运行 PPP 来管理用户认证的方式称为 PPPoA。它与 PPPoE 的原理相同，作用相同；不同的是，它在 ATM 网络上运行，而 PPPoE 在以太网网络上运行，所以要分别适应 ATM 标准和以太网标准。

> 需要知道的是，家庭拨号上网就是通过 PPP 在用户端和运营商的接入服务器之间建立通信链路。在宽带接入技术日新月异的今天，PPP 协议也衍生出新的应用。典型的应用是在 ADSL（Asymmetric Digital Subscriber Line，非对称数字用户线）接入方式当中，PPP 协议与其他的协议共同派生出了符合宽带接入要求的新的协议，如 PPPoE（PPP over Ethernet）、PPPoA（PPP over ATM）。

4.2.3　PPP 帧结构和透明传输原理

1. PPP 帧结构

PPP 是面向字符的协议，其帧结构共分 7 个字段（图 4-10），其中标志字段在帧的最前面和最后面均有一个，其他字段各一个。下面是这些字段的具体含义说明。

标志（Flag）：用来标志帧的起始或结束，占 8 位（1 字节），值固定为 01111110（0x7E）。

地址（Address）：在 PPP 帧中，该字段为固定的 11111111（0xFF）标准广播地址，占 8 位（1 字节）。

控制（Control）：固定值为 00000011（0x03），无实际意义。

协议（Protocol）：PPP 帧中有协议字段，因为它除了可以封装 IP 协议外，还可封装其他多种网络层协议包，如 IPX、Apple Talk 等。协议字段占 16 位（2 字节），指示在信息字段中封装的数据类型。

信息（Information）：来自网络层的有效数据，可以是任意长度，默认为 1 500 字节，如果不够该长度，还可以通过填充方法达到这个长度。

帧校验序列（FCS）：使用循环冗余校验计算信息字段中的校验和，以认证数据的正确性。

2. 透明传输

（1）字节填充——零比特填充

当 PPP 使用同步传输，即一连串的比特连续传送时，可以通过采用零比特填充方法来实现透明传输。

零比特填充的具体做法是：在发送端，先扫描整个信息字段。只要发现有 5 个连续 1，则立即填入一个 0。因此，经过这种零比特填充后的数据，就可以保证在信息字段中不会出现 6 个连续 1。接收端在收到一个帧时，先找到标志字段 F，以确定一个帧的边界，接着再对其中的比特流进行扫描，每当发现 5 个连续 1 时，就把这 5 个连续 1 后的一个 0 删除，以还原成原来的信息比特流（图 4-11），这样就保证了透明传输：在所传送的数据比特流中，可以传送任意组合的比特流，而不会引起对帧边界的错误判断。

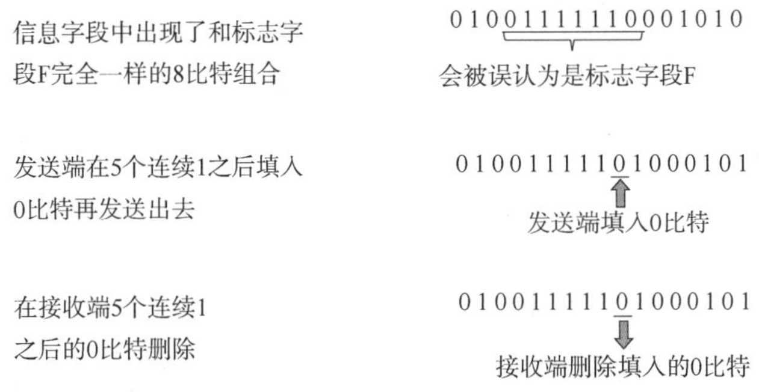

图 4-11　零比特的填充与删除

（2）字符填充

当 PPP 使用异步传输，即逐个字符进行传送时，可以通过字符填充实现透明传输。从前面介绍的 PPP 帧结构中可以看出，在帧的首尾均有一个用于标志帧边界的标志字段，其值均固定为 01111110（0x7E），如果在信息字段中出现和标志字段一样的比特 0x7E 时，接收端可能误认为帧边界。为了实现透明传输，在异步传输条件下，又不能采用之前的零比特填充法，所以只能使用一种特殊的字符（也就是前面所说的转义字符）——0x7D 进行填充。具体的做法是将信息字段中出现的每一个 0x7E 字节转变成 2 字节序列（0x7D、0x5E），即 0111110101011110；如果信息字段中出现一个 0x7D 的字节，则要将其转变成 2 字节序列（0x7D、0x5D），即 0111110101011101；如果信息字段中出现 ASCII 码的控制字符（如值为 0x27 的 ESC 字符），则在该字符前面要加入一个 0x7D 字节，如图 4-12 所示。这样做的目的是防止这些 ASCII 码字符被错误地解释为控制字符。

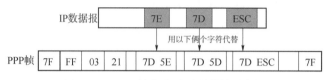

图 4-12　PPP 帧格式及透明传输示意图

4.2.4　PPP 链路建立、使用和拆除流程

在 PPP 通信中，链路并不是像局域网那样始终连接的，所以，在建立 PPP 通信前，通信双方必须协商建立链路连接，在链路建立后才可以进行数据传输，数据传输完成后，又可拆除原来建立的链路。**整个过程分为五个阶段，即死亡阶段、链路建立阶段、身份认证阶段、网络控制协商阶段和结束阶段。**不同阶段进行不同协议的协商，只有前面的协议协商出结果后，才能转入下一个阶段协议的协商，如图 4-13 所示。

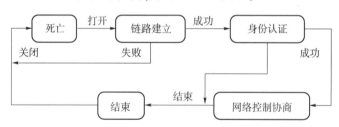

图 4-13　PPP 链路建立、使用和拆除流程

PPP 链路建立、使用和拆除的具体流程如下：

①当有用户发起 PPP 连接请求时，首先打开物理接口，然后 PPP 在建立链路之前先通过封装了 LCP 的 PPP 帧与接口进行协商，协商内容包括工作方式是 SP（单 PPP 通信）还是 MP（多 PPP 通信）、认证方式和最大传输单元等。

②LCP 协商完成后，就进入链路建立阶段，进行数据链路的建立。这时主要是启用 PPP 数据链路层协议，对接口进行封装。如果启用成功，则进入身份认证阶段，并保持 LCP 为激活状态，否则返回关闭接口，LCP 的状态为关闭。

③如果数据链路建立成功，则进入身份认证阶段，对请求连接的用户进行身份认证。具体要根据通信双方所配置的身份认证方式来确定是采用 CHAP 还是 PAP 身份认证。

④如果认证成功，就进入网络控制协商阶段，使用封装了 NCP 的 PPP 帧与对应的网络层协议进行协商，并为用户分配一个临时的网络层地址（如 IP 地址）；如果认证失败，则直接进入结束阶段，拆除链路，返回到死亡阶段，LCP 状态转为关闭。

⑤PPP 链路将一直保持通信，直至有明确的 LCP 或 NCP 帧关闭这条链路，或发生了某

些外部事件（如用户的干预），进入结束阶段，然后关闭 NCP 协议，释放原来为用户分配的临时网络层地址，最后返回到死亡阶段，关闭 LCP。

4.2.5　PPP 的 PAP/CHAP 身份认证

在 PPP 通信中，可以采用 PAP（口令认证协议）或者 CHAP（挑战握手认证协议）身份认证方式对连接用户进行身份认证，以防非法用户的 PPP 连接。如果双方达成一致，也可以不采用任何身份认证方式（如一般情况下的路由器间 Serial 口之间的 PPP 连接）。

1. PAP 身份认证

PAP 身份认证过程非常简单，是一个**二次握手**机制，整个认证过程仅需**两个步骤**：被认证方发送认证请求→认证方给出认证结果。

PAP 身份认证可以在一方进行，即由一方认证另一方身份，也可以进行双向身份认证，也就是既要 PAP 服务器对 PAP 客户端的合法性进行认证，PAP 客户端也需要对 PAP 服务器进行认证，以确保用于认证的 PAP 服务器是合法的。如果是双向认证，则要求认证的双方都要通过对方的认证程序，否则无法在双方之间建立通信链路。

下面以单向认证为例介绍 PAP 认证过程，如图 4-14 所示。但要注意的是，PAP 认证是由被认证方（也就是 PAP 客户端）首先发起的。

图 4-14　PAP 身份认证的两次握手

①发起 PPP 连接的客户端（被认证方）首先向充当身份认证的 PAP 服务器端发送一个认证请求帧，其中就包括用于身份认证的用户名和密码。

　　需要注意的是，服务器的位置因为连接方式的不同而不同，如果是 ISP 拨号，则 PAP 服务器在 ISP 端；如果是路由器的串口对连，则 PAP 服务器必须要在对端设备上配置。

②PAP 服务器端（认证方）在收到客户端发来的认证请求帧后，先查看服务器本地配置的用户账户数据库，看是否有客户端提供的用户名/密码对信息（这个用户账户数据库必须先在 PAP 服务器端配置好）。如果有，则表明客户端具有合法的用户账户信息，向 PAP 客户端返回一个认证确认（ACK）帧，表示认证成功，该用户可以与 PAP 服务器端建立 PPP 连接；否则返回一个认证否认（NAK）帧，表示认证失败，当然，客户端也就不能与 PAP 服务器端建立 PPP 连接了。但这里要注意的是，如果第一次认证失败，并不会立即直接将链路关闭，而是会在 PAP 客户端提示可以尝试以新的用户账户信息进行再次认证，只有当认证不通过次数达到一定值（默认为 4）时才会关闭链路，以防止因误传、网络干扰等造成不必要的 LCP 重新协商过程。

PAP 身份认证的特点是：用于身份认证的用户名及密码在网络上是以**明文**（也就是不

加密）方式进行传输的，如在传输过程中被截获，便有可能对网络安全造成极大的威胁，所以 PAP 并不是一种安全有效的认证方法。

以上介绍的是 PAP 单向认证过程，一问一答的形式仅两步，比较简单。PAP 双向认证过程与单向认证过程类似，只不过此时 PPP 链路的两端同时具有客户端和服务器双重角色，任何一端都可向对方发送认证请求，同时对对方发来的认证请求进行认证。

2. CHAP 身份认证

CHAP 认证过程相对前面介绍的 PAP 认证来说更为复杂，它采用的是**三次握手机制**（而不是 PAP 中的两次握手机制），整个认证过程要经过**三个主要步骤**：认证方要求被认证方提供认证信息→被认证方提供认证信息→认证方给出认证结果。

另外，CHAP 身份认证方式相对 PAP 认证方式来说更加安全，因为在认证过程中，用于认证的用户名和密码不是直接以明文方式在网络上传输的，而是经过 MD5 之类的摘要加密协议随机产生的密钥；而且这个密钥是有时效的，原密钥失效后，会随机产生新的密钥，所以，即使在通信过程中密钥被非法用户破解了，也不会适用于后面的通信截取。

与 PAP 认证一样，CHAP 认证也可以是单向或者双向的。如果是双向认证，则要求通信双方均要通过对对方请求的认证，否则无法在双方建立 PPP 链路。在此仍以单向认证为例介绍 CHAP 认证流程，具体如图 4-15 所示。注意，CHAP 身份认证首先是由 CHAP 服务器端发起的。

图 4-15 CHAP 身份认证的三次握手

①当 PPP 链路建立起来后，采用 CHAP 身份认证方式时，首先是由 CHAP 服务器（认证方）不断地产生一个随机序列号的挑战（challenge，又称质询）字符串帧发送给 CHAP 客户端（被认证方），询问客户端（被认证方）是否要进行身份认证。直到该客户端为这个挑战做出了响应，也就是进入了第②步。

②客户端在收到服务器端发来的挑战消息后，把自己要用于身份认证的用户名和密码（这需要事先在客户端设备中配置好）通过 MD5 摘要加密协议生成一个随机序列的响应帧发送给服务器端。

③服务器端在收到来自客户端的响应后，同样利用 MD5 加密协议解密出其中的认证用户名和密码，然后在服务器本地用户账户数据库（也需要事先在服务器端配置好）中查找，看是否有相同的账户信息。如果找到一样的账户信息，表明请求认证的客户端是合法的，通过认证，允许客户端发起的 PPP 连接，否则拒绝认证，表示认证失败。与 PAP 一样，第一次认证失败后，也不会马上关闭链路，而是再次向客户端提示输入新的用户名和密码进行再次认证，直到规定的最高尝试次数。

> **需要注意的是**，CHAP 认证方式的最关键一点就是采用了 MD5 摘要加密协议，用于认证的用户名和密码直接在摘要消息中经过加密的，所以不会在网络中以明文方式传输，因此它的安全性要比 PAP 的高。

4.3　广播信道的数据链路层

在网络通信技术中，为了提高通信资源的利用率，广泛采用多个通信实体共享一条公共信道的方法实现同时多对实体之间的通信，信道的共享可以通过集中器或复用器实现，也可以使用多点访问技术实现。

4.3.1　信道共享技术

使用信道共享技术可提高设备利用率，带来明显的经济效益，而这种技术所包含的内容也是十分丰富的。**信道共享技术**，即如何分配使用公共信道的带宽资源，包括**静态和动态**的信道分配方案。

所有传统的静态信道分配方法都不能适应突发性流量。而动态的信道分配方法则因为能够根据流量需求变化来分配信道资源，在数据通信技术中得到广泛的应用。

动态信道分配方法的特点是能够根据数据源对传输资源（信道带宽）的随机需求，动态地分配用户所使用的信道资源，又称为动态复用。由于用户传送数据的间歇性，复用后的总数据率必然小于输入数据线路标称速率的总和，即在相同的复用线路速率条件下，动态复用方法允许接入的数据源数目显然多于静态复用方法，但由于用户传送数据的随机性，动态复用的信道分配方法更加复杂。

动态信道分配技术的主题是如何在多个竞争的用户之间分配单个广播信道，即**多点接入**（或称为多路访问）控制方法。多点接入共享信道是一种动态信道分配技术的典型应用。多点信道一般采用广播方式传送信息，其信道即为广播信道。信道是由各站点共享的，一个站点发送信息，所有站点都能接收，这就是广播特性。所有站点都连到一个共享信道上，所用的接入和使用共享信道的技术称为**多路访问技术**，或称为介质访问控制方法。

在任何一个广播式网络中，关键的问题都是：当存在多方要竞争使用信道的问题时，如何确定谁可以使用信道。例如，在一个可以自由发言的会议上，每个人都可以听到其他的人讲话，也可以对其他人讲话，很可能会发生两个或者更多个人同时讲话的情况，从而导致混乱。在面对面的会议上，这样的混乱可以通过外部途径来解决，比如，与会者通过举手的方式请求获得发言权，但在网络中，当只有一条公共信道可供使用时，确定下一个使用者是非常困难的，现在已经有了一些协议专门来解决这个问题。在有些文献中，广播信道有时也称为多路访问信道（multi-aces channel）或者随机访问信道（random access channel）。

所谓**访问**（access），指的是两实体（泛指各种硬件和软件）间建立联系并交换数据。所谓**访问方式**，是指分配传输介质使用权限的机理、策略和算法，又称为"接入"方式。多路访问技术可分为受控访问和随机访问。

受控访问，顾名思义，是指各个用户不能任意接入信道而必须服从一定的控制，这又分为**集中式控制**和**分散式控制**。属于集中式控制的有多点线路轮询（poling），即主机接口按一定顺序逐个询问各用户有无信息发送。若有，则被询问的用户就立即将信息发给主机；若无，则再询问下一站。属于分散式控制的有令牌环形网，在环路中有一个特殊的帧，叫作**令牌或权标**（token）。令牌沿环路逐站传递，只有获得令牌的站才有权发送信息。当信息发送完毕后，即将令牌传递给下一个站。在协议的控制下，连接到环路上的许多站就可以有条不紊地发送数据。环形网也叫作令牌传递环（token passing ring），是一种常用的局域网。

随机访问，是指所有用户都可以根据自己的意愿随机地发送信息。**总线网**就属于这种类型，当多个用户同时发送信息时，就会产生帧的碰撞（collision），它将导致碰撞用户的发送都告失败。随机访问实际上就是争用接入，争用胜利者才可获得总线（信道）的使用权，从而可以发送信息。

4.3.2 CSMA/CD

载波监听多路访问（CSMA）在发送分组之前即开始载波监听，以期避免碰撞的发生，但由于传输时延的存在，碰撞仍然是难以避免。例如，如图 4-16 所示，在局域网上两端站点 A 和 B 相距 1 km，通过网络电缆连接。电磁波在网络中的传播速度约为自由空间的 65% 左右，因此，当 A 向 B 发出分组时，B 要在经过一定时延 τ 之后（约 5 μs）方能收到此分组。B 若在 A 的分组到达之前（$t=\tau-\delta$）进行载波监听检测，则检测不到 A 所发出的分组，因而发送了自己的分组，则必然会与 A 的分组发生碰撞，致使双方的分组都受损。可见，在最不利的情况，即 δ 非常小的情况下，A 开始发送分组后需要经过 2 倍的传播时延（2τ）才能收到与 B 发生碰撞的信息。

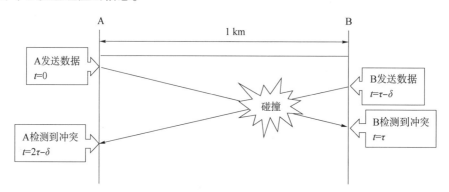

图 4-16　传播时延对载波监听的影响

因为 CSMA 算法没有检测碰撞的功能，当两（多）个站发生碰撞后，各冲突站仍继续发送已遭破坏的数据帧。若帧很长，则信道的浪费相当大。

载波监听多路访问/碰撞检测（Carries Sense Multiple Access/Collision Detection，CSMA/CD）方法是对 CSMA 的改进方案，改进的内容是增加了"碰撞检测"的功能。当帧开始发送后，发送站就开始检测有无碰撞发生，可以说是"边发边听"。如果检测到碰撞发生，则碰撞各方就必须立即停止发送，使信道很快进入空闲期，提高信道利用率。

实现碰撞检测的方法有多种，一种是通过**硬件检查**，因曼彻斯特编码信号叠加引起的接收信号电平摆动幅度是否超过某一阈值，判断是否有碰撞发生。采用这种方法时，如果电缆过长，碰撞叠加信号可能衰减过多而无法判断，因此对站点间最大距离有一定限制。还有就是，采用曼彻斯特编码的信号，每一位中间必有跳变，当有碰撞发生时，过零点的位置就要偏离，通过**检查每位中间有无过零点**，从而判断是否发生碰撞。还有一种方法是"**边发边收**"，将发送的信号与接收的信号相比较，如果不一致，就说明有冲突存在。

> **需要注意的是**，在实际网络应用中，往往还采取一种强化碰撞的措施，即当发送分组的站点时发现了碰撞，除了立即停止发送外，还要继续发送若干比特的干扰信号（Jamming Signal），或称为"阻塞信号""碰撞增强序列"，以便使所有站点能确知发生了碰撞。

CSMA/CD 的工作原理归纳如下：

（1）载波监听

某站要发送信息时，首先要监测信道，判断信道上是否有其他站的发送信号。如果信道状态忙，则继续检测，直到发现空闲。如果检测为空闲，则可以立即发送。由于信道存在传播时延，采用载波监听的方法仍避免不了两站点在发送的帧会产生碰撞的情况。

（2）冲突检测

站点在发送帧期间，同时进行碰撞检测。一旦检测到碰撞，就立即停止发送，并向总线上发一串阻塞信号，通报总线上各站已发生碰撞。

（3）多路访问

多路访问是指允许多个发射站通过共享信道与公共接收站通信的方式，以广播形式实现。这也是造成碰撞的根本原因。

检测到碰撞并在发完阻塞信号后，发送站需要退回等待。为了降低再次碰撞的概率，各站需要等待一个随机时间，然后再重新发送。为了确定所等待的随机时间，可采用**截断二进制指数退避算法**，其过程如下：

- 对每个站点，当第一次发生碰撞时，设置参数为 $L=2$。
- 退避间隔随机选取 $0 \sim (L-1)$ 个时间间隔中的一个，可以记为 r。一个时间间隔等于网络上任意两个站之间最大传播时延 τ 的两倍，即 2τ。对于传统以太网，具体争用时间为 51.2 μs，或者说 512 bit 时间。
- 当帧重复发生一次碰撞时，将参数 L 加倍，即 $L=2^k$，其中参数 k 的值按下式进行计算：

$$k = \min\{碰撞次数, 10\}$$

由上式可知，当碰撞次数不超过 10 时，参数 k 等于碰撞次数；但当碰撞次数超过 10 时，k 就不再增大而一直等于 10。

- 当发生了 16 次碰撞仍未重传成功，则丢弃该帧并报告出错。

这种算法是按后进先出的次序控制的，即未碰撞或很少发生碰撞的站具有优先发送的概率。

一旦有碰撞发生，需要多长时间来检测碰撞？对于基带总线，可由图 4-16 来说明。由于传播时延的影响，每个站在自己发送数据之后的一小段时间内，都存在着遭遇碰撞的可能性。这一小段时间是不确定的，它取决于另一个发送数据的站到本站的距离。如果发生了碰撞，发送数据的站就必须推迟一段时间后重新发送。因此，采用 CSMA/CD 访问机制的网络不能保证某个站点一定在某一时间之内能够将自己的数据帧成功地发送出去（因为还不知道会不会产生冲突），这一特点称为发送的不确定性。如果希望在网络上发生碰撞的机会很小，必须使整个网络的平均通信量远小于最高数据传输速率。

从图4-16可见，在CSMA/CD方法中，假设A、B两站为网络中相距最远的两个站，A到B的传播延迟为τ，即网络端到端最大传播时延为τ，则最大冲突检测所需时间约为传播延迟的2倍，即2τ。

设A站先发送数据帧，当$\delta \rightarrow 0$时，在发送数据帧后至多经过时间2τ，就可知道所发送的数据帧是否发生了碰撞。因此，网络的端到端往返时延2τ称为**争用期**（Contention Period），它是一个很重要的参数，争用期又称为**碰撞窗口**（Collision Window），因为一个站在发送完数据后，只有通过争用期的"考验"，即经过争用期这段时间还没有检测到碰撞，才能肯定这次发送不会发生碰撞。

在CSMA/CD中，要求发送站必须在帧发送期间进行碰撞检测，以确定此碰撞与本站有关。因此，要求发送帧的时间必须不小于最大冲突检测时间2τ，即对最短帧长度有一定要求。

> **内容补充**：定义最短帧长度是为了使发送方能在一个帧的传输时间内检测到此帧是否在链路上产生冲突，如发生冲突，则退避重发。该长度值由网络长度、发送速率及传播速率共同决定。

【例4-2】 速率为2 Gb/s的CSMA/CD网络，距离为1 km，其传播速率为1×10^8 m/s，试求该协议的最短帧长。

解：因为单程传播时延$\tau = 1\,000$ m$/(1\times10^8$ m/s$) = 10$ μs，所以

$$争用期 = 2\tau = 20\ μs$$

故最短帧长$= C\times2\tau = 2$ Gb/s$\times20$ μs$= 40\,000$ bit。

【例4-3】 网络长度为1 km，传输速率为10 Mb/s的CSMA/CD局域网，其传播速度为200 m/μs，数据帧共256位（其中包头、校验和其他开销在内共32位）。成功发送以后的第一个时间片保留给接收方，以捕获信道来发送一个32位的确认（响应）帧。假定没有冲突，那么其有效数据速率是多少？（不考虑开销）

解：网络两端的站点相距1 km，传播时间$= 1$ km$/200$ m/μs$= 5$ μs，往返传播时间共10 μs。每次传输发送的数据位$= 256$ bit$+32$ bit$= 288$ bit，数据帧和响应帧所需的发送时间$= 288$ bit$/(10^7$ b/s$) = 28.8$ μs，每次传输所需的总时间$= 28.8$ μs$+10$ μs$= 38.8$ μs，每次传输的有效数据位$= 256$ bit-32 bit$= 244$ bit，有效数据速率$= 224$ bit$/38.8$ μs$= 5.77$ Mb/s。

> **需要注意的是**，采用这种协议，介质的最大利用率取决于帧的长度和传播时延。帧的长度越长，传播时延越短，优点越明显。如果传播时延大于帧发送时间，碰撞检测就失去了意义。例如，卫星信道就不宜采用CSMA/CD。

由于总线型CSMA/CD算法很简单，因而得到了广泛的应用，但当网络负载比较重时，由于碰撞增多，导致网络效率急剧下降，使发送延迟时间不确定；另外，为确保有效检测出碰撞信号而不使成本太高，必须限制网络的最大传输距离。在无线局域网中，由于网络结构的变化不再使用CSMA/CD技术而使用CSMA/CA技术，其相关内容将在无线局域网小节中介绍。

4.3.3　以太网帧

1. MAC 地址

以太网采用的地址为扩展的唯一标识符 EUI-48 格式的 MAC 地址，由网络硬件厂商在生产硬件（如网络接口卡，或称网卡）时指定，又称为物理地址或硬件地址，占 48 位（6 字节），分为机构**组织唯一标识符**和**扩展标识符**两部分。组织唯一标识符部分（一般为 24 位）由 IEEE 局域网全局地址的注册管理机构分配给不同的网络硬件厂商（一个厂商可以拥有多个，也可以多个厂商用一个），扩展标识符部分由厂商自行指派，只要保证没有重复地址即可。

网卡从网络上每收到一个 MAC 帧，就首先用硬件检查 MAC 帧中的 MAC 地址，如果是发往本站的帧，则收下，然后再进行其他的处理；否则就将此帧丢弃，不再进行其他的处理。这样做就不会浪费主机的处理机和内存资源。

2. 以太网帧格式

以太网所使用的帧称为以太网帧（Ethernet Frame），或简称以太帧。以太帧的格式有两个标准：一个是由 IEEE 802.3 定义的，称为 **IEEE 802.3 格式**；一个是由 DEC（Digital E-quipment Corporation）、Intel、Xerox 这三家公司联合定义的，称为 **Ethernet Ⅱ 格式**，也称为 DIX 格式。这里只介绍 **Ethernet Ⅱ 格式**，如图 4-17 所示。

图 4-17　Ethernet Ⅱ 格式

Ethernet Ⅱ 格式的以太帧中，各字段的描述为：

目的 MAC 地址：该字段有 6 字节，用来表示该帧的接收者（目的地）。可以是单播地址、组播地址或广播地址。

源 MAC 地址：该字段有 6 字节，用来表示该帧的发送者（出发地）。该地址只能是单播地址。

类型：该字段有 2 字节，用来表示载荷数据的类型。例如，如果该字段的值是 0x080，则表示**载荷数据**是一个 IPv4 包；如果该字段的值是 0x86dd，则表示载荷数据是个 IPv6 Packet；如果该字段的值是 0x0806，则表示载荷数据是 ARP Packet；如果该字段的值是 0x8848，则表示载荷数据是一个 MPLS 报文。

载荷数据：该字段的长度是可变的，最短为 46 字节，最长为 1 500 字节，它是该帧的有效载荷，载荷的类型由前面的类型字段来确定。

FCS 字段：又称帧检验序列字段，4 字节，使用 CRC（Cyclic Redundancy Check）即循环冗余校验对该帧进行检错校验。

当接收端接收以太帧时，先用硬件检查以太帧中的目的 MAC 地址。如果是发往本站的帧，则收下，然后再进行其他的处理，否则就将此帧丢弃。需要特别说明的是，根据目的 MAC 地址的种类不同，以太帧可以分为单播帧、组播帧和广播帧。

打开抓包软件 Wireshark，启动捕获，然后访问任意一个网站，例如访问北京理工大学出版社的网站 www.bitpress.com.cn，如图 4-18 所示。停止捕获后，选择其中一个数据包，展开 Ethernet Ⅱ，就能够看到以太帧首部的全部字段。

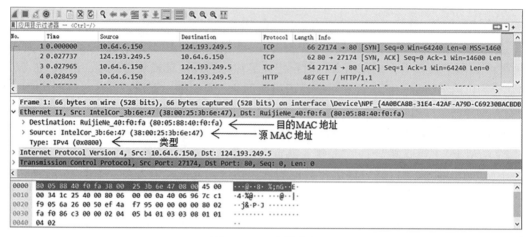

图 4-18　以太帧首部

Ethernet Ⅱ帧结构相对比较简单，除了捕获的帧中的主要字段外，还有帧定界符、帧检验序列字段，这些字段在接收帧后就被去掉了，结构如图 4-19 所示。

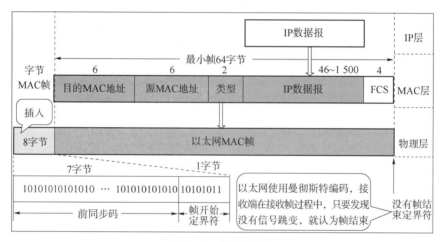

图 4-19　以太帧结构

　　需要注意的是，Ethernet Ⅱ帧没有帧结束定界符，那么接收端如何断定帧结束呢？以太网使用曼彻斯特编码，这种编码的一个重要特点就是：在曼彻斯特编码的每个码元（不管码元是 1 或 0）的正中间一定有一次电压的跳变（从高到低或从低到高）。当发送端把一个以太网帧发送完毕后，就不再发送其他码元了（既不发送 1，也不发送 0）。因此，发送端网络适配器的端口上的电压也就不再变化了。这样，接收端就可以很容易地找到以太网帧的结束位置。从这个位置往前数 4 字节（FCS 字段长度是 4 字节），就能确定数据字段的结束位置。

当数据字段的长度小于 46 字节时，数据链路层就会在数据字段的后面加入整数字节的填充字段，使太网帧长度不小于 64 字节，接收端收到后，再将添加的字节去掉。但是 MAC 帧的首部并没有指出数据字段的长度是多少。在有填充字段的情况下，接收端的数据链路层在剥去首部和尾部后，就把数据字段和填充字段一起交给上层协议。现在的问题是：上层协议如何知道填充字段的长度呢？

上层协议具有识别有效的数据字段长度的功能。网络层首部有一个"总长度"字段，用来指明网络数据包的长度，根据网络层首部标注的数据包总长度，去掉数据链路层提交的填充字节数，就可以确定数据字段长度。如图 4-20 所示，接收端的数据链路层将帧的数据部分提交给网络层，网络层根据 IP 数据报网络层首部"总长度"字段得知数据包总长度为 42 字节时，就会去掉填充的 4 字节。

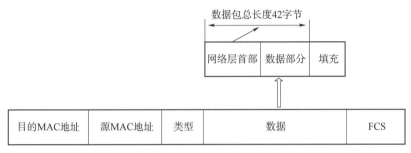

图 4-20　网络层首部制定数据包长度

从图 4-19 可看出，MAC 帧的前面还多了 8 字节。这是因为 MAC 帧开始接收时，接收端适配器的时钟与到达的比特流无法同步，因此 MAC 帧的最前面的若干位就无法接收，从而形成无用帧。为了实现位同步，需要在帧的前面插入 8 字节，它由两个字段构成：一个是前同步码（7 字节），作用是使接收端的适配器在接收 MAC 帧时能够迅速调整其时钟频率，使之和发送端的时钟同步，也就是"实现位同步"（位同步就是比特同步的意思）；第二个字段是帧开始定界符，定义为 10101011。它的前六位的作用和前同步码一样；最后两个连续的 1 是告诉接收端适配器："MAC 帧的信息就要来了，请注意接收。"

在以太网上传送数据时，是以帧为单位传送的。以太网在传送帧时，各帧之间还必须有一定的间隔。因此，接收端只要找到帧开始定界符，其后面连续到达的比特流就都属于同一个 MAC 帧。IEEE 802.3 标准规定无效 MAC 帧的情况如下：

①帧的长度**不是整数**字节。

②用收到的帧检验序列 FCS 查出有**差错**。

③收到的 MAC 帧的数据字段长度不在 46~1 500 字节之间。结合 MAC 帧首部和尾部长度（共 18 字节），有效的 MAC 帧长度应在 64~1 518 字节之间。

对于无效 MAC 帧，就简单地丢弃，以太网并不负责重传丢弃的帧。

4.3.4　以太网信道利用率

采用 CSMA/CD 作为媒体访问控制方法，无法避免冲突的发生。冲突势必会造成发送失败，从而降低信道利用率，所以信道利用率不可能达到 100%。

从图 4-21 可以看出，一个站在发送帧时出现了多次碰撞，之后成功重传。假定争用期长度为 2τ（单程端到端传播时延为 τ），帧长为 L bit，数据发送速率为 C b/s，帧间间隔为 τ，即发送成功后要经过时间 τ 使信道转为空闲才发送下一帧（后面有详细讲解）。假设检测到冲突后并不发送冲突加强信号。帧发送时延为 $T_0=L/C$（s）。

图 4-21　CSMA/CD 的信道占用时间示意

成功发送一帧所需占用信道的时间为 $T_{av}=T_0+\tau$，之所以增加一个单程端到端的传播时延 τ，是因为发送完最后一个比特时，该比特还需要一个 τ 的时间完成在信道上的传播。设参数 $a=\tau/T_0$。

那么在不发生碰撞的理想条件下，信道利用率可以表示为 $\eta=\dfrac{T_0}{T_{av}}$，也就是极限信道利用率，可以表示为：

$$\eta_{max}=\frac{T_0}{T_{av}}=\frac{1}{1+a} \tag{4-1}$$

在总线式局域网中，端到端的传播时延通常是确定或受限制的。所以，**帧越长，其发送时延 T_0 就越大**，参数 a 越小，局域网的**信道利用率就越大**，也就是说，如果想要保持较好的信道利用率，帧的长度就不能太短。

因此，帧长取较大的值对于提高 CSMA/CD 局域网的平均信道利用率是有利的。还应该注意到，局域网中的帧长，一方面受到高层 LLC 子层或网络层传递下来的实际数据长度的限制，另一方面又受到局域网的最大传送单元 MTU 的限制，所以，一旦给定了 MTU 的值，信道利用率的最大值也就确定了。

据统计，当以太网的信道利用率达到 30% 时，就已经处于重载的情况了，相当一部分网络容量被网上的碰撞消耗掉了。

4.4　高速以太网

速率到达或超过 100 Mb/s 的以太网均称为高速以太网，如 100BASE-T、千兆以太网和万兆以太网。

4.4.1　100BASE-T 以太网

100BASE-T 是在双绞线上传送 100 Mb/s 基带信号的星型拓扑以太网，仍使用 IEEE 802.3 的 CSMA/CD 协议，又称为快速以太网（Fast Ethernet），其标准是 IEEE 802.3u，是

802.3 标准的补充。

100BASE-T 以太网可以全双工方式工作，而无冲突发生。需要注意的是，以全双工方式工作的快速以太网并不采用 CSMA/CD 控制方法，而仅仅使用了以太网标准规定的帧格式。

快速以太网 IEEE 802.3u 标准与传统以太网的参数不同。原因是要在数据发送速率提高时使参数 a 仍保持不变（或保持为较小的数值）。参数 a 表示端到端传播时延与帧的发送时延的比值。即

$$a = \frac{\tau}{T_0} = \frac{\tau}{L/C} = \frac{\tau \cdot C}{L} \tag{4-2}$$

由式（4-2）可知，当数据率 C 提高到 10 倍时，为了保持参数 a 不变，可以将帧长 L 也增大到 10 倍，也可以将网络电缆长度减小到原有数值的 1/10。100 Mb/s 快速以太网保持最短帧长不变，而将网段的最大电缆长度减小到 100 m。帧间时间间隔从原来的 9.6 μm 改为现在的 0.96 μm。

快速以太网标准只支持双绞线和光缆连接，规定了三种不同的物理层标准，见表 4-1。

表 4-1 三种物理层标准

标准	介质	编码方法
100BASE-TX	UTP5 类线或屏蔽双绞线	多电平传输 3（MLT-3）
100BASE-FX	光纤	4B/5B-NRZI 编码
100BASE-T4	UTP3 类线或 5 类线	8B6T-NRZ（不归零）

4.4.2 千兆以太网

千兆以太网（又称吉比特以太网）标准为 IEEE 802.3z，该标准具有以下特点：

①允许在 1 Gb/s 下全双工和半双工两种方式工作。

②使用 802.3 协议规定的帧格式。

③在半双工方式下使用 CSMA/CD 协议。

④与 10BASE-T 和 100BASE-T 技术向后兼容。

吉比特以太网的物理层共有以下两个标准：

1. 1000BASE-X（802.3z 标准）

100BASE-X 标准是基于光纤通道的物理层，即 FC-0 和 FC-1。使用的媒体有三种，见表 4-2。

表 4-2 三种媒体

类型	媒体类型	传输距离	
1000BASE-Sx	短波长（850 nm）	纤芯直径为 62.5 μm 的多模光纤	275 m
		纤芯直径为 50 μm 的多模光纤	550 m

续表

类型	媒体类型	传输距离	
100BASE-LX	长波长（1 300 nm）	纤芯直径为 62.5 μm 和 50 μm 的多模光纤	550 m
		纤芯直径为 10 μm 的单模光纤	5 km
1000BASE-CX	铜线	屏蔽双绞线电缆	25 m

2. 1000BASE-T（802.3ab 标准）

100BASE-T 是使用 4 对 5 类线 UTP，传送距离为 100 m。为了将参数 a 保持为较小的数值，在数据率提高的同时，只有减小最大电缆长度或增大帧的最小长度。若将吉比特以太网最大电缆长度减小到 10 m，那么网络的实际价值就大大减小。而若将最短帧长提高到 640 字节，则在发送短数据时开销又太大。因此，吉比特以太网网段的最大长度仍然为 100 m，通过"载波延伸"（carrier extension），使最短帧长仍为 64 字节，以保持兼容性，同时将争用期长度增大为 512 字节，如图 4-22 所示。

图 4-22　在短 MAC 帧后面加上载波延伸

因为在争用期 MAC 帧长度要达到 512 字节，所以发送时需要用特殊字符进行填充，接收后再将填充的字符删除，这势必增大开销造成浪费。为此，吉比特以太网还增加一种称为分组突发（packet bursting）的功能。当很多短帧要发送时，只需对第一个短帧进行填充，随后的短帧可以接续地发送，它们之间只需留有必要的帧间最小间隔即可，这样就形成了一串分组的突发，直到达到或略多于 1 500 字节为止，如图 4-23 所示。

图 4-23　分组突发可连续发送多个短分组

当在全双工方式工作时，则无须冲突检测、载波延伸和分组突发。

4.4.3　万兆以太网

万兆以太网（又称 10 吉比特以太网，10 GE）具有以下主要特点：
①与 10 Mb/s、100 Mb/s 和 1 Gb/s 以太网的帧格式完全相同，具有较好的向后兼容性。
②数据率高，只使用光纤作为传输媒体。
③只工作在全双工方式下。

④以太网的物理层使用的是新开发的光纤通道技术。有两种不同的物理层：

●局域网物理层 LAN PHY。局域网物理层的数据速率是 10.000 Gb/s（这表示是精确的 10 Gb/s），因此，一个 10 Gb 以太网交换机可以支持正好 10 Gb 以太网端口。

●可选的广域网物理层 WAN PHY。广域网物理层具有另一种数据率，这是为了和所谓的 10 Gb/s 的 SONET/SDH（OC-192/STM-64）相连接。OC-192/STM-64 的准确数据率并非精确的 10 Gb/s（平时是为了简单，才称它是 10 Gb/s 的速率），而是 9.953 28 Gb/s，有效载荷的数据速率只有 9.584 64 Gb/s。因此，为了使 10 Gb 以太网的帧能够插入 OC-192/STM-64 帧的有效载荷中，就要使用可选的广域网物理层，其数据速率为 9.953 28 Gb/s。显然，SONET/SDH 的 10 Gb/s 速率不可能支持 10 Gb 以太网的端口，而只是能够与 SONET/SDH 相连接。

需要注意的是，10 Gb 以太网没有同步接口，而只有异步以太网接口。因此，10 Gb 以太网在和 SONET/SDH 连接时，出于经济上的考虑，它只是具有 SONET/SDH 的某些特性，如 OC-192 的链路速率、SONET/SDH 的组帧格式等，但 WAN PHY 与 SONET/SDH 并不是全部都兼容的。例如，10 Gb 以太网没有 TDM 的支持，没有使用分层的精确时钟，也没有完整的网络管理功能。

在局域网发展过程中，也先后出现了其他类型的局域网技术，如 100VG-AnyLAN、光纤分布式数据接口（Fiber Distributed Data Interface，FDDI）、高性能并行接口（High-Performance Parallel Interface，HIPPI），以及光纤通道（Fibre Channel）技术等。这些局域网技术采用不同的标准，适合不同的应用领域，曾经都发挥过重要作用，但随着以太网技术的迅猛发展，这些技术逐渐退出历史舞台。

4.5 虚拟局域网

4.5.1 虚拟局域网的概念

虚拟局域网（Virtual LAN，VLAN）是在现有局域网上提供的划分逻辑组的一种服务，由 IEEE 802.1q 标准进行了规定。

虚拟局域网 VLAN 不是新型的网络，而是与站点物理位置无关的一种逻辑网络。每一个 VLAN 帧都有一个标识符，表明该帧是由哪个虚拟局域网上的站点发出的，通过以太网交换机可以很容易地实现虚拟局域网。

用四个交换机构成的局域网网络拓扑如图 4-24 所示。9 个站点分布在三个楼层中，构成了三个局域网，即 LAN1：（A1，B1，C1），LAN2：（A2，B2，C2），LAN3（A3，B3，C3）。利用以太网交换机将这 9 个站点划分为三个虚拟局域网：VLAN1：（A1，A2，A3），VLAN2：（B1，B2，B3）和 VLAN3：（C1，C2，C3）。而这些被划分在同一个虚拟局域网中的计算机，并不一定与同一台交换机相连。

在同一虚拟局域网中，每个站点都能接收到来自其他站点的广播信号；不属于同一虚拟局域网的站点无法接收彼此发送的信号，无论这些站点是否连接在同一个交换机上。这样，既保证了同一虚拟局域网内的广播通信，又不会因传播过多的广播信息而造成性能恶化。

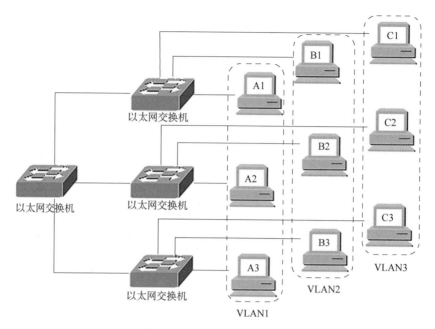

图 4-24　虚拟局域网的构成

4.5.2　虚拟局域网使用的帧格式

802.3ac 标准定义了以太网的帧格式扩展，以支持虚拟局域网。在以太网的帧格式中插入一个 4 字节的标识符，如图 4-25 所示，称为 VLAN 标签（tag），用来表明该帧是由哪个虚拟局域网上的站点发出的。插入 VLAN 标签的帧称为 802.1q 帧。

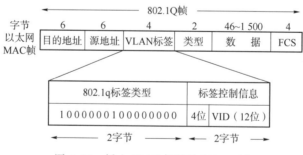

图 4-25　插入 VLAN 标签的 802.1q 帧

VLAN 标签字段的长度是 4 字节，插在 MAC 帧的源地址和长度类型字段之间。VLAN 标签的前两字节为 802.1q 标签类型，后两字节中，前 4 位没有实际意义，后面的 12 位是该VLAN 的标识符（VLAN ID，VID），代表着这个以太网帧属于哪一个 VLAN。

由于首部增加了 4 字节，因此，用于 VLAN 的以太网帧的最大长度从原来的 1 518 字节变为 1 522 字节。

4.6 无线局域网

4.6.1 无线局域网概述

无线局域网采用无线方式组建，实现多台计算机之间的通信。其系列标准为 IEEE 802.11，相应的国际标准为 ISO/IEC 8802-11。

无线局域网分为**有固定基础设施的**和**无固定基础设施的**。在有固定基础设施的无线局域网中，最小构件是**基本服务集**（Basic Service Set，BSS）。一个 BSS 包括一个基站和若干个移动站，在 BSS 内，所有站点都可以直接通信，但在和外部站点通信时，必须通过本 BSS 的基站。一个 BSS 所覆盖的地理范围叫作一个**基本服务区**（Basic Service Area，BSA），其覆盖的范围直径可以达到几十米。

基本服务集里面的基站叫作**接入点**（Access Point，AP），其作用和网桥相似。一个基本服务集可以是孤立的，也可通过接入点 AP 连接到一个**主干分配系统**（Distribution System，DS），然后再接入另一个基本服务集，这样就构成了一个**扩展的服务集**（Extended Service Set，ESS），如图 4-26 所示。

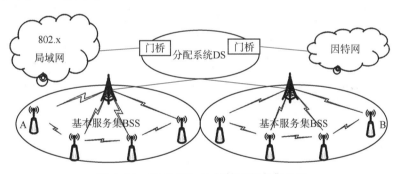

图 4-26　IEEE 802.11 的扩展服务集 ESS

基本服务集的服务范围是由移动设备所发射的**电磁波的辐射范围**确定的。分配系统可以使用以太网点对点链路或其他无线网络。扩展服务集 ESS 可以通过门桥设备为无线用户提供到非 802.11 无线局域网的接入。

一个移动站若要加入一个基本服务集 BSS，就必须先选择一个接入点 AP，并与此接入点建立关联（association）。之后就可以通过该接入点来发送和接收数据。若移动站使用重建关联（reassociation）服务，就可将这种关联转移到另一个接入点。当使用分离（dissociation）时，就可终止这种关联。移动站与接入点建立关联的方法有两种：一种是**被动扫描**，即移动站等待接收接入点周期性发出的信标帧（beacon frame）；另一种是**主动扫描**，即移动站主动发出探测请求帧（probe request frame），然后等待从接入点发回的探测响应帧（probe response frame）。

无固定基础设施的无线局域网，又叫移动自组织网络（mobile Ad hoe network，

MANET）。这种自组网络没有基本服务集中的接入点 AP，是由一些处于平等状态的移动站相互通信组成的临时网络，如图 4-27 所示。

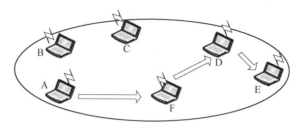

图 4-27　移动自组织网络

自组网中的移动站既是端系统，同时又可作为路由器为其他移动站进行路由和中继。例如，当移动站 A 和 E 通信时，需经过 A→F→D→E 这样的存储转发过程，如图 4-27 所示。

> **内容补充**：关于移动自组织网络的应用
>
> 在军事领域中，由于战场上没有预先建好的固定接入点，但携带了移动站的战士就可以利用临时建立的移动自组织网络进行通信。这种组网方式也能够应用到作战的地面车辆群和坦克群，以及海上的舰艇群、空中的机群。由于每一个移动设备都具有路由器的转发分组的功能，因此分布式的移动自组网络的生存性非常好。在民用领域，开会时持有笔记本电脑的人可以利用这种移动自组网络方便地交换信息，而不受笔记本电脑附近没有网络线插头的限制。当出现自然灾害时，在抢险救灾时也可以利用移动自组网络进行及时、有效的通信。

4.6.2　802.11 标准中的物理层

802.11 标准规定的物理层相当复杂，包含了 802.11、802.11a 和 802.11b。

①802.11 的物理层有以下三种实现方法，见表 4-3。

表 4-3　802.11 物理层的实现方法

方法	ISM 频段或波长	接入速率	
跳频扩频（FHSS）	2.4 GHz	使用二元高斯移频键控时	1 Mb/s
		使用四元高斯移频键控时	2 Mb/s
直接序列扩频（DSSS）	2.4 GHz	使用二元高斯移频键控时	1 Mb/s
		使用四元相对移相键控时	2 Mb/s
红外线（IR）	波长为 850~950 nm	1~2 Mb/s	

②802.11a 的物理层工作在 5 GHz 频带，采用正交频分复用 OFDM，也称多载波调制技术。使用的数据率为 6 Mb/s、9 Mb/s、12 Mb/s、18 Mb/s、24 Mb/s、36 Mb/s、48 Mb/s 和 56 Mb/s。

③802.11b 的物理层使用工作在 2.4 GHz 的直接序列扩频技术，数据率为5.5 Mb/s 或11 Mb/s。

随着便携式计算机和可移动通信设备数量的增长及价格的下降，以及人们工作和生活节奏的加快，计算机网络面临着新的挑战。由于传统意义上的网络的各类设备被网络连线所禁锢，无法实现可移动的网络通信；并且，对于覆盖面积较大的公司，若要使用电缆将各个部门连接成网，费用可能过高，而无线局域网的构建不仅可以节省投资，而且可以加快建网的速度；此外，当某一个地方同时要求上网的用户较多时，铺设电缆也是一件很困难的事。无线局域网克服了所有这些不足，提供了移动接入的功能，从而实现了可移动数据交换，给用户提供了方便，使他们能够随时随地收发信息。

1. 无线局域网的特殊性

由于无线电波信号传播的特性，因此无线局域网有许多不同于常规局域网的特点，使用时可能会遇到一些问题，如图 4-28 所示。假设无线电信号只能在相邻的站之间传送或产生干扰。图中站点 A 向站点 B 发送数据时，由于站点 C 收不到 A 发送的信号，会误以为网络上没有数据发送，从而开始向 B 发送数据，导致 B 同时收到 A 和 C 发来的数据，产生冲突。这种情况称为**隐蔽站问题**（hidden station problem）。因此，在无线局域网中，发送数据前未检测到媒体上有信号是无法保证能够发送成功的。图 4-28（b）中，在站点 B 向 A 发送数据的同时，站点 C 又想和 D 通信，但由于 C 检测到媒体上有信号，因此不向 D 发送数据，而其实 B 向 A 发送数据并不影响 C 向 D 发送数据，这种情况称为**暴露站问题**（exposed station problem）。无线局域网中，在不发生相互干扰的情况下，可以允许同时有多个工作站进行通信，这与常规的总线局域网不同。

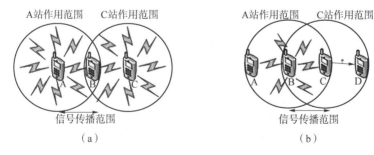

图 4-28　无线局域网的问题
（a）隐藏站问题；（b）暴露站问题

2. CSMA/CA 技术

由于无线信道的信号强度范围，以及隐蔽站和暴露站的问题，使得无线局域网不能使用 CSMA/CD 机制进行冲突检测。为了有效地实现网络通信，在 802.11 协议中使用了**载波监听多路访问/冲突避免**（CSMA/CA）技术，其基本原理是在发送数据帧之前，增加一个冲突避免（Collision Avoidance）的功能。

为了说明 CSMA/CA 介质访问控制方法，先介绍 802.11 协议 MAC 层的一些概念。

802.11 标准的 MAC 层如图 4-29 所示。它通过协调功能（coordination function）确定移动站发送数据或接收数据的时间。802.11 的 MAC 层在物理层的上面，包括两个子层。一个子层是**分布协调功能**（Distributed Coordination Function，DCF）。使用 CSMA 机制的分布式接入算法，让各个站通过争用信道来获取发送权。因此，DCF 向上提供争用服务。另一个子层叫作**点协调功能**（Point Coordination Function，PCF）。使用集中控制的接入算法，用类似于探询的方法将数据发送权轮流交给各个站，从而避免碰撞的产生。对于时间敏感的业务，如分组话音，就应使用无争用服务的 PCF。

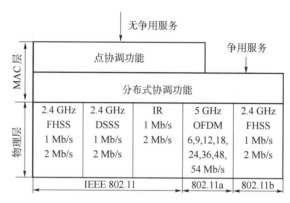

图 4-29　802.11 的 MAC 层

为了尽量避免碰撞，802.11 规定，完成发送后，必须再等待一段很短的时间（继续监听）才能发送下一帧，这段时间通称为**帧间间隔**（Inter Frame Space，IFS）。其长短取决于该站打算发送的帧的类型。高优先级帧需要等待的时间较短，可优先获得发送权，但低优先级帧就必须等待较长的时间。当高优先级和低优先级的帧冲突时，低优先级帧的发送将被推迟，常用的三种帧间间隔为短帧间隔（SIFS）、点协调功能帧间间隔（PIFS）和分布协调功能帧间间隔（DIFS）。

CSMA/CA 协议的原理如图 4-30 所示。

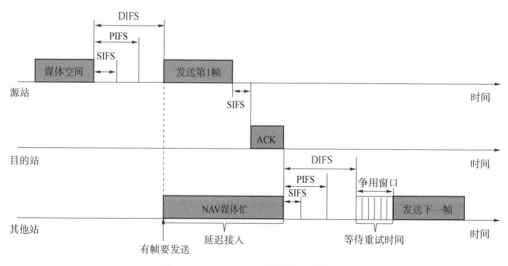

图 4-30　CSMA/CA 协议的工作原理

发送数据前先检测信道。通过载波监听检验收到的相对信号强度是否超过一定的门限数值，从而判定是否有其他站点在信道上发送数据。若检测到信道空闲，则在等待一个 DIFS 后就可发送。之所以要等待一个 DIFS，主要是考虑到可能其他站有高优先级的帧要发送。如果有，要保证高优先级帧先发送。

目的站正确收到数据帧后，经过时间间隔 SIFS 后，需向源站发送确认帧 ACK。若源站在规定时间内没有收到确认帧 ACK，就必须重传此帧，直到收到确认为止，或者经过若干次的重传失败后放弃发送。

802.11 标准还采用了一种**虚拟载波监听**（virtual carrier sense）的机制，即源站通过告知其他站点自己占用信道的时间，让其他站点暂停发送数据，从而减少碰撞的机会。之所以称之为"虚拟载波监听"，是因为暂停发送数据的信息是源站通知的，而不是自己监听的。帧发送结束后还要占用信道多长时间（以微秒为单位）将填入 MAC 帧首部中的第二个字段"持续时间"中，包括目的站发送确认帧所需的时间。

站点通过检测帧中"持续时间"字段，调整自己的网络分配向量（Network Allocation Vector，NAV），确定多长时间后数据帧能够传输完成并使信道转入空闲状态。因此，通过物理层载波监听或 MAC 层虚拟载波监听都可以确定该信道是否处于忙态。当信道从忙态变为空闲，任何站点要发送数据帧，都必须等待一个 DIFS 的间隔，而且还要进入争用窗口，通过计算随机退避时间来确定何时重新接入信道。

在 CSMA/CA 协议中，因为没有像以太网那样的冲突检测机制，因此，为了减小发生冲突的概率，在信道从忙态转为空闲时，各站就要执行退避算法。802.11 也是使用二进制指数退避算法但具体做法稍有不同。第 i 次退避就在 2^{i+2} 个时隙中随机地选择一个，即第 1 次退避是在 8 个时隙中随机选择一个，而第 2 次退避是在 16 个时隙中随机选择一个。当数据发送站选择了某个时隙后，就根据该时隙的位置设置一个退避计时器（back off timer）。当退避计时器的时间减小到零时，就开始发送数据。当退避计时器的时间还未减小到零而信道又转变为忙态时，就冻结退避计时器的数值，重新等待信道变为空闲，再经过时间 DIFS 后，继续启动退避计时器。

当站点要发送自己的第一个数据帧，并检测到信道是空闲时，可以不使用退避算法。除此以外，都必须使用退避算法。具体来说，就是：

①在发送它的第一个帧之前检测到信道处于忙态。

②在每一次的重传后。

③在每一次的成功发送后。

3. 对信道进行预约

为了更好地解决隐蔽站带来的碰撞问题，802.11 允许对信道进行预约。如图 4-31（a）所示，源站 A 在发送数据帧之前先发送一个短的控制帧，叫作**请求发送**（Request To Send，RTS），包括源地址、目的地址和这次通信（包括相应的确认帧）所需的持续时间。若媒体空闲，作为目的站的 B 就发送一个响应控制帧，叫作**允许发送**（Clear To Send，CTS），如图 4-31（b）所示，它也包括这次通信所需的持续时间。A 收到 CTS 帧后，就可发送其数据帧。下面讨论在 A 和 B 两个站附近的一些站将做出的反应。

如图 4-31 所示，C 处于 A 的传输范围内，但不在 B 的传输范围内。因此，C 能够收到 A 发送的 RTS，但不会收到 B 发送的 CTS 帧。这样，在 A 向 B 发送数据时，C 可以向其他

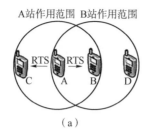 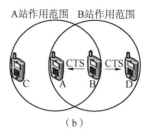

图 4-31　CSMA/CA 中的 RTS 和 CTS 帧

(a) A 站发送 RTS 帧；(b) B 站发送 CTS 帧

站点发送自己的数据而不会干扰 B。这里假设 C 收不到 B 的信号表明 B 也收不到 C 的信号。

对于 D 站点，D 收不到 A 发送的 RTS 帧，但能收到 B 发送的 CTS 帧。D 知道 B 将要和 A 通信，D 在一段时间内不会发送数据，因而不会干扰 B 和 A 的通信。

RTS 和 CTS 帧的长度分别为 20 字节和 14 字节，与数据帧（最长可达 2 346 字节）相比开销不算大，因此使用它们对网络通信效率的影响有限。如果不使用 RTS 和 CTS 帧，一旦发生冲突而导致数据帧重发，则浪费更多时间。

虽然协议一定程度上减少了发生冲突的可能，但仍然无法完全避免冲突的发生。例如，B 和 C 同时向 A 发送 RTS 帧，此时冲突发生，A 收不到正确的 RTS 帧，因而 A 就不会发送后续的 CTS 帧。此时，B 和 C 会各自随机地推迟一段时间后重新发送 RTS 帧，推迟时间的算法也是使用二进制指数退避。

使用 RTS 和 CTS 帧能在一定程度上避免隐蔽站和暴露站问题的发生，但要完全解决这些问题，还需要在算法和控制机制方面进行更加深入的研究，无线分组网络技术是目前的研究热点之一。

4.7　数据链路层设备

4.7.1　网卡

网卡是安装在计算机上，用来连接计算机网络的，是计算机网络中最基础的网络设备。目前在计算机局域网中，网卡类型总的来说主要可分为**有线网卡**、**无线网卡**两大类。通常所说的有线网卡就是指以太网卡。根据所应用的环境网卡，还可以分为**普通工作站网卡**和**服务器网卡**两类。

1. 有线网卡

有线网卡还可从以下几个角度进行划分：一是网卡的**主机接口**，也就是网卡与计算机的接口；二是网卡**主机接口总线的位数**；三是网卡的**网络接口类型**，也对应了网卡所支持的传输介质类型；四是网卡所支持的**以太网标准**。

在主机接口方面，有线网卡主要有以下几种类型：一是最常见的 PCI 总线接口，二是微型 PCI（PCMCIA）接口，三是在服务器网卡用得比较多的 PCI-X 和 PCI-E 接口。这几种主机接口类型网卡如图 4-32 所示。

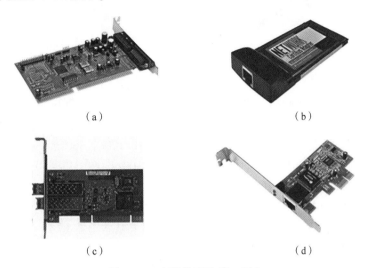

（a）　　　　　　　　　　　　　　　　（b）

（c）　　　　　　　　　　　　　　　　（d）

图 4-32　多种类型的接口网卡

（a）PCI 接口网卡；（b）PCMCIA 接口网卡；（c）PCI-X 接口网卡；（d）PCI-E 接口网卡

在有线网卡的网络接口方面，主要对应的是不同的传输介质。因为使用同轴电缆的以太网目前在企业局域网中比较少见了，所以在此不再介绍粗/细同轴电缆接口的以太网卡，仅介绍双绞线接口以太网卡和光纤接口以太网卡。

双绞线接口以太网卡使用最普遍，对应双绞网线连接器的接口为 RJ-45 类型。RJ-45 连接器（俗称水晶头）和网卡上对应的 RJ-45 网络接口如图 4-33 所示。

（a）　　　　　　　　　　　　　　　　（b）

图 4-33　RJ-45 连接器和网络接口

（a）水晶头；（b）RJ-45 网络接口

使用光纤作为传输介质的网卡所对应的光纤连接器接口有好几种，最常见的有 ST、SC、FC、LC 四种。ST、SC、FC 和 LC 这四种主要的光纤连接器接口如图 4-34 所示。图 4-35 所示是目前应用最广的两种光纤网络接口——SC 和 LC 的网卡示例。

图 4-34　ST、SC、FC 和 LC 光纤连接器接口

两个SC光纤端口　　　　　两个LC光纤端口

图 4-35　SC 和 LC 网络接口网卡示例

　　有线网卡除了可以按主机接口和网络接口划分外，还可以根据网卡所支持的网络标准来划分。目前，在有线以太网工作站中，通常采用支持 10/100 Mb/s 自适应的双绞线快速以太网卡，性能要求高一些的可能会用到支持自适应的 10/100/1 000 Mb/s 双绞线千兆以太网卡；而服务器上的网卡目前基本上都是自适应的 10/100/1 000 Mb/s 双绞线千兆以太网卡，或者纯 1 000 Mb/s 的光纤千兆以太网卡。

　　另外，支持的这些不同网络标准的 PCI 接口以太网卡，所对应的主机接口工作模式也会有所不同。工作站上普遍使用的 PCI 接口快速以太网卡基本上都是 32 位的，而千兆以太网卡基本上都是 64 位的。要注意的是，纯 64 位的千兆以太网卡与同时支持 32 位和 64 位的 PCI 接口以太网卡的金手指结构（金手指长度和缺口数）是不一样的。图 4-36（a）所示是 32 位的 PCI 接口快速以太网卡，图 4-36（b）所示为纯 64 位的 PCI 接口千兆以太网卡，图 4-36（c）所示为同时支持 32 位和 64 位的 PCI 接口千兆以太网卡。

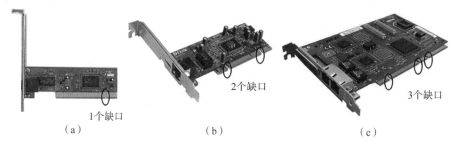

1个缺口　　　　　　　　　2个缺口　　　　　　　　　3个缺口

　　（a）　　　　　　　　　（b）　　　　　　　　　（c）

图 4-36　三种不同工作模式的以太网卡

（a）32 位；（b）64 位；（c）32 位和 64 位

2. WLAN 网卡

　　选择 WLAN 网卡主要考虑网卡的主机接口和所使用的 WLAN 技术标准。在台式机工作站中，通常选用 PCI 或者 USB 接口的 WLAN 网卡（主要是 PCI 接口），如图 4-37 所示。

（a）　　　　　　　　　　　　　　　　（b）

图 4-37　PCI 和 USB 接口的 WLAN 网卡

（a）PCI；（b）USB

作为笔记本电脑用户，一般选择 PCMCIA 和 USB 两种接口类型的无线局域网网卡。而 PCMCIA 接口又分 16 位的 PCMCIA 和 32 位的 CARDBUS 两种接口类型，如图 4-38 所示。在无线局域网标准上，目前至少建议应选择具有 54 Mb/s 速率的 IEEE 802.11g 标准无线网卡产品，普遍采用的是支持 600 Mb/s 速率的 IEEE 802.11n 标准的无线网卡。

 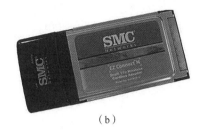

（a） （b）

图 4-38 PCMCIA 和 CARDBUS 接口 WLAN 网卡

（a） PCMCIA；（b） CARDBUS

4.7.2 交换机

1. 概述

交换机（Switch）是一种用于电（光）信号转发的网络设备，可以为接入交换机的网络节点提供独享通路（带宽）。具有集中的连接功能和数据交换功能。外形上，交换机与集线器产品没什么太大区别，图 4-39（a）所示为一款集线器产品，而图 4-39（b）所示为一款交换机产品。从图中的对比可以看出，交换机与集线器一样，是一个具有许多同类端口的网络设备。

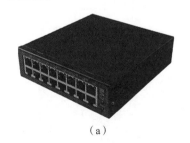 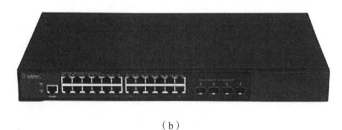

（a） （b）

图 4-39 集线器与交换机的外观比较

（a） 集线器；（b） 交换机

当然，图中的对比仅能起到一般意义上的外观比较，实际上，因为交换机发展相当快，其应用向两个不同的方向发展，所以在外观上也有很大的区别。小的桌面交换机就像现在用的 Modem 一般大，而大的则采用模块化结构，机箱较大，而不是像图中显示的那样像一个长方形盒。

2. 主要特性

（1）具有多个交换端口

交换机端口可以连接不同的物理网段，还可以有大量的端口来集中连接主机，在使用性能、扩展性能和交换性能等方面都有较好的表现，大大促进了计算机网络的发展。

（2）数据转发效率更高

交换机有带宽很高的内部交换矩阵和背部总线，背部总线挂接了所有的端口，通过内部交换矩阵，就能够把数据包直接而迅速地转发到目的节点，这样就避免了网络资源的浪费，提高了转发效率。同时，在此过程中，数据传输的安全程度非常高。另外，交换机的数据带宽具有独享性，在同一个时间段内，交换机可以将数据转发到多个节点。

（3）更强的 MAC 地址自学习能力

交换机上的端口多数是直接连接主机的，所以在交换机内部的映射表中基本上都是一个源主机 MAC 地址与一个交换端口间一对一映射，这样的映射查找、自学习更容易，效率更高。另外，交换机中较大的缓存可以保存更多的 MAC 地址与端口映射表，更适用于较大网络。

3. 分类

交换机是一种应用非常广泛的网络设备，它自最初出现至今，各种不同的交换机类型不断涌现，令人目不暇接。主要的交换机分类方式有：

（1）根据网络类型划分

根据交换机应用的局域网类型，可以将交换机分为标准以太网交换机、快速以太网交换机、千兆以太网交换机、十千兆以太网交换机等。

（2）按交换机结构划分

根据交换机结构来划分，可分为**固定端口交换机**和**模块化交换机**两种。固定端口，顾名思义，就是它所带有的端口是固定的。例如，8 端口交换机最多只能连接 8 个设备，不能再添加；如果是 16 个端口的，只能 16 个端口，不能再进行扩展，依此类推。

目前这种固定端口的交换机基本上都属较低档次的。模块化交换机上就是交换机上除了有部分固定的端口外，还可通过插入扩展模块来扩展端口数量、所支持的传输介质/网络协议/业务类型。图 4-40（a）、（b）分别为一款固定端口交换机和一款模块化交换机。

（a）   （b）

图 4-40　固定端口交换机和模块化交换机示例

（a）固定端口交换机；（b）模块化交换机

（3）**按是否支持网管功能划分**

根据是否具有网络管理功能来分，又可分为**网管型**和**非网管型**两大类。网管型交换机可以通过控制端口（Console）或 Web 界面进行配置与管理，非网管型交换机则不能进行任何配置与管理，仅可按照出厂的默认设置进行工作。

从外观上，基本上可以判断一个交换机是否具有网管功能，因为网管型交换机都有一个 Console 控制端口，有的是 RS-232 串口型，有的是 RJ-45 接口。图 4-41 所示为一个带有 RJ-45 控制端口的网管型交换机。

图 4-41　网管型交换机

4. 工作原理

交换机工作在数据链路层，可以根据帧中的目的 MAC 地址把数据发送给相应端口上连接的主机。交换机中的 **MAC 地址与端口的映射表**（也叫 **交换表**）列出了 MAC 地址和端口的连接关系。当在交换表中没有数据帧对应的目的 MAC 地址时，才进行"广播"（除源端口外）。但是要注意，交换机缓存空间有限，可以存储的交换表数据也有限，所以，当网络比较大时，交换机中的缓存空间就不能保存网络中所有节点 MAC 地址与交换机端口的映射关系了。

（1）交换表的建立

交换机的交换表可以通过静态配置、动态学习以及多播协议（比如 IGMP 嗅探、GMRP 协议等）获得。在进行数据转发时，交换机有一个学习的过程：

①交换机在接收到数据帧时，会把其中的源 MAC 地址提取出来，查询交换表，看是否有针对该 MAC 地址的转发项，如果没有，则把该 MAC 地址和接收端口映射插入交换表，当某主机想向该 MAC 地址转发时，直接向交换表中该地址对应的端口发送即可。

②若交换表中没有目的 MAC 地址映射的表项时，通过向交换机的其他所有端口进行广播，接收广播帧的主机应答后，便获知了目的 MAC 地址所连接的端口，然后将该映射表项插入交换表中。数据帧的转发依据是目的 MAC 地址，而交换表的学习则是以源 MAC 地址为依据的。

> **需要注意的是**，多播转发表不能通过学习获得，而且多播转发项跟普通转发项不同，跟其对应的出口不止一个，而是一个出口集合。

具有 VLAN 功能的交换机的交换表由原来的两项对应关系（MAC 地址与交换端口）变成了三项对应关系（MAC 地址、VLAN ID 与交换机端口），当接收到数据帧时，需要同时根据数据帧的目的 MAC 地址和 VLAN ID 两项来查询交换表，从而确定转发端口。如果查询交换表失败，即没有该 MAC 和 VLAN ID 的映射，则对该 VLAN 包含的（除接收端口以外的）所有端口进行广播该数据帧。但如果只根据交换表来确定一个 VLAN 包含哪些端口，则必须遍历整个交换表，这样如果交换表的规模很大，则查询的效率非常低，所以一般的交换机上在实现 VLAN 时，还会创建另外一张表，即 VLAN 配置表。该表包含了 VLAN ID 和交换机上所有端口的对应关系，即只要根据 VLAN ID 查询该表，就可以找到该 VLAN 包含的所有端口，这样在进行 VLAN 内广播的时候，就非常容易了。

（2）工作过程

因为交换机有多个端口，可直接连接主机或其他交换机。当数据帧发送到本交换机所连接的主机时，交换机就可以根据帧中目的 MAC 地址直接把数据从对应的端口发送到所连接的主机上。如果数据发送到本交换机所连接的其他交换机上的主机时，则本交换机先把该数据帧发送到连接到对应交换机的端口上，然后再由那台交换机根据目的 MAC 地址从对应端口上发送到目的主机上。

> **需要注意的是**，交换机端口通常是直接连接交换机和主机，所以，在每个端口所连接的物理网段中也采用数据交换方式，而不采用广播方式。

接下来看一个案例，假定在图 4-42 中的以太网交换机有 4 个端口，各连接一台计算机，其 MAC 地址分别是 A、B、C 和 D。开始时，交换表是空的（图 4-42（a））。

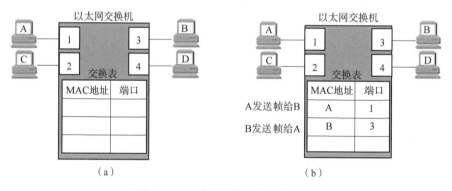

图 4-42　以太网交换机中的交换表
（a）初始交换表；（b）交换了两帧后的交换表

A 先向 B 发送一帧，从端口 1 进入交换机。交换机收到帧后，先查找交换表，没有 B 的目的地址对应的表项。此时把该帧的源地址 A 和端口 1 写入交换表，并向除端口 1 以外的所有端口广播这个帧。因为目的地址不是自己，所以主机 C 和 D 将丢弃这个帧，只有 B 收下这个帧。

从交换表项（A，1）可以看出，只要目的地址是 A 的帧，就从端口 1 转发出去，不管帧来自哪个端口。这样做的依据是：既然 A 发出的帧是从端口 1 进入的，那么从端口 1 转发出的帧也应当可以到达 A。

如果此时主机 B 想通过端口 3 向 A 发送一帧。通过查找交换表，发现交换表中的 MAC 地址有 A，表明要发送给 A 的帧应从端口 1 转发，于是就把这个帧从端口 1 转发给 A，无须广播并新增加的项目（B，3）。

同样，只要主机 C 和 D 发送数据帧，就会把转发到 C 或 D 应当经过的端口（2 或 4）写入交换表中。经过一段时间后，交换表中的项目就包含了所有主机地址，当需要转发帧时，通过查询交换表就可以很快地找到转发端口并完成转发。交换机的工作过程总结如图 4-43所示。

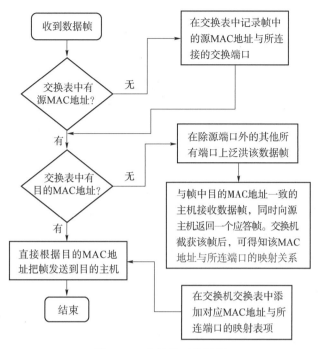

图 4-43　交换机工作过程

因为网络中的主机或网络适配器都需要更换，所以交换表中的项目也是不断变化的。为此，交换表中每个项目都设有有效时间，过期的项目就自动被删除，以此保证交换表中的数据都符合当前网络的实际状况。这种自学习方法使得以太网交换机能够即插即用，不必人工干预，非常方便。

但有时为了增加网络的可靠性，在使用以太网交换机组网时，往往会增加一些冗余的链路。在这种情况下，自学习的过程就可能导致以太网帧在网络的某个环路中无限制地兜圈子。

在图 4-44 中，假定一开始主机 A 通过交换机#1 向主机 B 发送帧。交换机接收到这个帧后，就向所有其他端口进行广播发送。现观察其中一个帧的走向：离开交换机#1 的端口 3→交换机#2 的端口 1→端口 2→交换机#1 的端口 4→端口 3→交换机#2 的端口 1→……这样就无限制地循环兜圈子下去，白白消耗了网络资源。

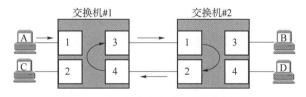

图 4-44　在两个交换机中兜圈子的帧

为了避免这种情况的出现，802.1d 标准制定了**生成树协议**（Spanning Tree Protocol，STP）。其要点就是保持现有拓扑不变，在逻辑上切断某些链路，使得从一台主机到所有其他主机的路径是无环路的树状结构，从而消除了兜圈子现象。

> **内容补充**：STP 就是把一个环形的结构变成一个树形的结构。STP 协议就是用来将物理上存在环路的网络，通过一种算法，在逻辑上阻塞一些端口。
>
> 生成树协议运行生成树算法很复杂，但是其过程可以归纳为以下三步：
>
> （1）选择根网桥
>
> 选择根网桥的依据是网桥 ID，网桥 ID 是由网桥优先级和网桥 MAC 地址组成的。按照生出树协议的定义，当比较某个 STP 参数的两个取值时，值小的优先级高。因此，在选择根网桥时，比较的方法是看哪台交换机的网桥 ID 小，优先级小的被选为根网桥，在优先级相同的情况下，MAC 地址小的为根网桥。
>
> （2）选择根端口
>
> 在 STP 选择根端口的时候，首先比较交换机端口的根路径成本。根路径成本低的为根端口。当根路径成本相同的时候，比较连接的交换机的网桥 ID。选择网桥 ID 小的作为根端口，当网桥 ID 相同的时候，比较端口 ID，选择较小的作为根端口。
>
> （3）选择指定端口
>
> 在 STP 选择指定端口的时候，首先比较同一网段上端口中根路径成本最低的，也就是将到达根网桥最近的端口作为指定端口；当根路径成本相同的时候，比较这个端口所在的交换机的网桥 ID，选择一个网桥 ID 值小的作为指定的端口；当网桥 ID 相同的时候，比较端口 ID 值，选择较小的作为指定端口。
>
> 需要指出的是，网桥是交换机的前身，由于 STP 是在网桥基础上开发的，因此现在交换机的网络中仍然沿用这一术语，在此网桥就是指交换机。

4.8　以太网扩展

4.8.1　在物理层扩展以太网

以太网两站点之间的距离不能太远（例如，10BASE-T 以太网的两个站点之间的距离一般不超过 20 m），否则，站点发送的信号经过传输就会衰减到使 CSMA/CD 协议无法正常工作。在过去广泛使用粗缆或细缆以太网时，常使用工作在物理层的转发器来扩展以太网的地理覆盖范围。那时，两个网段可用一个转发器连接起来。IEEE 802.3 标准还规定，任意两个站点之间最多可以经过三个电缆网段。现在随着双绞线以太网的普及，扩展以太网的覆盖范围已很少使用转发器了。

扩展站点和集线器之间距离的常用方法就是使用光纤和光纤调制解调器，如图 4-45 所示。光纤调制解调器的作用就是进行光、电信号的转换。由于信号在光纤中衰减和失真很小，所以使用这种方法可以很容易地使站点和较远距离的集线器相连接。

鉴于单个集线器连接站点的数量有限，所以如果希望连成覆盖更大范围连的多级星形结构的以太网，必须使用多个集线器。例如，一个学院的三个系各有一个 10BASE-T 以太网（图 4-46（a）），可通过一个主干集线器把各系的以太网连接起来，成为一个更大的以太网（图 4-46（b））。

图 4-45　站点使用光纤和一对光纤调制解调器连接到集线器

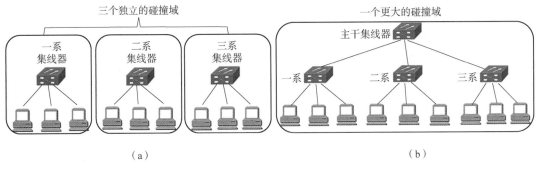

图 4-46　用多个集线器连成更大的以太网

（a）三个独立的以太网；（b）一个扩展的以太网

但这种多级结构的集线器以太网也带来了一些缺点：

①如图 4-46（a）所示，在三个系的以太网互连起来之前，每一个系的 10BASE-T 以太网是一个独立的**碰撞域**（Collision Domain，又称为冲突域），即在任一时刻，在每个碰撞域中只能有一个站点在发送数据。每个系的以太网最大吞吐量是 10 Mb/s，因此三个系总的最大吞吐量共有 30 Mb/s。通过集线器将以太网互连起来后，就把三个碰撞域变成了一个碰撞域，如图 4-46（b）所示，而这时的最大吞吐量仍然是 10 Mb/s。这就是说，当某个系的两个站点在通信时，所传送的数据会通过所有的集线器进行转发，使得其他系的内部在这时都不能通信（一发送数据就会碰撞）。

②如果不同的系使用不同的以太网技术（如数据率不同），那么就不可能用集线器将它们互连起来。在图 4-46 中，如果一个系使用 10 Mb/s 的适配器，而另外两个系使用 10/100 Mb/s 的适配器，那么用集线器连接起来后，大家都只能工作在 10 Mb/s 的速率。集线器基本上是个多接口（即多端口）的转发器，它并不能把帧进行缓存。

总之，在物理层扩展的以太网仍然是个碰撞域，不能连接过多的站点，否则平均吞吐量太低，且会导致大量的冲突。同时，不论是利用转发器、集线器还是光纤在物理层扩展以太网，都仅仅相当于延长了共享的传输媒体，由于以太网有争用期对端到端时延限制，并不能无限扩大地理覆盖范围。

4.8.2　在数据链路层扩展以太网

对于 10 Mb/s 共享式以太网，若有 N 个用户，则每个用户占有的平均带宽只有总带宽的 $1/N$。使用交换机时，虽然在每个端口的带宽还是 10 Mb/s，但由于用户在通信时是独占而不是共享传输媒体的带宽，因此，对于拥有 N 对端口的交换机，总容量则为 $N\times 10$ Mb/s。以太网交换机一般都具有多种速率的端口，这在一定程度上方便了各种不同情况的用户。如图 4-47 所示，以太网交换机可以用三个 10 Mb/s 端口分别和学院三个系的 10 BASE-T 以太网相连，用三个 100 Mb/s 的端口分别和电子邮件服务器、万维网服务器及一个因特网路由器相连。

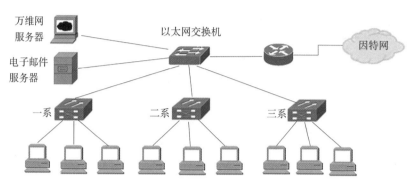

图 4-47　用交换机扩展以太网

为了减少交换机的转发时延，可以采用直通（Cut-Through）的交换方式。该方式不需要缓存帧，在接收帧的同时就立即按帧的目的 MAC 地址决定了该帧的转发端口，因而提高了帧的转发速度。直通交换的缺点是不检查差错就直接将帧转发，因此有可能会将有些无效帧转发给其他的站点。**要注意的是**，当交换机的输出端口有帧排队时，仍然要将帧先缓存起来等输出端口空闲时再进行转发，即仍然需要进行存储转发。交换机采用直通交换方式，并不表示它不会进行存储转发，而交换机采用存储转发交换方式，则意味着该交换机仅采用存储转发方式进行交换。

随着交换机成本的降低，以及性能上的明显优势，交换式以太网基本取代了传统的共享式以太网。由于不再使用集线器，所以交换式以太网可以全双工方式工作。

实训指导

【实训名称】多交换机 VLAN 划分

【实训目的】

1. 理解 VLAN 的作用和 VLAN 工作原理。

2. 理解 802.1q 协议。

3. 掌握基于端口的 VLAN 的配置方法。

【实训任务】

某单位有三个部门，分别是销售部、财务部和管理部。为了方便运营，每个部门都分布在两个办公地点，为了避免不同部门间相互干扰，需要将不同部门进行技术隔离，但又需要满足同一部门间的正常通信。IP 地址规划表见表 4-4。

【实训设备】

二层交换机（2 台）、测试主机（3 台）、网线（若干）。

表 4-4　IP 地址规划表

名称	接口	IP 地址
PC0（销售部）	Fa0/1	172. 1. 1. 2/24
PC1（财务部）	Fa0/2	172. 1. 1. 3/24
PC2（管理部）	Fa0/3	172. 1. 1. 4/24
PC3（销售部）	Fa0/1	172. 1. 1. 10/24
PC4（财务部）	Fa0/2	172. 1. 1. 11/24
PC5（管理部）	Fa0/3	172. 1. 1. 12/24

【拓扑结构】

某单位网络拓扑结构如图 4-48 所示。

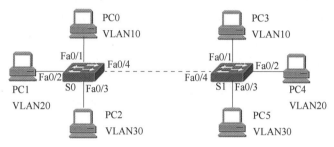

图 4-48　某单位网络拓扑结构

【知识准备】

1. VLAN 网络划分。

2. 虚接口地址配置。

3. VLAN 的工作原理。

【实训步骤】

步骤 1：创建 VLAN。

在交换机 S0、S1 上分别创建 VLAN10、VLAN20、VLAN30。

步骤 2：VLAN 划分。

将连接主机的端口加入相应 VLAN，PC0、PC3 加入 VLAN10，PC1、PC4 加入 VLAN20，PC2、PC5 加入 VLAN30。

步骤 3：Trunk 配置。

将交换机级联端口配置成 Trunk。

步骤 4：配置 IP 地址。

为 PC0、PC1、PC2、PC3、PC4 和 PC5 配置 IP 地址。

步骤 5：测试。

测试不同主机间是否可以通信，是否可以实现任务要求。

【实训拓展】

1. 如果步骤 3 不使用 Trunk 配置，还有什么办法能实现任务要求？

2. 学习了本章内容之后，思考划分 VLAN 后如何实现不同部门间的通信。

小 结

1. 数据链路是在链路的基础上增加了传输控制（及协议）的功能，一般来说，收发双方只有建立了一条数据链路，通信才能够有效地进行。

2. 数据链路层的功能主要有封装成帧、差错控制和透明传输。

3. 在 Internet 的接入方法中，在数据链路层使用得最为广泛的就是点到点协议 PPP，其帧格式和 HDLC 的帧格式相似，但不提供使用序号和确认的可靠传输。在数据链路层出现差错的概率不大时，可以使用比较简单的 PPP。

4. 多路访问技术可分为受控访问和随机访问。受控访问的特点是用户接入信道而必须服从一定的控制。随机访问的特点是用户可以根据自己的意愿随机地发送信息。

5. 动态随机访问控制方法包括主要包括 CSMA、CSMA/CD、CSMA/CA 协议等。

6. 载波监听多路访问（CSMA）是每个站在发送帧之前监听信道上是否有其他站点正在发送数据，即检查一下信道上是否有载波，或者说信道是否忙。如果信道忙，就暂不发送，否则就发送。这种方法称为"先听后说"，减少了发生冲突的概率。

7. 载波监听多路访问/冲突检测（CSMA/CD）方法是对 CSMA 的改进。改进的内容是增加了称为"冲突检测"的功能。当帧开始发送后，就检测有无冲突发生，如果检测到冲突发生，则冲突各方就必须立即停止发送。这样，信道很快进入空闲期，可以提高信道利用率。

8. 由于无线信道的信号强度范围较大，以及隐蔽站和暴露站问题，使得无线局域网在进行冲突检测时不能使用 CSMA/CD 机制，而只能使用 CSMA/CA 技术，其基本原理是在发送数据帧之前，增加一个冲突避免（Collision Avoidance）的功能。

习 题

4-01　简述数据链路与链路的含义。

4-02　简述 PPP 协议的组成。

4-03　简述 PPP 链路的建立过程。

4-04　在面向比特同步协议的帧数据段中，出现如下信息：11010111011101（高位在左，低位在右），则采用 0 比特填充后的输出是什么？

4-05　简述 CSMA/CD 协议的工作原理。

4-06　以太网中争用期有何物理意义？其大小由哪几个因素决定？

4-07　假如有 10 个站连接到一个 10 Mb/s 以太网集线器上，那么每个站所能得到的带宽是多少？如果是连到 100 Mb/s 以太网集线器或 10 Mb/s 以太网交换机上呢？

4-08　现有 100 个站分布在一根总线上，其长度为 4 000 m，采用 CSMA/CD 协议，总线速率为 5 Mb/s，传播时延为 5 μs/km，帧平均长度为 1 000 bit。试计算每个站发送帧的平均速率的最大值。

4-09　为什么需要虚拟局域网？简述划分 VLAN 的方法。

4-10　简述 CSMA/CA 协议的工作原理。

4-11　如果不解决透明传输问题会出现什么问题？

4-12　站点 A 要将数据 1101011011 发送给站点 B，采用 CRC 的生成多项式是 $P(X)=X^4+X+1$。那么发送时应添加的冗余码是多少？如果在传输过程中最后一个 1 变成了 0，B 是否接收？如果最后两个 1 都变成了 0，B 能否接收？借助 CRC 检验数据链路层能否实现可靠传输？

4-13　已知卫星信道的数据率为 100 kb/s，单程传输时延为 250 ms，数据帧长为 2 000 bit，为达到传输的最大效率，帧的序号至少多少位？此时信道最高利用率是多少？（不考虑处理时延等开销）

4-14　PPP 的主要特点是什么？为什么 PPP 不使用帧编号？PPP 适用于什么情况？为什么 PPP 不能使数据链路层实现可靠传输？

4-15　某站点收到一个 PPP 帧，其数据部分是 7D SE FE 27 7D 5D 7D 5D 65 7D 5E。试问发送帧的数据部分是什么？

4-16　若接收端收到的 PPP 帧的数据部分为 00111011111011111000，试问发送端发送的是什么数据？

4-17　在以太网帧中，最小有效帧长是多少？为什么。

4-18　某网络的数据发送速率为 1 Gb/s，长度为 1 km，传播速率为 100 000 km/s，使用 CSMA/CD 协议。求该网络的最短有效帧长。

4-19　假设两个节点在一广播信道通信，其速率为 R，数据长度为 L。用 t_{prop} 表示这两个节点之间的传播时延。如果 $t_{prop}>L/P$，会出现信号冲突吗（信号的叠加）？这两个节点能检测到冲突吗？为什么？通过该问题，你能得出什么结论？

4-20　以太网的利用率与连接在以太网上的站点数是否有关？说出你的理由。

4-21　假设在 CSMA/CD 网络上传输数据，线路长度为 100 m，数据的传播速率为 $2×10^8$ m/s，发送速率为 1 Gb/s。试计算帧长分别为 512 字节、1 500 字节和 64 000 字节时的参数 a 的数值。

4-22　在以太网中，如果两个站发生冲突，那么它们再次冲突的概率是多少？最多两次重传就成功的概率是多少？

4-23　简述局域网交换机与集线器的区别。

4-24　什么是虚拟局域网？

4-25　假设主机 A、B 和 C 都连接到同一个共享式以太网上，如果 A 发送 IP 数据报给 B，C 的适配器会处理这些帧吗？如果会，C 的适配器会将这些帧中的 IP 数据报传递给 C 的网络层吗？如果 A 用 MAC 广播地址来发送帧，你的答案会有怎样的变化？

4-26　简述无线局域网的 MAC 协议的特点。

4-27　为什么在无线局域网中不能使用 CSMA/CD 协议而必须使用 CSMA/CA 协议？结合隐蔽站问题说明 RTS 帧和 CTS 帧的作用。

4-28　为什么在无线局域网上发送数据帧后要对方必须发回确认帧，而以太网就不需要？

4-29　WiFi 和 WLAN 是完全相同的意思吗？请简单说明一下。

4-30　在图 4-49 中，以太网交换机有 6 个端口，分别接到 5 台主机和 1 个路由器。

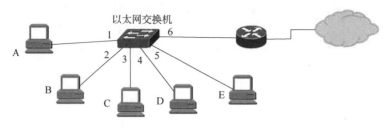

图 4-49　习题 4-30 图

假定交换机先后发送了 4 个帧。在开始时，以太网交换机的交换表是空的。试把表 4-5 中的其他栏目都填写完。

表 4-5　完成表格

动作	交换表的状态	向哪些端口转发帧	说明
A 发送帧给 D			
D 发送帧给 A			
E 发送帧给 A			
A 发送帧给 E			

第5章 网 络 层

互联网中主机数量无以计数，主机是如何来标识自己的呢？这就好像我们邮寄信件必须有收件人地址一样，任何连接到互联网的主机都会有这样一个标识，互联网中的主机正是依据这些标识来进行通信的。可仅仅知道对方主机的标识还不足以让两台主机进行通信，因为在源主机和目的主机之间可能会有多条路径，必须有一种选路机制，让数据包按照选择的路线进行转发，最终送到目的主机。以上这些工作就要交给网络层的设备来进行负责。关于IP地址和选路的问题，本章将逐一进行介绍。

 学习要点

本章是这本书的核心内容。首先介绍网络层的功能，然后按照网络层的协议逐一展开介绍。另外，本章还会介绍网络层的主要设备——路由器，以及路由协议。

本章的重要内容：

（1）IPv4：数据报首部格式、分类IPv4、子网划分、CIDR。

（2）路由协议：路由协议分类、路由信息协议RIP、开放最短通路优先协议OSPF。

（3）IPv6：特点、表示方法、地址类型、首部格式、IPv4向IPv6过渡技术。

（4）网际控制报文协议ICMP：分类、应用。

（5）网络层设备：路由器、三层交换机。

 学习目标

（1）能够阐述网络层的作用。

（2）能够理解IPv4、路由算法与路由协议的基本概念。

（3）能够正确表示IPv4和IPv6地址，区分地址类别。

（4）能够正确进行IP地址规划。

（5）能够理解路由聚合的意义，并对进行路由聚合。

（6）能够阐述网络层设备的功能、工作原理，并据此分析分组转发过程。

5.1 网络层概述

在日常生活中，当利用网络给远方的朋友发送一份电子邮件，或者利用搜索引擎在网络上查询资料时，我们并不需要知道要访问的主机位于什么位置，也不需要知道信息是通过哪些网络传输的。我们之所以能够方便地在 Internet 上享受各种网络服务，正是因为有网络层的支持。网络层为 IP 数据报从源主机到目的主机选择一条合适的传输路径，完成主机到主机的通信，为上层运输层提供透明的主机间的数据传输服务。

对于网络层向运输层提供的服务，有两种不同的设计：一种是"**面向连接**"的，另一种是"**无连接**"的。所谓**面向连接**的通信，指在通信前要先建立起连接，以保证双方通信所需的一切网络资源。这种方式可以保证网络层的分组无差错地按序到达目的主机，还可以减少分组的开销，可以说"面向连接"的通信是一种可靠的数据传输。但是为了保证传输的可靠性，"面向连接"的通信协议会很繁杂，网络设备的软硬件设计也将非常复杂。另一种设计是提供简单、灵活的"**无连接**"数据报交付服务。在通信前无须先建立连接，每个分组独立发送，不同分组在网络中经过路由器单独进行路由，所以各个分组经过的路径也可能不同。传输过程中，网络只负责将分组发送到目的主机，不对数据进行差错检测，也不保证分组的接收顺序一定与发送方发送的顺序相同，也不会保证交付时限，甚至在传输的过程中，分组有可能丢失，这种服务只是"**尽最大努力交付**"，提供的是不可靠的数据交付服务，这种通信的可靠性由运输层负责。由此简化了路由器的工作，降低了网络的造价，网络运行方式也非常灵活，能够适应多种应用。互联网能够高速发展到今天，正是发挥了"无连接"的优势。但是随着网络应用的不断发展，这种不可靠的数据投递的缺点也越来越显现出来，比如在安全性方面，这也是在下一代互联网中需要解决的问题。

5.2 网络层协议

在 TCP/IP 体系结构中，**网际协议**（Internet Protocol，IP）是最主要的协议之一，也是最重要的互联网标准协议之一。

IP 的特点主要表现在以下几点：

1. IP 是一种无连接、不可靠的协议，它提供的是一种"尽力而为"的服务

①无连接意味着通信之前无须建立连接，IP 并不维护 IP 分组发送后的任何状态信息。每个分组的传输过程是相互独立的。

②不可靠意味着 IP 不能保证每个 IP 分组都能够正确、按序、不丢失地到达目的主机。

2. IP 是点-点的网络层通信协议

网络层需要在 Internet 中为通信的两个主机之间寻找一条路径，而这条路径通常是由多个路由器、点-点链路组成的。IP 要保证分组从一个路由器到另一个路由器，通过多条路径从源主机到达目的主机。因此，IP 是针对源主机-路由器、路由器-路由器、路由器-目的主机之间数据传输的点-点线路的网络层通信协议。

3. IP 屏蔽了互联的网络在数据链路层、物理层协议与实现技术上的差异

作为一个面向 Internet 的网络层协议，它必然要面对各种异构的网络和协议。在 IP 的设计中，设计者就充分考虑了这点。互联的网络可能是广域网，也可能是城域网或局域网，它们的物理层、数据链路层协议可能不同。通过 IP，网络层向运输层提供的是统一的 IP 分组，运输层不需要考虑互联网络在数据链路层、物理层协议实现技术上的差异，IP 使得异构网络的互联变得容易了。IP 对物理网络差异的屏蔽作用如图 5-1 所示。

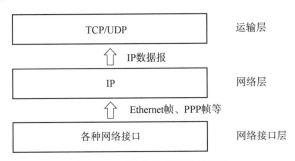

图 5-1 IP 屏蔽物理网络的差异

在网络层，与 IP 配套使用的还有三个协议：
①地址解析协议（Address Resolution Protocol，ARP）。
②网际控制报文协议（Internet Control Message Protocol，ICMP）。
③网际组管理协议（Internet Group Management Protocol，IGMP）。
早期还有一个协议叫作逆地址解析协议（Reverse Address Resolution Protocol，RARP），是和 ARP 配合使用的，但现在已被淘汰不使用了。
本章主要介绍 IP、ARP 和 ICMP。

5.3 IP 寻址

5.3.1 IP 地址

连接在 Internet 上的所有计算机，从大型机到微型计算机，都是以独立的身份出现的，统称为主机（host）。为了实现各主机间的通信，每台主机都必须有唯一的网络地址，这好比信件的住址一样，邮递员根据地址才能把信送到，而主机发送的信息好比邮件，它必须拥有唯一的地址，才不至于把信送错。

Internet 是由成千上万台主机互相连接而成的，要确认网络上的每一台主机，就需要有能唯一标识该主机的地址，网络层的地址称为 IP 地址，即 Internet 协议所使用的地址。在 Internet 网络中，IP 地址唯一地标识一台计算机。

目前，主流的 Internet 协议版本是 IPv4，其地址格式由 32 位（4 字节）的二进制数组成。本书中若无特别说明，IP 地址即指 IPv4 地址。为了便于记忆，将其分为 4 字节，每字节 8 位，由圆点分开，用 4 个十进制数来表示，每个十制数的范围是 0 ~ 255，如 210.27.80.4，这种书写方法称为点分十制表示法。

以下是 1 字节的 8 位二进制数转换成一个十进制数的方法：1 字节的最右位比特，或者称最低位比特对应值（或称为位权）为 2^0，其左边比特的位权为 2^1，向左依此类推，直至最左位比特，或者称最高位比特，其位权为 2^7。

所以，如果 1 字节的所有比特均为 1，那么十进制数等于 255，见表 5-1。

表 5-1　1 字节的二进制转换为十进制示例

二进制	1	1	1	1	1	1	1	1
各位数的值与位权相乘	2^7	2^6	2^5	2^4	2^3	2^2	2^1	2^0
	128	64	32	16	8	4	2	1
十进制	128+64+32+16+8+4+2+1＝255							

下面是 1 字节的二进制地址转换为十进制的例子，该例中并非所有比特均为 1，转换示例见表 5-2。

表 5-2　1 字节的二进制转换为十进制示例

二进制	1	1	0	0	1	0	1	0
各位数的值与位权相乘	27	26	0	0	23	0	21	0
	128	64	0	0	8	0	2	0
十进制	128+64+0+0+8+0+2+0＝202							

由表 5-1、表 5-2 可见，将二进制转换为十进制，只需将二进制的各位的数值与位权相乘，然后将相乘的结果相加即可。

【例 5-1】将二进制的 IP 地址 11000000 00001010 00000100 01000001 转换为十进制。

见表 5-3，将每字节的二进制分别转换为十进制，然后用圆点分隔，即得到十进制的 IP 地址。

表 5-3　二进制 IP 地址转换为十进制结果

二进制	11000000	00001010	00000100	01000001
十进制	192.	10.	4.	65

IP 地址现在由互联网名字和数字分配机构（Internet Corporation for Assigned Names and Numbers，ICANN）进行分配。

IP 地址的编址方法经过了三个历史阶段：

①分类的 IP 地址。这是最基本的编址方法，将 IP 地址划分为 A、B、C、D 和 E 共五类。

②子网的划分。这是对最基本的编址方法的改进，在各类 IP 地址网络地址保持不变的

情况下划分为若干个子网。

　　③**构成超网**。这是比较新的无分类编址方法。1993 年提出后很快就得到推广应用。

> 　　**需要注意的是**，今天大多数计算机网络使用的网际协议 IP 版本是第 4 版，称作 IPv4。IPv6 被认为是全球下一代互联网升级的必然趋势。但 IP 的其他版本却鲜有人知。协议自身开发和实验阶段会使用到版本 0~3。版本 5 被用来试验互联网的流协议。因特网流协议使用 IPv5 来封装它的数据报。IPv5 是一个 IP 层协议，其提供网络上的端到端保证服务。也就是说，其与 IP 在网络层兼容，并且被用来提供对于流服务的服务质量保证（QoS）。但由于开销问题，IPv5 未成为一个官方协议。

5.3.2　分类 IP 地址

　　为了支持不同大小规模的网络，设计者将 IP 地址空间分为 A、B、C、D、E 五个类别。每一类地址都由两个固定长度的字段组成，其中一个字段是网络标识，它标志主机（或路由器）所连接到的网络，简称网络号；而另一个字段则是主机标识，它标志该主机（或路由器）在本网络中编号，简称主机号。主机号在它前面的网络号所指明的网络范围内必须是唯一的。由此可见，一个 IP 地址在整个互联网范围内是唯一的。

　　为了区分五类 IP 地址，将网络号的最左边的 1~4 比特拿出来作为类别标识（注意：在实际应用中，往往把"类型"与"网络标识"看成一个整体）。图 5-2 给出了各类 IP 地址的网络号字段和主机号字段。

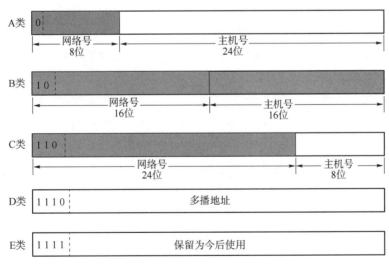

图 5-2　分类 IP 地址

1. A 类地址

　　该类地址主要用于世界上少数具有大量主机的网络，A 类网络数有限，仅仅有很少的国家和网络组织才可获取此类地址。

　　A 类地址中网络号占 1 字节，其中最高位为类别标识，固定为 0，剩余的 7 位用于网络号，最多可以有128个A类网络（2^7即128个网络地址组合），但实际上可分配的A类网络地址为126个，原因是：网络号字段全为0的IP地址是个保留地址，意思是"本网络"；网络号为127（即01111111）保留作为本地软件环回测试本主机的进程之间通信使用。

A类地址的主机号占3字节（即24位表示主机号），每个网络中可以有16 777 216（即2^{24}）个唯一主机标识。但实际可分配给主机使用的为$2^{24}-2$个地址，这里减2的原因是：全0的主机号表示该IP地址是这个主机所连接的网络的网络地址。例如，如果一个主机的IP地址是100.1.2.3，则这个主机所在的网络的网络地址为100.0.0.0。全1的主机号表示该网络上的所有主机，例如100.255.255.255表示100.0.0.0网络上的所有主机，这个地址只能作为目的地址来使用。

2. B类地址

此类地址主要用于规模中等的网络。B类地址用2字节表示网络号，用2字节表示主机号，其中网络号的最高两位固定为二进制的10，剩余的14位代表网络号，最多有16 384（即2^{14}）个网络地址组合。每个网络可以有65 536（即2^{16}）个唯一主机号（实际可用的地址为（$2^{16}-2$）个），减2的原因也是要扣除主机号全0和全1。

3. C类地址

主要用于网络数量众多，而在一个网络中主机数量较少的网络。C类地址中用3字节表示网络号，用1字节表示主机号。网络号的最高三位固定为二进制的110，剩余的21位代表网络号，最多有2 097 152（即2^{21}）个网络地址；主机号占8位，每个网络中可以有256（即2^8）个主机号（实际可用的地址为（2^8-2）个），减2的原因也是要扣除主机号全0和全1。

4. D类地址

此类地址是特殊地址，为IP多播地址，是用于与网络上多台主机同时进行通信的地址。D类地址的最高4位固定为二进制的1110，剩下的28位为多播地址，最多有268 435 456（即2^{28}）个多播地址。多播中不使用网络地址的概念，因为任何网络上的主机无论是否属于同一网络，均可接收多播。

5. E类地址

此类地址是特殊IP地址，为实验性地址，暂保留，以备将来使用。E类地址的最高4位的二进制数总为1111。

根据以上内容，可以得出表5-4所列的IP地址指派范围。

表5-4　IP地址的指派范围

网络类别	最大可指派的网络数	第一个可指派的网络号	最后一个可指派的网络号	每个网络中的最大主机数
A	126（2^7-2）	1	126	16 777 214
B	16 384（2^{14}）	128.0	191.255	65 534
C	2 097 152（2^{21}）	192.0.0	223.255.255	254

图 5-3 所示为 A、B、C 三类 IP 空间分布。A 类网络地址空间共有 2^{31} 个地址，占地址空间的 50%；B 类地址约为 2^{30} 个，占地址空间的 25%；C 类地址约为 2^{29} 个，占地址空间的 12.5%。

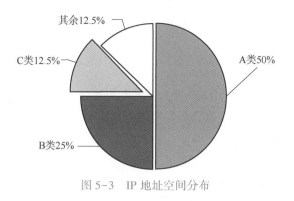

图 5-3　IP 地址空间分布

5.3.3　特殊 IP 地址

在 IP 地址中，有一些 IP 地址具有特殊用途，可分配的 IP 地址总数会进一步减少，下列地址具有特殊用途，不能分配给主机使用。

1. 网络地址

TCP/IP 网络中，每个网络都有一个网络地址，其主机号各位全为"0"。该地址用于标识网络，不能分配给主机，因此不能作为分组的源地址和目的地址。

2. 广播地址

TCP/IP 规定，主机号各位全为"1"的 IP 地址用于广播，称为广播地址。所谓广播，指同时向本网络或其他网络上所有的主机发送分组。广播地址分为如下两类：

（1）有限广播地址

广播地址包含一个有效的网络号，主机号各位全为"1"，称为直接广播地址。在 Internet 上的任何主机均可向其他任何网络进行直接广播，但直接广播的前提是必须要知道目的网络的网络号。

（2）直接广播地址

当需要在本网络内部广播，但又不知道本网络的网络号时，目的地址应如何填写呢？TCP/IP 规定，32 位地址全为"1"的 IP 地址（即 255.255.255.225）用于本网广播，该地址称为有限广播地址。目的地址为直接广播地址的分组各路由器均不会转发。

3. 本网络地址

TCP/IP 规定，网络号各位全为"0"的地址表示本网络。本网络地址分为两种：本网络特定主机地址和本网络本主机地址。

本网络特定主机地址是指网络号全为 0，而主机号各位不全为"0"的 IP 地址，这类 IP 地址只能作为目的地址，如表示 100.0.0.0 网络中 100.1.2.3 这台特定主机，地址可以表示为 0.1.2.3。本网络本主机地址是指网络号和主机号各位同时为"0"，即它的点分十进制表示为 0.0.0.0，它只能作为源地址。

4. 环回地址

环回地址是用于网络软件测试以及本机进程间通信的特殊地址。A类网络地址127被用作环回地址。通常采用127.0.0.1作为环回地址。例如：通常使用 ping 127.0.0.1 来测试主机 TCP/IP 是否能够正常工作。

5. 保留地址

因特网地址分配机构为私有网络保留了三组专用地址，任何私有网络内部都可以使用这些地址来进行 TCP/IP 网络通信。这三组保留地址如下：

A类：10.0.0.0~10.255.255.255

B类：172.16.0.0~172.31.255.255

C类：192.168.0.0~192.168.255.255

上面的保留地址分别相当于一个A类网络、16个连续的B类网络和256个连续的C类网络。

保留地址是专门供没有直接连接到因特网上的网络使用的，使用这些地址的网络并不能直接连接到因特网，但可以借助于代理服务器的网络地址转换（NAT）功能，来实现连接因特网。使用保留地址不仅可以节省大量的IP地址，缓解IP地址不足的问题，而且还能保证私有网络的安全。

表5-5总结了一般不使用的特殊地址，这些地址只能在特定的情况下使用。

表 5-5　一般不使用的特殊地址

网络号	主机号	源地址使用	目的地址使用	代表的含义
0	0	可以	不可	在本网络上的本主机
0	主机号	可以	不可	在本网络上的某台主机的主机号
全1	全1	不可	可以	直接广播地址。只在本网络上进行广播（各路由器均不转发）
网络号	全1	不可	可以	有限广播地址。对指定网络号上的所有主机进行广播
127	非全0或全1的任何数	可以	可以	环回测试地址。作本地软件环回测试之用

5.3.4　IP 地址与 MAC 地址

通过学习数据链路层我们知道，每台连入 Internet 的计算机都会安装一张网卡，网卡的地址叫作**物理地址**或 MAC 地址，通常也称其为硬件地址。局域网内的两台主机在进行一对一通信时，必须知道目的主机的硬件地址。在网络层，IP 是通过 IP 地址来标识网络中的主机的，这个 IP 地址也可以称作**逻辑地址**。图 5-4 说明了两种地址的区别。那么，IP 地址和硬件地址有什么关系呢?

通过图 5-4 可以看到，在发送数据时，IP 分组使用的是 IP 地址（包括源 IP 地址和目的 IP 地址），当交付给下层数据链路层时，数据链路层要在此基础上加上首部和尾部形成帧，再交给物理层进行转发。在帧的首部中使用的源地址和目的地址都是硬件地址。

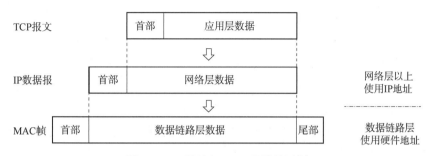

图 5-4　IP 地址与 MAC 地址的区别

两台处于不同网络中的主机 H1 和 H2 之间进行数据通信，从体系结构层次来看，数据的流动过程如图 5-5 所示。

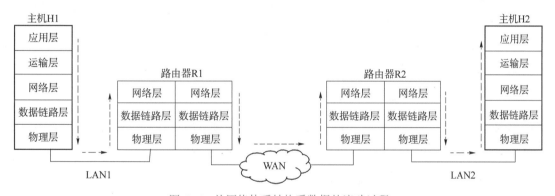

图 5-5　从网络体系结构看数据的流动过程

下面通过一个实例来看一下数据包中地址的变化。

如图 5-6 所示，两台主机 H1 和 H2 经过三个局域网通过两台路由器 R1 和 R2 互连起来。现在主机 1 要和主机 2 通信。这两台主机的 IP 地址分别为 IP1 和 IP2，它们的硬件地址分别为 HA1 和 HA2，中间路由器 R1 和 R2 的四个接口地址分别为 HA3、HA4、HA5、HA6。（说明：路由器是网络层的设备，相当于一个安装了多块网卡的计算机，每一个接口都会有一个 IP 地址和 MAC 地址。）

通过图 5-6 可以看到，主机 H1 发送的 IP 分组的源 IP 地址为 IP1（即自己的 IP 地址），目的 IP 地址为目的主机 H2 的 IP 地址即 IP2。当主机 H1 将 IP 分组交给自己的数据链路层以后，数据帧封装的源地址为主机 H1 的硬件地址 HA1，目的地址为路由器 R1 的一个接口的硬件地址 HA3。为什么目的硬件地址会是 HA3 而不是主机 H2 的硬件地址 HA2 呢？因为数据链路层的功能是实现相邻节点之间的无差错通信，因此，数据帧的目的地址应该是与自己相邻的节点路由器 R1 接口的硬件地址 HA3。

由此不难得出②③处数据帧的源和目的地址了。

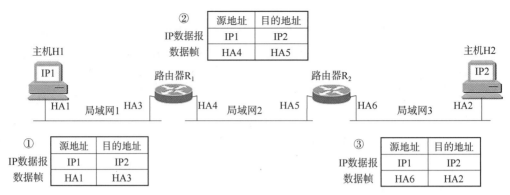

图 5-6 网络层和数据链路层地址的关系

这样很容易得到主机 H1 和主机 H2 通信过程中在不同层次、不同区间源地址和目的地址的变化情况。具体见表 5-6。

表 5-6 不同层次和区间的源地址和目的地址

区间	网络层		数据链路层	
	源地址	目的地址	源地址	目的地址
从 H1 到 R1	IP1	IP2	HA1	HA3
从 R1 到 R2	IP1	IP2	HA4	HA5
从 R2 到 H2	IP1	IP2	HA6	HA2

那么，当主机封装数据帧时，是如何获得相邻节点接口的物理地址的呢？这就需要用到另外一个非常重要的网络层协议——地址解析协议 ARP。

5.3.5 地址解析协议 ARP

地址解析协议（Address Resolution Protocol，ARP），用于实现当我们已知一个主机或路由器的 IP 地址时，负责将 IP 地址解析成对应的 MAC 地址。由于是 IP 使用了 ARP，因此通常就把 ARP 划归到网络层。但 ARP 的用途是从网络层使用的 IP 地址解析出在数据链路层使用的硬件地址，因此，有的教材把 ARP 划归到数据链路层。这样做当然也是可以的。

还有一个旧的协议叫作逆地址解析协议 RARP，它的作用是使只知道自己硬件地址的主机能够通过 RARP 找出其 IP 地址。由于现在的 DHCP 已经包含了 RARP 的功能，因此，本节不再介绍 RARP。

ARP 定义了**两种数据包：请求包和响应包**。下面介绍 ARP 的工作原理。

每一台主机都设有一个 ARP 高速缓存（ARP cache），里面有本局域网上的各主机和路由器的 IP 地址到硬件地址的映射关系，这些都是该主机目前已知的一些映射。那么主机怎样知道这些地址呢？我们可以通过下面的例子来说明。

如图 5-7 所示，当主机 A（IP 地址为 IP1，硬件地址为 HA1）要向本局域网上的某台主机 D（IP 地址为 IP4，硬件地址为 HA4）发送 IP 分组时，就先查看在其 ARP 高速缓存中有无主机 D 的 IP 地址。如有，就在 ARP 高速缓存中查出其对应的硬件地址，再把这个硬件地址写入 MAC 帧，然后通过局域网把该 MAC 帧发往此硬件地址。如果高速缓存找不到主机 D 对应的硬件地址，在这种情况下，主机 A 就自动运行 ARP（注意：ARP 是自动运行的），按以下步骤获取主机 D 的硬件地址。

①主机 A 的 ARP 进程在局域网上广播发送一个 ARP 请求包，ARP 请求包的主要内容是："我的 IP 地址是 IP1，硬件地址是 HA1。我想知道 IP 地址是 IP4 的主机的硬件地址，IP4 主机收到后请回答我。"如图 5-7 所示。

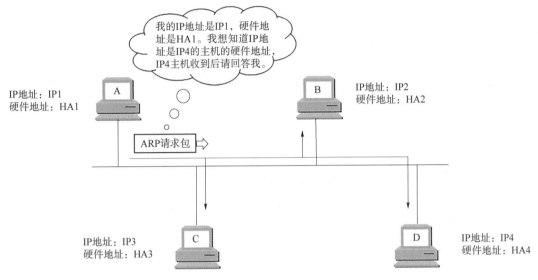

图 5-7　ARP 请求

②由于 ARP 请求包为广播包，因此，与主机 A 在同一个局域网的所有主机上运行的 ARP 进程都能收到此 ARP 请求包。

③每台主机收到 ARP 请求包以后，会检查 ARP 请求包中要查询的 IP 地址是否与自己的 IP 地址一致，如果不一致，就不会理睬 ARP 请求包；如果一致，就收下这个 ARP 请求包，然后会给主机 A 发回 ARP 响应包。在本例中，主机 D 的 IP 地址与 ARP 请求包中要查询的 IP 地址一致，就收下这个 ARP 请求包，并向主机 A 发送 ARP 响应包。在这个 ARP 响应包中，主机 D 会写入自己的硬件地址。这个 ARP 响应包的主要内容是："我的 IP 地址是 IP4，我的硬件地址是 HA4。"过程如图 5-8 所示。

这里要特别注意，虽然**ARP 请求包是以广播形式发送的**，但是**ARP 响应包是以单播形式发送的**。原因很简单，主机 D 收到的主机 A 发送的 ARP 请求包中，已经明确写明主机 A 的硬件地址了。

④主机 A 收到 ARP 响应包后，会将主机 D 的 IP 地址和硬件地址的映射关系写入高速缓存。以后主机 A 再给主机 D 发送数据，直接从高速缓存查询主机 D 的硬件地址就可以了。

ARP 高速缓存表里存储的每条记录实际上就是一个 IP 地址与 MAC 地址映射关系，它可以是静态的，也可以是动态的。如果是静态的，那么该条记录不能被 ARP 响应包修改；如果是动态的，那么该条记录可以被 ARP 响应包修改。关于 ARP 数据包结构及高速缓存表的操作，这里不展开介绍。

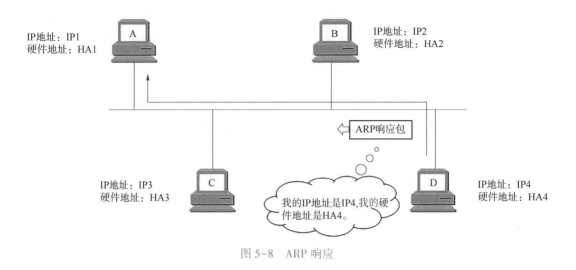

图 5-8　ARP 响应

5.3.6　IP 数据报首部格式

网络层 IP 的基本传送单位是 IP 数据报或分组，包括首部和数据两个部分。下面通过 Wireshark 软件捕获一个数据包，先来看看网络层 IP 数据报都有哪些字段。

打开抓包软件 Wireshark，启动捕获，然后访问任意一个网站，如访问北京理工大学出版社的网站 www. bitpress. com. cn。如图 5-9 所示，停止捕获后，选择其中一个数据包，展开 Internet Protocal Version 4，就能够看到 IP 首部的全部字段了。

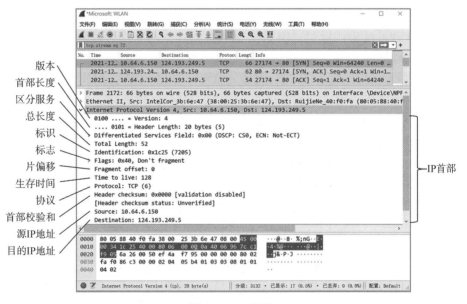

图 5-9　IP 首部

IP 数据报首部包含 20 字节的固定首部，还有长度可变的选项字段两个部分。下面就来介绍 IP 首部各个字段的含义。图 5-10 所示是 IP 数据报的完整格式。

版本：4 比特。对于 IPv4，版本号是 4。这个字段的作用是保证运行不同 IP 的设备间能

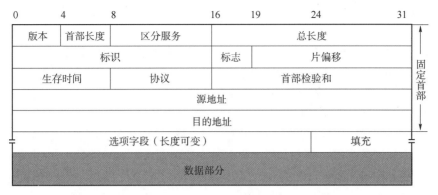

图 5-10　IP 数据报首部格式

够相互兼容。

首部长度：4 比特。首部长度指定了 IP 首部的长度，是占 32 比特字的数目，包括选项字段和填充长度。普通 IP 数据报（没有选项字段）字段值是 5，即 5 个 32 比特字，也就是 20 字节。

服务类型：8 比特。服务类型字段提供服务质量特征的相关信息，例如 IP 数据报优先交付等。当传输一个数据报通过一个特定网络时，这些参数用于指导真实服务参数的选择，也就是说，这些参数指定了需要哪些真实服务类型。

它包含一个 3 比特的优先权子字段（现在已被忽略）、4 比特 ToS 子字段和 1 比特未用位。4 比特 ToS 字段的可能取值见表 5-7。

表 5-7　ToS 字段取值及含义

取值	含义
1000	最小时延
0100	最大吞吐量
0010	最高可靠性
0001	最小费用

总长度：16 比特。总长度字段是指整个 IP 数据报的长度，以字节为单位。由于该字段长为 16 比特，所以，IP 数据报最长可达 65 535 字节，尽管大多数 IP 数据报会更短。

标识：16 比特。标识字段唯一地标识主机发送的每一个数据报。通常每发送一个报文，它的值就会加 1。一个报文的所有分片包含相同的标识字段值。这样，目的主机可以知道哪些分片属于某个数据报。

它是一个标识值，发送者分配它用于装配报文的分片，被接收者用来重组报文，以防意外地将不同报文的分片组合到一起。这个字段是有必要的，因为每个报文的分片可能不是按序到来，会与其他报文的分片混在一起。

标志：3 比特。这个字段用于分片，目前只有两位有意义。

标志字段的中间 1 个比特记为 DF（Don't Fragment）。只有当 DF=0 时，才允许分片。当 DF=1 时，意味着不分片，它要求路由器不要对报文分片，因为目的端无法将分片重组成完整报文。

标志字段的最低位记为 MF（More Fragment），意味着还有更多的分片。除了最后一个分片外，所有分片都有 MF 标志，即 MF = 1。如果想要知道是否报文的所有分片都已到达，MF 标志是必需的。

片偏移：13 比特。当报文发生了分片，这个字段指出分片中的数据相对于整个数据的偏移或位置。它被指定以 8 字节（64 比特）为单位。也就是说，每个分片的长度一定是 8 字节（64 比特）的整数倍。第一个分片的偏移是 0。

生存时间：8 比特。生存时间其英文缩写为 TTL（Time To Live），该字段设置了数据报在网络上的存活时间，最初用秒作为单位。IP 数据报每经过一个路由器，就会将 TTL 的值减去在该路由器上所消耗的时间，当 TTL 值减为 0 时，就丢弃这个 IP 数据报。后来随着技术的发展，路由器处理数据报的时间不断缩短，远远小于 1 s，因此，将该字段功能改为"跳数限制"。IP 数据报每经过一个路由器，其值就减 1。当该字段值为 0 时，数据报被丢弃。

协议：8 比特。协议字段指出此数据报携带的数据是使用何种协议，以便使目的主机的 IP 层知道应将数据部分上交给哪个协议进行处理。常用的一些协议和相应的字段值见表 5-8。

表 5-8　常用协议和相应的协议字段值

字段值（十进制）	协议名	字段值（十进制）	协议名
1	ICMP	17	UDP
2	IGMP	41	IPv6
6	TCP	89	OSPF

首部校验和：16 比特。首部校验和是根据 IP 首部计算的校验和码。它并不像 CRC 码那样复杂，CRC 码通常用于数据链路层技术，如以太网，而它只是 16 比特的校验和码。将整个首部看成是一串 16 比特的字（一个字是两字节），对首部中每个 16 比特进行二进制反码求和，校验和字段就是这样被计算出来的。它不对首部后面的数据进行计算，只对首部计算校验和，这样可以减少计算的工作量。数据报经历每一跳时，设备都会对数据报首部进行相同的计算校验和工作，如果计算校验和错误，就丢弃该报文。

源地址：32 比特。源地址是数据报发送者的 32 比特 IP 地址。

目的地址：32 比特。目的地址是数据报接收者的 32 比特 IP 地址。

选项：可变长度。选项字段用来支持排错、测量以及安全等措施。选项字段可能不会在数据报中出现，也可能在标准首部之后会包括一些选项类型中的一个或多个。

填充：可变长度。如果数据报包括了一个或多个选项，并且它们占用的比特数不是 32 的整数倍，首部就会被加入足够的比特数来填充到 32 比特（4 字节）的整数倍，这些比特的值设置为 0。

5.3.7　IPv4 数据报分片

在理想情况下，将整个数据报封装在一个数据帧中，可以使物理网络上的传送十分有效。为此，可以选择一个最大数据报长度，使其总能完整地放到一个帧中。但实际网络中，不同类型的物理网络对一个数据帧可传送的数据长度规定了不同的上限值，称为**网络最大传**

输单元 MTU。因此，IP 有时必须将数据报分片。当 IP 数据报被分片时，每一个 IP 数据报分片被看成一个单独的 IP 数据报。

下面通过一个例子来说明 IP 数据报是如何进行分片的。

【例 5-2】通过 ping 向同一个局域网（采用以太网）内的主机 192.168.168.100 发送 ICMP 报文（ICMP 利用网络层 IP 进行传送数据），ICMP 数据长度等于 3 000 字节，如图 5-11 所示。

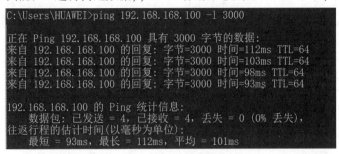

图 5-11　向主机发送长度为 3 000 的 ICMP 报文

由于 ICMP 请求包和响应包首部为 8 字节，而 ICMP 数据部分为 3 000 字节，所以网络层实际要传送的数据为 3 008 字节。因为局域网使用以太网，以太网的 MTU 值为 1 500 字节，而 IP 数据报的固定首部长度为 20 字节，故每个 IP 数据报的数据部分长度分别为 1 480 字节、1 480 字节、48 字节，所以 IP 数据报需要分为 3 片进行传送。每片的数据长度分别为 1 480 字节（0~1 479）、1 480 字节（1 480~2 959）、48 字节（2 960~3 007）。

片偏移每 8 字节为 1 个单位，故数据报分片 1 的片偏移为 0/8＝0，数据报分片 2 的片偏移为 1 480/8＝185，数据报分片 2 的片偏移为 2 960/8＝370。

根据以上分析，容易得出表 5-9 中的数据。

表 5-9　数据报分片结果

分片	总长度	数据部分长度	MF	片偏移
原始数据报	3 028	3 008	0	0
数据报分片 1	1 500	1 480	1	0
数据报分片 2	1 500	1 480	1	185
数据报分片 3	68	48	0	370

再来通过 Wireshark 看一下实际网络中的 IP 是如何来进行分片处理的。本例参考的数据包为 IP 数据报分片.pcapng。首先，通过图 5-11 所示命令向局域网中的一台主机（本例中为 192.168.168.100）发送一个数据长度为 3 000 字节的 ping 包。

在 Wireshark 中筛选出 4 个 ping 包。序号 26~28 是一个完整的 ICMP 请求包，序号 30~32 是一个完整的响应包。依此类推。本例中，意味着一个 ICMP 请求包分为 26、27、28 三片传输。捕获到的数据包如图 5-12 所示。

展开第一个 ICMP 请求包，详细内容如图 5-13 所示。从下面的 Flags 中 MF＝1 可以判定该数据包是分片数据包的一部分，这是一个被分片的数据包；从 IP 数据报长度为 1 500 字节且没有选项字段，可以判断该 IP 数据报的数据部分为 1 480 字节；因为片偏移＝0，可以推断这个分片从 0 字节开始，到 1 479 字节结束。

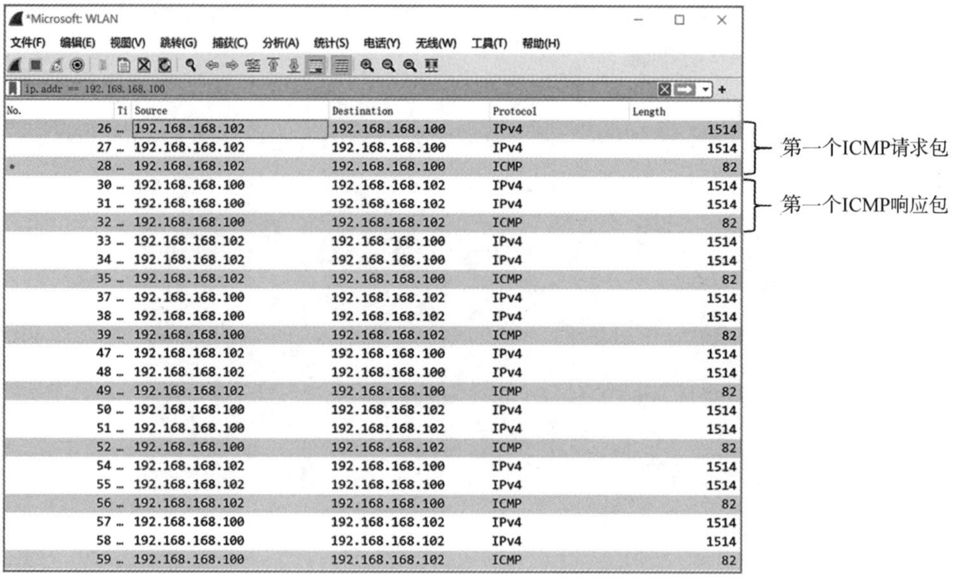

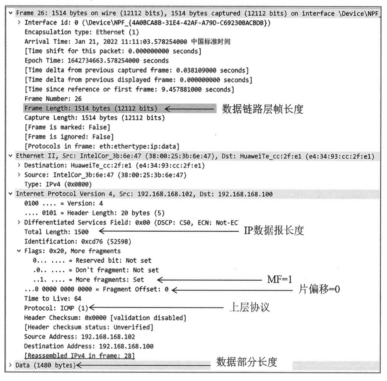

图 5-12　捕获到的 ICMP 请求包和响应包

图 5-13　第一个数据包

　　展开第二个 ICMP 请求包，详细内容如图 5-14 所示。从下面的 Flags 中 MF = 1 可以判定该数据包是分片数据包的一部分，这是一个被分片的数据包；从 IP 数据报长度为 1 500 字节且没有选项字段，可以判断该 IP 数据报的数据部分为 1 480 字节；因为片偏移 = 1 480，可以推断这个分片从 1 480 字节开始，到 2 959 字节结束。

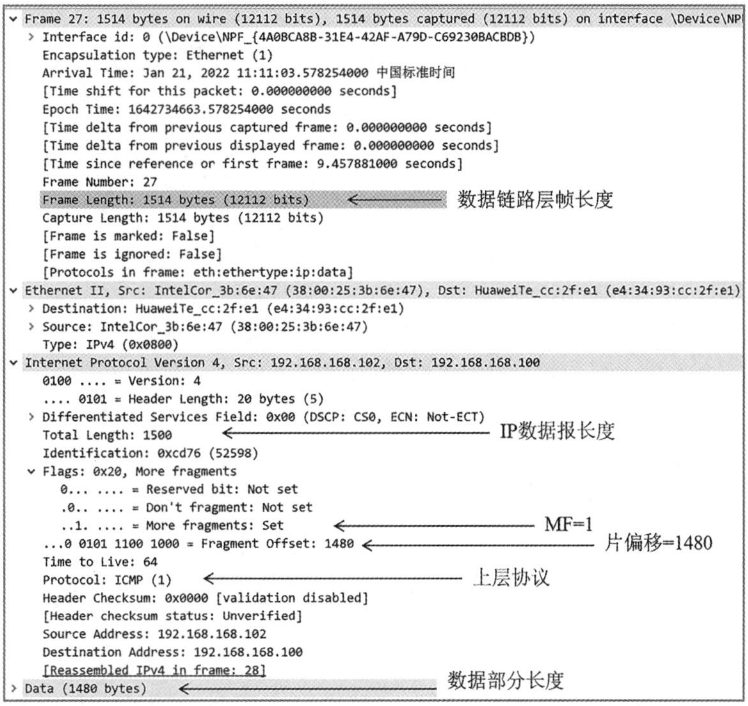

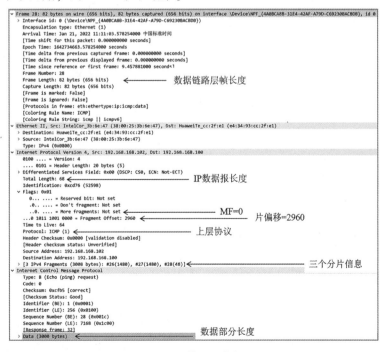

图 5-14　第二个数据包

展开第三个 ICMP 请求包，详细内容如图 5-15 所示。从下面的 Flags 中 MF = 0 可以判定该数据包是分片数据包中的最后一个；从片偏移 = 2 960 以及 IP 数据报长度为 68 且没有选项字段，可以判断该 IP 数据报的数据部分为 48 字节，由于片偏移为 370，所以数据报数据部分从 2 960 字节开始，到 3 007 字节结束。

图 5-15　第三个数据包

在接收端，需要对分片的 IP 数据报进行**重新组装**。重新组装有两种方法：一种方法在通过一个网络后就将分片的数据报重组；另一种方法是在分片到达目的主机后由主机重组。一般来说，后者较好，它允许对每一个数据报分片独立地进行路由选择，并且不要求路由器对分片存储或重组。

5.3.8 子网划分

整个 IP 地址空间按网络号和主机号划分，意味着 IP 寻址的层次结构，为了到达 Internet 上的某一个主机，首先需利用 IP 地址的网络号找到对应的网络，然后再根据 IP 地址的主机号找到网络上的主机。也就是说，A、B、C 三类 IP 地址结构都被设计成了两级层次结构，如图 5-16 所示。

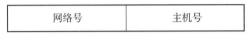

图 5-16 IP 的两级层次结构

但是这种层次结构在很多情况下是不够的。例如：一个单位申请到一个 B 类地址，该网络可以容纳 65 534 台主机，该单位又没有这么多需要联网的设备，那么就出现网络地址浪费问题；同时，即便有如此多的设备，要把这么多的设备放在同一个网络内管理也是非常复杂的。因此，人们提出将网络再进一步划分为若干子网络，所以引入了子网的概念。

1. 子网概念

无论是 A 类、B 类还是 C 类网络，为了方便网络管理和能够合理使用 IP 地址，可以将其进一步进行划分，划分为若干个规模更小的网络，称为子网。

子网划分方法是在最初的 IP 地址分类编址基础上，将 IP 地址的主机号划分为两部分，其中前一个部分用于子网号（标识子网），后一个部分作为主机号（标识子网中的主机），形成新的有网络号、子网号、主机号的三层 IP 地址结构。带子网标识的 IP 地址结构如图 5-17 所示。

图 5-17 子网划分后 IP 地址结构

划分子网后，IP 地址由三部分组成：网络号、子网号和主机号。这样，原来两级的 IP 地址结构变成了三级地址结构。由于"网络号+子网号"可以唯一标识一个子网，因此，将这两部分结合起来再加上全为"0"的主机号称为子网地址。

2. 子网掩码

划分子网以后，单纯给我们一个 IP 地址，没有办法直接判断这个主机所在的子网地址是多少。可以借助另一个 32 比特二进制串来实现，该 32 位比特串称为**子网掩码**（subnet mask），又叫网络掩码、地址掩码，是与 IP 地址结合使用的一种技术。它的主要作用是屏蔽 IP 地址的一部分，以区别网络标识和主机标识。子网掩码不能单独存在，它必须结合 IP 地址一起使用。

子网掩码是一个 32 位的二进制数据，它可以反映出 IP 地址中哪些位对应网络号和子网号、哪些位对应主机号。子网掩码指定了子网号和主机号的分界点，子网掩码中对应网络号和子网号的所有位都被置为 "1"，而对应主机号的所有位都被置为 "0"。为方便表示子网掩码，通常采用如下两种方法：

①**点分十进制表示法**。点分十进制表示法既可以用于表示 IP 地址，也可用于表示子网掩码。例如，255.255.192.0 就是子网掩码 "11111111 11111111 11000000 00000000" 用点分十进制表示法的形式。这也是最常用的子网掩表示方法。

②**说明子网掩码中 "1" 的位数来表示子网掩码**。这种方法比较简练，它是在 IP 地址的后面写上子网掩码中 "1" 的位数。因为子网掩码中 "1" 通常都是连续的，且一定出现在左侧，所以不会造成混乱，如 202.117.186.13/26 就表示 IP 地址是 202.117.186.13，子网掩码中 "1" 的位数是 26 位，即 255.255.255.192。

每类 IP 地址都有一个标准的子网掩码，或者说是**缺省（默认的）子网掩码**。A 类地址的标准子网掩码是 255.0.0.0，B 类地址的标准子网掩码是 255.255.0.0，C 类地址的标准子网掩码是 255.255.255.0。

图 5-18 所示是这三类 IP 地址的网络地址和相应的默认子网掩码的二进制和点分十进制形式。

A类网络地址	网络号	主机号全为0		
默认子网掩码（二进制）	11111111	00000000	00000000	00000000
默认子网掩码（点分十进制）	255.	0.	0.	0.
B类网络地址	网络号		主机号全为0	
默认子网掩码（二进制）	11111111	11111111	00000000	00000000
默认子网掩码（点分十进制）	255.	255.	0.	0.
C类网络地址	网络号			主机号全为0
默认子网掩码（二进制）	11111111	11111111	11111111	00000000
默认子网掩码（点分十进制）	255.	255.	255.	0

图 5-18　A、B、C 三类 IP 地址的默认子网掩码

对于一个分类的 IP 地址，在没有划分子网的情况下，很容易根据子网掩码的信息获知其网络地址、主机地址。

对于划分子网的情况下，如何获知子网地址呢？下面结合一个例子来进行说明。

【例5-3】某主机的IP地址是65.128.0.1，子网掩码是255.255.128.0，求子网地址。

方法1：

将IP地址和子网掩码分别写成二进制：

IP地址：01000001 10000000 00000000 00000001

子网掩码：11111111 11111111 10000000 00000000

根据子网掩码，很容易地知道，子网掩码中"1"的个数为17，因此，IP地址前17位即表示子网地址，后15位表示主机地址。将15位主机地址全部置为"0"，即得到子网地址，如图5-19所示。

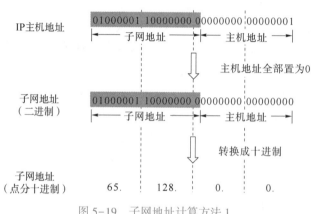

图5-19 子网地址计算方法1

方法2：

获得子网地址也可以将子网掩码和IP地址按位进行"与（AND）"运算。运算过程如图5-20所示。

```
        01000001   10000000   00000000   00000001    65.128.0.1
AND     11111111   11111111   10000000   00000000    255.255.128.0
        01000001   10000000   00000000   00000000    65.128.0.0
```

图5-20 子网地址计算方法2

以上两种方法都可以很容易地获得主机的子网地址。

3. 子网划分

划分子网的主要工作是要确定子网掩码，以便决定要从主机号中分出多少位来表示子网号。子网号所占的位数取决于所需子网的数量和子网的规模。子网划分步骤如下：

（1）确定划分子网后子网号所占的位数

由于子网号是从主机号中借用的位数，因此，要决定应该从主机号中借多少位。假定划分子网数为N，从主机号中借用的位数为n，那么，n应该满足如下关系：$2^n \geq N$。例如，划分子网数为3，那么n的取值最小应该为2。

注意：虽然根据互联网标准的 RFC950 文档，子网号不能为全"0"或全"1"，但随着分类域间路由选择 CIDR 的广泛应用（在 5.3.10 节讨论），现在全"0"和全"1"的子网号也可以使用了。但一定要谨慎使用，确定设备是否支持全"0"或全"1"的子网号的用法。

（2）确定子网掩码

将网络地址的标准子网掩码中"1"的个数加上 n，就是将此网络子网划分后子网掩码中"1"的位数。例如，将一个 A 类网络地址划分为 6 个子网，则 $n=3$，由于 A 类网络地址的标准掩码是"255.0.0.0"，其中"1"的个数是 8，那么划分子网后，子网掩码中"1"的位数就是"8+3"，共 11 位。将其转换为点分十进制表示，即"255.224.0.0"。同样，如果将一个 C 类地址划分为 3 个子网，则子网掩码为"255.255.255.224"。

（3）确定每个子网地址中 IP 地址范围

根据子网号计算出子网地址，并依据每个子网的主机号得到每个子网中 IP 地址的最小值和最大值，从而得到每个子网的地址范围。

【例 5-5】某单位申请到了一个 C 类 IP 地址 202.117.179.0，现要将其划分为 4 个子网，请确定子网掩码，并计算每个子网的可用 IP 地址范围。

计算步骤：

①确定划分子网后子网号所占的位数。$N=4$，根据公式 $2^n \geq N$，所以 n 最小取值为 2。

②确定子网掩码。单位申请到的为 C 类 IP 地址，默认子网掩码为 255.255.255.0，子网掩码中"1"的位数是 24 位，子网号占 2 位，因此，子网掩码中 1 的个数为"24+2"位，即 26 位，用十进制表示为 255.255.255.192。

③确定每个子网地址中 IP 地址范围。由于需要从主机号高位"借"出 2 位用于子网号，则子网号分别为 00、01、10、11，剩余 6 位用于主机号。而当主机号为"0"的地址表示网络地址时，4 个子网的子网地址见表 5-10，各子网可用 IP 地址范围见表 5-11。

表 5-10　各子网的子网地址

子网号	二进制地址	十进制地址
子网 0	11001010 01110101 10110011 00000000	202.117.179.0
子网 1	11001010 01110101 10110011 01000000	202.117.179.64
子网 2	11001010 01110101 10110011 10000000	202.117.179.128
子网 3	11001010 01110101 10110011 11000000	202.117.179.192

表 5-11　子网的地址范围

子网号	子网地址	可用 IP 地址范围	广播地址
子网 0	202.117.179.0	202.117.179.1~202.117.179.62	202.117.179.63
子网 1	202.117.179.64	202.117.179.65~202.117.179.126	202.117.179.127
子网 2	202.117.179.128	202.117.179.129~202.117.179.190	202.117.179.191
子网 3	202.117.179.192	202.117.179.193~202.117.179.254	202.117.179.255

5.3.9 分组转发流程

实现不同网络之间的通信，必须借助一个非常重要的网络层设备——路由器。路由器根据收到的 IP 数据报中的目的地址来查找路由表，从而决定如何去转发 IP 数据报。下面通过一个简单的例子来说明在没有划分子网和划分子网两种情况下，IP 分组的转发流程。

1. 没有划分子网的情况

对于一个给定的 IP 地址，在没有划分子网的情况下，根据 IP 地址类别很容易判断出主机所在网络的网络地址。例如，IP 地址 220.1.128.1，由于地址是 C 类地址，因此，这个主机所在网络的地址为 220.1.128.0。

图 5-21 是一个三个 A 类网络互联的例子。对于 A 类网络，能够容纳的主机数量是上千万台，如果路由表按照主机地址来进行组织，那么每一台路由器的路由表将会非常庞大，因此，**路由表通常按照网络地址来进行组织**。这样，图 5-21 中的每台路由器只需要维护 3 条记录就可以了。对于每一条记录，包括"目的网络地址"和"下一跳地址/接口"两个重要信息。其中，"目的网络地址"是 IP 数据报中"目的 IP 地址"所在的网络的地址，"下一跳地址/接口"告诉路由器应该如何转发 IP 数据报到目的网络。例如，对于目的地址为 22.0.0.1 的 IP 数据报到达路由器 R1 时，首先路由器提取出目的 IP 地址 22.0.0.1，根据这个 IP 地址可以判断出该 IP 地址为 A 类地址，因此该主机所在的网络地址为 22.0.0.0，进而根据网络地址查找路由表，最后通过下一跳地址 12.0.0.2/接口 1 进行转发。

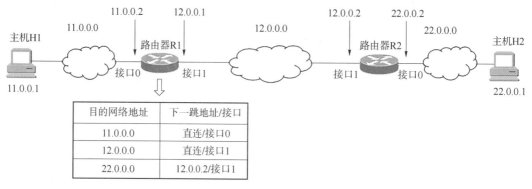

图 5-21　路由表举例

虽然在互联网中，IP 数据报都是基于目的主机所在的网络来进行转发的，但有的时候会有这样的特例，允许在路由表中添加去往某一台特定主机的路由。把这样的路由称为"**特定主机路由**"。这种路由通常用于网络管理人员更方便地控制网络或测试网络，同时，有时也会出于某种安全问题的考虑而采用这种路由。

当然，在互联网中，要让每一台路由器记录下所有网络的路由信息也不现实，因此常常会使用**默认路由**。默认路由是一条可以指导所有 IP 数据报进行转发的路由。当路由表中去往目的网络的路由以及特定主机路由都无法指导 IP 数据报进行转发时，就会按照默认路由来进行转发。下面通过一个实例来看一下默认路由的应用。

图 5-22 所示为某公司网络的拓扑图，该公司只有一条出口，因此在路由器 R1 上只配

置一条默认路由就可以解决公司内部网络访问外网的需求。

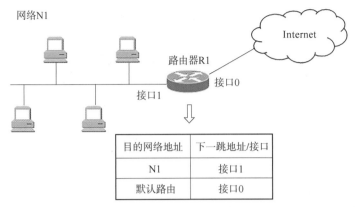

图 5-22　默认路由举例

分组转发算法可以总结为如下几个步骤：

①从 IP 数据报中提取目的主机的 IP 地址，并得到网络地址 N。

②如果目的网络地址 N 是路由器的直连网络，则直接交付；否则，就转到步骤③。

③若路由表中存在去往目的主机的特定主机路由，则按照路由表中特定主机路由的下一跳地址/接口进行转发；否则，转到步骤④。

④如果路由表中有去往目的网络 N 的路由，则按照路由表中的下一跳地址/接口进行转发；否则，转到⑤。

⑤如果路由表中有一条默认路由，则 IP 数据报按照默认路由的下一跳地址/接口进行转发；否则执行⑥。

⑥报告 IP 数据报转发出错。

下面分析一下图 5-20 中主机 H1 给主机 H2 发送数据时，路由器 R1 的处理流程。

①当路由器 R1 收到数据报后，从数据报中提取出目的地址 22.0.0.1，得到目的主机的网络地址 22.0.0.0。

②查找路由表，发现 22.0.0.2 不是路由器 R1 的直连网络，转到步骤③。

③查找路由表，发现路由表中不存在去往目的主机 22.0.0.2 的特定主机路由，转到步骤④。

④查找路由表，路由表中存在去往目的网络 22.0.0.0 的路由，按照路由表中的下一跳地址 12.0.0.2 进行转发。

至此，整个分组转发处理流程结束。

2. 划分子网的情况

采用划分子网技术以后，路由器根据 IP 数据报中的目的地址无法直接判断是否划分了子网，也无法判断目的主机所在子网的子网地址，为此，路由表的结构需要做出调整。路由表必须包含如下三项内容：目的网络地址，子网掩码，下一跳地址/接口。图 5-23 是一个路由表的示例。

在划分子网的情况下，路由器收到数据报后转发分组的流程如下：

①从收到的数据报的首部提取目的 IP 地址 D。

②判断该 IP 数据报是否能够直接交付。将目的地址 D 与路由器直接连接的网络的子网

目的网络地址	子网掩码	下一跳地址/接口
12.64.0.0	255.255.0.0	接口1
12.128.0.0	255.255.0.0	接口2
12.192.0.0	255.255.0.0	R2
0.0.0.0	0.0.0.0	接口0

图 5-23　划分子网后的路由表示例

掩码逐个做"与"的运算，如果结果与直连网络的网络地址相同，则直接交付；否则，要进行间接交付，转到步骤③。

③若路由表中存在去往目的主机的特定主机路由，则按照路由表中特定主机路由的下一跳地址/接口进行转发；否则，转到步骤④。

④将路由表中的每一条去往网络的路由所对应的子网掩码与目的地址 D 逐个做"与"的运算，如果结果与子网掩码所对应的网络地址相同，则按照路由表中的下一跳地址/接口进行转发；否则，转到⑤。

⑤如果路由表中存在默认路由，则 IP 数据报按照默认路由的下一跳地址/接口进行转发；否则执行⑥。

⑥报告 IP 数据报转发出错。

下面依然通过一个实例来说明划分子网以后分组转发的过程，如图 5-24 所示。

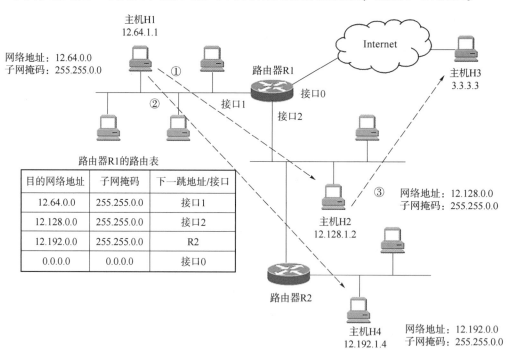

图 5-24　划分子网情况下的分组转发流程

在图 5-23 中发生了三次通信。第 1 次：主机 H1 向主机 H2 发送数据；第 2 次：主机 H1 向主机 H4 发送数据；第 3 次，主机 H2 向互联网中的主机 H3 发送数据。

第 1 次通信：主机 H1 向主机 H2 发送数据，主机 H1 将主机 H2 的 IP 地址与自己主机的子网掩码做"与"的运算，得到网络地址 12.128.0.0，发现主机 H2 与自己并不在同一个网络，于是将 IP 数据报交给本网络的默认路由器 R1 进行处理。R1 收到 IP 数据报后，提取出目的地址 12.128.1.2，将该地址与直接连接的网络的子网掩码逐个做"与"的运算，发现主机 2 连接在自己的接口 2 所在的网络，于是通过接口 2 直接交付。

　　第 2 次通信：主机 H1 向主机 H4 发送数据，主机 H1 将主机 H4 的 IP 地址与自己的子网掩码做"与"的运算，得到网络地址 12.192.0.0，发现主机 H4 与自己并不在同一个网络，于是将 IP 数据报交给路由器 R1 进行处理。R1 收到 IP 数据报后，提取出目的地址 12.192.1.4，将该地址与直接连接的网络的子网掩码逐个做"与"的运算，发现主机 H4 不是直连网络中的主机，无法直接交付。于是查找路由表，查看是否存在去往 12.192.1.4 的特定主机路由，发现没有。于是查找是否有去往 12.192.0.0 的路由，发现与第三条路由匹配，于是按照第三条路由指示的下一跳地址将 IP 数据报转发给路由器 R2。

　　第 3 次通信：主机 H2 向互联网主机 H3 发送数据，主机 H2 将主机 H3 的 IP 地址与自己的子网掩码做"与"的运算，得到网络地址 3.3.0.0，发现与自己并不在同一个网络，于是将 IP 数据报交给路由器 R1 进行处理。R1 收到 IP 数据报后，提取出目的地址 3.3.3.3，将该地址与直接连接的网络的子网掩码逐个做"与"的运算，发现主机 H3 不是直连网络中的主机，无法直接交付。于是查找路由表，查看是否存在去往 3.3.3.3 的特定主机路由，发现也没有。于是查找是否有去往网络 3.3.0.0 的路由，发现也不存在。最后查看路由表中是否存在默认路由，发现有，于是按照默认路由的下一跳地址所指示的下一跳地址进行转发。

　　我们注意到，默认路由在表示时，网络地址为 0.0.0.0，子网掩码是 0.0.0.0。为什么会是这样呢？其实原因也很简单，任何一个 IP 地址与子网掩码 0.0.0.0 相"与"之后得到的网络地址都是 0.0.0.0。所以，默认路由其实是能够与任何一个 IP 地址相匹配的一条路由。因为它各部分全部为 0，有时也称默认路由为全"0"路由。

5.3.10　超网与无类域间路由

　　随着互联网的快速发展，互联网面临的许多问题也越来越清晰。这些问题包括：

　　（1）B 类地址缺乏

　　20 世纪 90 年代，互联网迅速发展起来，用户猛增。B 类地址在 1992 年已分配了一半，马上就面临全部分配完毕。因为一些单位需要 254 个以上的 IP 地址，一个 C 类地址不足以满足实际网络的需求，因此，直接申请 B 类地址，将多余的地址用于以后慢慢使用。然而，一个 B 类地址包含 65 534 个 IP 地址，很少的组织会拥有上万台主机，会造成很大的浪费。显然，互联网的地址分配方式是不切实际的。

　　（2）路由表信息过载

　　随着互联网的发展，路由表增长速度也越来越快，互联网主干路由器的路由表中的项目数急剧增长，从几千个增长到几万个。1990 年 12 月，路由器的数量是 2 190 台，而两年之后数量是 8 500 多台。1995 年 7 月，路由器的数量是 29 000 台，每台路由器需要 10 MB 空间来维护路由信息。

　　（3）IP 地址最终面临枯竭

　　整个 IPv4 的地址空间是有限的，最终将全部耗尽。在 2011 年 2 月 3 日，IANA 宣布

IPv4 地址已经耗尽了。

无分类域间路由选择（Classless InterDomain Routing，CIDR）的提出是为了解决前两个问题，CIDR 定义了一种方法，该方法可以减慢路由表的增长，减少分配新 IP 网络地址的需要。但它也无法从根本上解决 IP 地址枯竭的问题。20 世纪 90 年代，CIDR 作为互联网上一种新的编址方案和路由替代方案得到了发展。

CIDR 不再使用 A、B、C 类网络地址的概念（因此称其为"无类别"），并且使用"**网络前缀**"的概念。它使用"网络前缀"替代 IP 地址中的网络号，用来指明网络，剩下的部分依然是主机号。

CIDR 支持任意大小的网络，采用**两级** IP 地址结构，结构如图 5-25 所示。因此，CIDR 由原来的"网络号+子网号+主机号"三级 IP 地址结构，又回到了两级 IP 地址结构：网络前缀+主机号。

网络前缀	主机号

图 5-25　CIDR 二级地址结构

CIDR 使用斜线记法，即在 IP 地址后面加上斜线"**/**"，然后写上网络前缀的位数。例如：220.128.168.10/25。斜线后边的"25"表示的是 IP 地址 220.128.168.10 前 25 位表示网络前缀，后 7 位表示主机号。

CIDR 斜线记法不仅表示一个 IP 地址，告诉我们前缀的长度，同时可以获得网络地址、主机号、最小地址和最大地址等很多有用的信息。例如：220.128.168.10/25，不仅表示 IP 地址是 220.128.168.10，同时表示这个 IP 地址的前 25 位表示网络前缀，后 7 位表示主机号，进而能够求得主机的网络地址是 220.128.168.0。通过计算，也不难得到，这个地址块的最小地址是 220.128.168.0，最大地址是 220.128.168.127。

CIDR 还有一些简便的记法。例如：10.0.0.0/10 可简写为 10/10，也就是把点分十进制中低位连续的"0"省略。也可以采用在网络前缀的后面加一个星号 * 的表示方法，如 00001010 00 *，在星号"*"之前是网络前缀，而星号 * 表示 IP 地址中的主机号，可以是任意值。

CIDR 把网络前缀都相同的连续的 IP 地址组成"**CIDR 地址块**"。

由于一个大 CIDR 地址块中包含很多小的地址块，所以，在路由表中就利用一个大的 CIDR 地址块代替很多小的地址块。这种地址的聚合称为**路由聚合**。路由聚合也被称为**构造超网**。超网的意思就是把很多前缀相同的网络地址聚合到一起。

如果几个 IP 网络是连续的，我们可以使用一个超网。如果 IP 网络不是连续的，我们就无法使用一个超网。

下面通过一个例子说明如何进行路由聚合。

【例 5-5】 将如下 4 个/24 地址块进行最大可能的聚合。

200.56.132.0/24

200.56.133.0/24

200.56.134.0/24

200.56.135.0/24

路由聚合是将多个前缀相同的网络地址聚合到一起。通过观察以上四个地址，发现四个地址的前两个点分十进制均为 200.56，但第 3 个点分十进制很难看出是否存在公共的网络前缀，最好的办法是转换成二进制。如图 5-26 所示。

转换之后，发现公共的网络前缀为前 22 位，把主机号部分全部置为 0，即得到聚合之后的地址 200.56.132.0/22。这里要特别注意，聚合之后的前缀长度变成了 22。

通过以上例子可以看到，聚合之后的前缀长度变短了，由/24 变成了/22。随着前缀长度变短，我们也发现，聚合后的地址块的地址空间变大了，里边包含了 4 个前缀长度为/24 的地址块。这也就意味着，如果在路由表里边出现了 4 条/24 的路由（表 5-12），可以将其聚合为 1 条（表 5-13），这样也就起到了压缩路由表的目的。

132	1000 0100
133	1000 0100
134	1000 0110
135	1000 0111
132	1000 0100

图 5-26　路由聚合求公共网络前缀

表 5-12　聚合前路由表

目的网络地址/前缀长度	下一跳地址
200.56.132.0/24	接口 0
200.56.132.0/22	接口 0
200.56.133.0/24	接口 0
200.56.134.0/24	接口 0

表 5-13　聚合后路由表

目的网络地址/前缀长度	下一跳地址
200.56.135.0/24	接口 0

下面通过一个实例来说明 CIDR 如何来分配地址块。

【例 5-6】　如图 5-27 所示，该图为某公司的网络拓扑。假定某 ISP 拥有的地址块是 217.64.0.0/15，这个地址块相当于 512 个 C 类网络。现在，该公司申请 4 000 个地址，ISP 分配给该公司的地址块为 217.64.128.0/20。该公司根据需要，将网络内部划分为 4 个子网，4 个子网需求的地址数量分别为 2 000 个、500 个、500 个和 1 000 个。请给出各子网的地址分配方案。

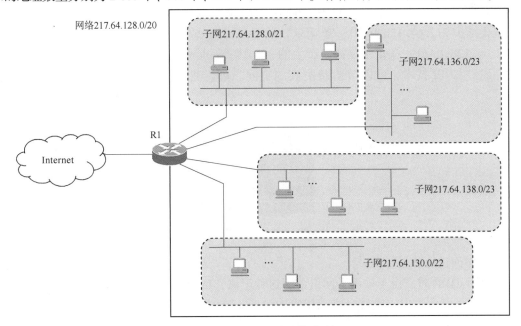

图 5-27　CIDR 地址块分配

根据各子网的地址需求,一种地址分配方案为:每个子网的地址分别为217.64.128.0/21、217.64.136.0/23、217.64.138.0/23和217.64.140.0/22。该地址分配方案见表5-14。

表5-14 地址分配方案

单位	地址块	地址数
ISP	217.64.0.0/15	2^{17}个地址,相当于2^9个C类地址空间
公司	217.64.128.0/20	2^{12}个地址,4 096个地址
子网1	217.64.128.0/21	2^{11}个地址,2 048个地址
子网2	217.64.136.0/23	2^9个地址,512个地址
子网3	217.64.138.0/23	2^9个地址,512个地址
子网4	217.64.140.0/22	2^{10}个地址,1 024个地址

下面分析三个问题。

(1)ISP如何确定公司的地址块前缀长度

采用CIDR技术后,IP地址已经没有类别的区分。当申请地址块时,ISP根据公司IP地址数量的需求,计算出地址块中主机号的位数。如:该公司需要4 000个地址,那么,主机号至少需要12位。道理很简单,如果11位作为主机号,那么IP地址数量是2^{11}个,即2 048个地址,无法满足公司需求;如果12位作为主机号,那么IP地址数量是2^{12}个,即4 096个地址,可以满足公司的需求。公司需要的主机号占12位,显然,公司的地址块前缀长度为20位。公司内部各子网地址分配也是同理。

(2)通过CIDR技术如何节约路由表空间

ISP拥有2^{17}个地址,相当于2^9个C类地址空间,在没有采用CIDR时,如果要与这2^9个C类网络通信,路由表里需要维护2^9个路由信息记录,每一条路由信息对应一个C类网络。采用CIDR后,只需要一条记录即217.64.0.0/15就可以找到该ISP。同理,在ISP路由器上只需要维护217.64.128.0/20一条记录,就可以找到公司的路由器。那么,ISP路由器上的217.64.128.0/20一条记录是如何产生的呢?其实就是公司的四个子网聚合之后的结果。因此,通过CIDR技术,可以节约路由表的空间。可以通过图5-28方便地看出这种聚合关系。

217.64.128.0/21 11011001 01000000 10000000 00000000
217.64.136.0/23 11011001 01000000 10001000 00000000
217.64.138.0/23 11011001 01000000 10001010 00000000
217.64.140.0/22 11011001 01000000 10001100 00000000
217.64.128.0/20 11011001 01000000 10000000 00000000

图5-28 路由聚合

(3)如何进行分组转发

在使用CIDR时,由于采用了网络前缀这种记法,IP地址由网络前缀和主机号这两部分组成,因此,路由表中的项目也要有相应的改变。这时每个项目由"网络前缀"和"下一跳地址"组成。但是在查找路由表时可能会得到不止一个匹配结果。这样就带来一个问题：我们应当从这些匹配结果中选择哪一条路由呢？

假设在某路由器的路由表见表 5-15。

表 5-15　路由表

网络前缀	下一跳地址/接口
217.64.128.0/20	R1
217.64.136.0/23	R0

现在该路由器收到一个目的地址是 217.64.137.1 的 IP 数据报，我们来分析路由器的处理流程。

首先，路由器将目的地址 217.64.137.1 与两条路由的网络前缀做"与"的运算，结果如下：

217.64.137.1 与/20 做"与"运算后的结果为 217.64.128.0，匹配

217.64.137.1 与/23 做"与"运算后的结果为 217.64.136.0，匹配

也就是说，该目的地址与两条路由都匹配，那么，路由器应该如何进行转发分组呢？

答案是：应当从匹配结果中选择具有最长网络前缀的路由，这叫作**最长前缀匹配**（longest-prefix matching）。这是因为网络前缀越长，其地址块就越小，因而路由就越具体。最长前缀匹配又称为最长匹配或最佳匹配。

5.4　IPv6

5.4.1　IPv6 的提出

IPv4 设计于 20 世纪 80 年代初，并且以后没有发生任何主要的改变。在设计 IPv4 时，互联网还仅限用于美国国防部和一些大学。当时 2^{32} 地址空间被认为足够大。但随着互联网的迅速发展，以及物联网等新技术的出现，IPv4 面临越来越多的问题。下面是两个主要观点，对 IPv6 的出现起到了重要的作用。

①互联网呈指数性增长，IPv4 在 2011 年 2 月已经耗尽，ISP 已经不能再申请到新的 IP 地址块了。因此需要一个协议来满足未来互联网地址的需求，该需求以不可预期的方式增长。

②IPv4 本身没有提供安全特性。IPv4 是不安全的，数据在发送到互联网之前，不得不经过一些安全性应用的加密。

我国在 2014 年至 2015 年也逐步停止了向新用户和应用分配 IPv4 地址，同时全面开始 IPv6 商用部署。

5.4.2 IPv6 的特征

IPv6 并不是为了以后与 IPv4 兼容而设计的，它是完全重新设计的，具有以下特征：

1. 更大的地址空间

与 IPv4 相比，IPv6 具有更大的地址空间，从 IPv4 的 32 位增加到 128 位，使地址空间增大了 2^{96} 倍，IPv6 可以满足为世界上所有设备分配地址的需求，并在可预见的将来是不会用完的。

2. 简化的首部

IPv6 的首部已经被简化，将所有不必要的信息和选项（IPv4 首部中存在的）放到 IPv6 首部的后面，IPv6 的首部只有 IPv4 首部两倍大，而 IPv6 地址长度是 IPv4 的 4 倍。

3. 端到端的连通性

每个系统都有唯一的 IP 地址，可以在互联网中通信而不需要再使用 NAT（Network Address Translation，网络地址转换）。在 IPv6 完全被实现之后，每台主机可以直接与互联网上的其他主机通信。

4. 自动配置

IPv6 支持主机设备的自动配置模式，因此，IPv6 不需要使用 DHCP。

5. 更快的转发/路由

IPv6 的简化首部将所有不必要的信息放到首部的后面，首部中第一部分的所有信息已经足够一台路由器进行路由决策，大大提高了路由器的处理效率。

6. 支持任播

这是 IPv6 的另一个特性，IPv6 引入了数据包路由的任播模式。在任播模式下，互联网上的多个接口被配置相同的任播 IP 地址。路由器进行路由时，将数据包发送给最近的目的端。

7. 可扩展性

IPv6 首部的一个主要优点是可扩展，从而可向选项部分添加更多的信息。IPv4 只为选项部分提供了 40 字节，而 IPv6 的选项部分可以像 IPv6 数据包本身一样大。

5.4.3 IPv6 地址表示方法

128 位的 IPv6 地址，能够为地球上每个人提供足够的地址空间，那么如何来表示 IPv6 地址呢？通常可以由以下三种方法来表示。

1. 冒号十六进制法

将 128 位的 IPv6 地址写成 8 个组的形式，每组由 4 个十六进制数字组成，各组之间通过冒号进行分隔。例如，下面就是有效 IPv6 的表示形式。

3FFE:6A88:85A3:08D3:1319:8A2E:0370:7344

68E6:8C64: FFFF:FFFF:0000:1180:096A:0FFF

当然，每个组的高位的零也可以省略不写，也可以把四位全为"0"的组简写为一个

"0"，这样第二个 IPv6 地址可以表示为：

68E6：8C64：FFFF：FFFF：0：1180：96A：FFF

2. 零压缩

IPv6 地址中的某些组包含长串 "0"，为了进一步简化 IPv6 地址的表示，在冒号十六进制的格式中，连续 16 比特为 "0" 的组可以被压缩为双冒号 "::"，有多个连续的组均为 "0"，也可以用双冒号来进行表示。

例如：

68E6：8C64：FFFF：FFFF：0000：1180：096A：0FFF

可以写成：

68E6：8C64：FFFF：FFFF：0：1180：96A：FFF

经过零压缩后，也可以进一步写成：

68E6：8C64：FFFF：FFFF：：1180：96A：FFF

如果有多个连续的组均为 "0"，也可以用双冒号来进行表示。

例如：

FF05：0：0：0：0：0：0：B3

可压缩为：

FF05：：B3

但是请注意，**一个 IPv6 地址中，只能进行一次零压缩**。

例如：

FF05：0：0：A：0：0：0：B3

可以压缩为：

FF05：：A：0：0：0：B3

或压缩为：

FF05：0：0：A：：B3

而不能压缩为：

FF05：：A：：B3

因为这样无法判断双冒号到底是将几组 "0" 进行了压缩。

3. 其他方法

当处理 IPv4 和 IPv6 混合的环境时，有时采用更加简便的表示形式。

例如：x:x:x:x:x:x:d.d.d.d,x 是地址的高六组对应的十六进制值，d 是地址的剩余两组对应的十进制值（标准 IPv4 表示）。例如：

0：0：0：0：0：0：117.1.68.3

0：0：0：0：0：FFFF：129.44.31.38

或者以压缩形式表示：

：：117.1.68.3

：：FFFF：129.44.31.38

5.4.4　IPv6 地址类型

一般来讲，一个 IPv6 数据报的目的地址可以是以下几种基本类型地址之一。

1. 单播（unicast）

单播就是传统的点对点通信。一个单播地址标识了单播地址范围内的单一接口。下面这些 IPv6 地址类别是单播 IPv6 地址。

（1）可聚合全球单播地址

可聚合全球 IPv6 地址等同于公有 IPv4 地址，它可以在互联网上公开进行路由。任何希望在互联网上通信的设备或站点都必须被一个可聚合全球地址唯一地标识。

（2）链路本地地址

链路本地地址只被用于一个单一链路（子网），任何一个包含链路本地源地址或目的地址的数据包都不会被路由到另一个链路上。主机（或路由器）上每个支持 IPv6 的接口都会被分配一个链路本地地址，这个地址可以手动分配或自动配置。

（3）站点本地地址

站点本地地址等同于私有 IPv4 地址，站点本地地址可以在一个站点或组织内被路由，但是不能在互联网上被全球路由。

（4）特殊地址

IPv6 比 IPv4 具有更复杂的地址结构，IPv6 已经为特殊目的预留了一些地址。例如：

①未指定地址。

未指定地址($0:0:0:0:0:0:0:0$ 或::)，只是被用于指明一个不存在的地址，它等同于 IPv4 的未指定地址 0.0.0.0。未指定地址不能用作目的地址，通常用作数据包的源地址，条件是这台主机还没有配置到一个标准的 IP 地址。这类地址仅此一个。

②环回地址

环回地址($0:0:0:0:0:0:0:1$ 或::1)被用于标识一个环回接口，它允许一个节点将数据包发送给自身。它等同于 IPv4 的环回地址 127.0.0.1，目的地址是环回地址的数据包从不会被发送到一条链路上，或是被 IPv6 路由器转发。

2. 多播（multicast）

多播是一点对多点的通信。一个多播地址标识了多个接口。IPv6 不再采用广播的术语，而是将广播看作多播的一个特例。

3. 任播（anycast）

这是 IPv6 增加的一种类型，通信通常发生在一个单一发送者和一些最近接收者之间。任播的终点是一组计算机，但数据报只交付给其中的一个计算机，通常是距离最近的一个。很多内容分发网络（CDN）使用这一特性来提高速度。

5.4.5　IPv6 数据报首部格式

IPv6 数据报由两大部分组成，即基本首部和有效载荷，如图 5-29 所示。

图 5-29　IPv6 数据报格式

　　每个 IPv6 数据报都有一个基本报头。有效载荷允许有 0 个或 N 个扩展首部，后边是数据部分。IPv6 基本报头与扩展报头代替 IPv4 报头及其选项，新的扩展报头格式增强 IP 功能，使得它可以支持未来新的应用。与 IPv4 报头中的选项不同，IPv6 扩展报头没有最大长度的限制，因此可以有 N 个扩展报头。

　　图 5-30 展示了 IPv6 数据报基本首部的格式，下面简要介绍各字段的含义。

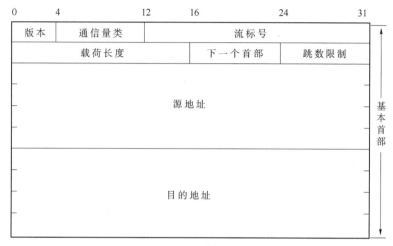

图 5-30　IPv6 数据报的格式

　　版本：版本字段占 4 比特，该字段表示 IP 的版本号，IPv6 该字段值是 6，表明使用 IPv6。

　　通信量类：通信量类字段占 8 比特，该字段类似于 IPv4 的服务类型（Tos）字段，指明了 IPv6 数据报的类别和优先级。目前正在进行各种通信量类性能的实验。

　　流标号：流标号字段占 20 比特，该字段提供了对实时数据报传递的额外支持和服务质量特性，指明了一个数据报属于源和目的之间的一个特定分组序列，需要由中间 IPv6 路由器进行特殊处理，可以用于为一些服务优先传递数据包，如语音服务。

　　载荷长度：载荷长度字段占 16 比特，该字段指明 IPv6 数据报除基本首部以外的字节数（所有扩展首部都算在有效载荷之内）。

　　下一首部：下一首部字段占 8 比特。当没有扩展首部时，下一个首部字段表示上层的协议，如 TCP、UDP 或 ICMPv6；当存在扩展首部时，下一个首部字段的值就是第一个扩展首部的类型。

　　跳数限制：跳数限制字段占 8 比特，该字段表示一个 IPv6 数据报可以经过的最多路由器数量，类似于 IPv4 的生存时间（TTL）字段。分组每经过一个路由器，数值减"1"，当为"0"时，路由器向源端发送"跳数限制超时"ICMPv6 报文，并丢弃该分组。

　　源地址：源地址字段占 128 比特，该字段表示 IP 数据报源节点的 IPv6 地址。

　　目的地址：目的地址字段占 128 比特，该字段表示 IP 数据报目的节点的 IPv6 地址。

5.5　IPv4 向 IPv6 过渡技术

由于互联网的规模太大，很多的应用仍然建立在 IPv4 基础之上，运行 IPv4 的路由器数量也很多，因此，规定一个日期实现从 IPv4 向 IPv6 的彻底转变是不可行的。IPv4 向 IPv6 过渡只能采用逐步推进的办法，因此必然要在一个很长的时间内存在 IPv4 与 IPv6 共存的局面。如何实现从 IPv4 到 IPv6 的平滑过渡，是面临的一个重要问题。

下面介绍两种应用比较多的过渡的方法：**双协议栈技术和隧道技术**。

1. 双协议栈（dual stack）

双协议栈，简称"双栈"，是指在完全过渡到 IPv6 之前，使互联网上一部分主机和路由器同时装有两个协议栈，即 IPv4 和 IPv6。因此这种主机既能够与运行 IPv6 的系统通信，又能够与运行 IPv4 的系统通信。双栈结构如图 5-31 所示。

图 5-31　双协议栈

具有双协议栈的主机或路由器具有两个 IP 地址：一个 IPv6 地址和一个 IPv4 地址。主机在与 IPv6 主机通信时，采用 IPv6 地址，而与 IPv4 主机通信时，就采用 IPv4 地址。当源主机与目的主机通信时，源主机询问 DNS 目的主机的地址类型，如果 DNS 返回一个 IPv4 地址，那么源主机就发送 IPv4 分组；如果 DNS 返回一个 IPv6 地址，那么源主机就发送 IPv6 分组。

双协议栈需要付出的代价太大，因为需要安装两套协议。因此，在过渡时期，最好采用隧道技术。

2. 隧道技术（tunneling）

隧道技术是当两台 IPv6 的主机在通信必须经过一个 IPv4 网络时，在 IPv6 分组进入 IPv4 区域时，将其封装成 IPv4 数据报，就是在整个 IPv6 数据报的头部封装一个新的 IPv4 头部，整个 IPv6 数据报变成了 IPv4 数据报的数据部分；当 IPv4 数据报离开 IPv4 区域时，再将其数据部分交给主机的 IPv6 协议栈。这就好像在 IPv4 网络中打通一个隧道来传输 IPv6 分组。隧道技术要求隧道入口和出口的主机或路由器必须是支持双栈。

隧道技术的工作原理如图 5-32 所示。

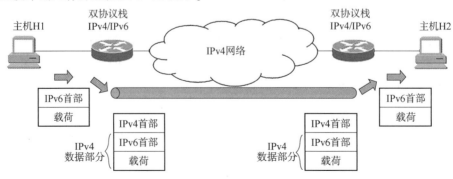

图 5-32　隧道技术的工作原理

5.6　Internet 的路由选择协议

5.6.1　路由选择协议的基本概念

数据报的交付路径由路由选择算法决定。为一个 IP 数据报选择从源主机到目的主机的路由问题，可以归结为从源路由器到目的路由器的路由选择问题。路由选择的核心，是路由选择算法，路由选择算法是生成路由表的依据。

依据路由选择算法能够随拓扑结构或通信量的变化自适应地调整变化来划分，路由选择策略可以分为两大类：静态路由选择策略和动态路由选择策略。

1. 静态路由选择策略

静态路由选择策略也叫作非自适应路由选择。静态路由通常由管理员手工进行配置生成，其特点是简单和开销较小，但不能及时适应网络状态的变化。对于小型的、结构不会经常改变的网络，完全可以采用静态路由选择。

2. 动态路由选择策略

动态路由选择策略也叫作自适应路由选择。当网络变化时，路由要动态更新维护，其特点是能够较好地适应网络拓扑的变化。例如，当网络中的某条链路由于某种原因中断时，动态路由选择协议可以自动更新所有路由器的路由表。但动态路由选择协议实现起来比较复杂，开销也比较大。因此，动态路由选择适用于较复杂、规模较大的网络。另外，不同规模的网络也可以选择不同的动态路由选择协议。

5.6.2　评价路由选择算法的依据

一个理想的路由选择算法应该具备如下特点。

（1）算法必须是正确、稳定和公平的

沿着路由表所指引的路径，分组能够从源主机到达目的主机。在网络通信量和网络拓扑相对稳定的情况下，路由选择算法应收敛于一个可以接受的解。算法对所有用户是平等的。网络系统一旦投入运行，要求算法能够长时间、连续和稳定地运行。

（2）算法应该尽量简单

路由选择算法的计算必然要耗费路由器的计算资源，如 CPU 等。好的路由选择算法不应使网络增加太多的额外开销。

（3）算法必须能够适应网络拓扑和通信量的变化

这就是说，算法应该具有一定的自适应性，当网络拓扑结构变化的时候，能够及时地改变路由，绕过故障的路由器或链路。当网络的通信量发生变化时，算法应能自动改变路由，以均衡链路的负载。

（4）算法应该是最佳的

最佳是相对而言的，是指算法根据某种特定条件和要求，给出较为合理的路由，因此不存在一种绝对的最佳路由算法。算法的最佳，是指以较低的开销来转发 IP 数据报。这里的开销可以是链路长度、传输速率、传播延时与费用等。

路由选择算法使用许多不同的标准来决定一条路径是否为最佳路径。下面讨论以下 6 个标准。

（1）跳数（hop count）

跳数是指一个数据包从源主机到达目的主机的路径上，转发分组的路由器数量。一般来说，跳数越少的路径越好。

（2）时延（delay）

时延是指一个数据包从源主机到达目的主机花费的时间。时延依赖很多因素，包括中间网络的带宽、路径上每个路由器的端口队列长度、所有中间网络的拥塞以及传输的物理距离等。

（3）带宽（bandwidth）

带宽指链路的传输速率。例如，T1 链路传输速率为 1.544 Mb/s，也可以说，T1 链路的带宽为 1.544 Mb/s。但并不见得带宽越高的链路会提供比带宽更低路径更好的路由。例如，如果高带宽链路更忙碌，则向目的主机发送数据包所需的时间有可能更长。

（4）负载（load）

负载是指通过路由器或线路的单位时间通信量。负载可以通过很多方式进行计算，包括 CPU 的占有率和每秒处理数据包的数目。

（5）可靠性（reliability）

可靠性是指每一条链路的可靠性。一些网络链路可能比其他的网络更容易发生故障。网络失效后，某些网络可能比另一些网络恢复起来更容易或更快速。任何可靠性的因素都会在可靠评估的工作中被考虑，可靠度可以是任意的数值，通常由网络管理员分配给链路。

（6）开销（overhead）

开销是一个非常重要的度量标准。通常是指传输过程中的耗费，这种耗费通常与所使用的链路长度、数据速率、链路容量、安全、传播延时与费用等因素相关。

路由选择是个非常复杂的问题，它涉及网络中的所有主机、路由器、通信线路，同时，网络拓扑与网络通信量随时在变化，这种变化事先无法预知，因此，路由选择算法只能寻找出相对合理的路由。

5.6.3 Internet 上的路由选择协议分类

1. Internet 上的路由选择的基本思路

因特网采用的路由选择协议主要是动态的、分布式路由选择协议。主要出于以下两个原因：

①因特网的规模庞大，路由器数量上百万个，如果让所有的路由器都记录每个网络是如何到达的，路由表将非常大，处理和查找起来也比较耗时。而所有这些路由器之间交换路由信息所需的带宽就会使因特网的通信链路饱和。

②许多单位希望连接到 Internet，但又不愿意外界了解自己单位网络的布局细节和本部门所采用的路由选择协议，研究人员提出分层路由选择的概念，并将整个 Internet 划分为很多较小的**自治系统**（**Autonomous System，AS**）。一般情况下，一个自治系统内的所有网络都属于一个行政单位（例如一个公司、一所大学、政府的一个部门等）来管辖，每个自治系统有一个 16 比特全球唯一的识别编号，该编号被统一管理分配。

理解自治系统的概念，需要注意以下三个问题。

①自治系统的核心是路由选择的"自治"。由于一个自治系统中的所有网络都属于一个行政单位，例如一所大学、一个公司、政府的一个部门，因此它有权自主地决定一个自治系统内部所采用的路由选择协议。

②一个自治系统内部路由器之间能够使用动态的路由选择协议，及时地交换路由信息，精确地反映自治系统网络拓扑的当前状态。

③自治系统内部的路由选择称为域内路由选择；自治系统之间的路由选择称为域间路由选择。对应于自治系统的结构，路由选择协议也分为两大类：**内部网关协议**（**Interior Gateway Protocol，IGP**）和**外部网关协议**（**External Gateway Protocol，EGP**）。

2. Internet 路由选择协议的分类

（1）内部网关协议

内部网关协议是在一个自治系统内部使用的路由选择协议，这与 Internet 中的其他自治系统选用什么路由选择协议无关。自治系统内部的路由器了解内部全部网络的路由信息，并能够通过一条路径将发送到其他自治系统的分组传送到连接本自治系统的主干路由器。目前内部网关协议主要有路由信息协议（Routing Information Protocol，RIP）和开放最短通路优先（Open Shortest Path First，OSPF）协议。

（2）外部网关协议

每个自治系统的内部路由器之间通过内部网关协议 IGP 交换路由信息，连接不同自治系统的路由器之间使用外部网关协议 EGP 交换路由信息。目前应用最多的外部网关协议是BGP-4。

图 5-33 给出了自治系统与内部网关协议 IGP、外部网关协议 EGP 之间的关系示意图。

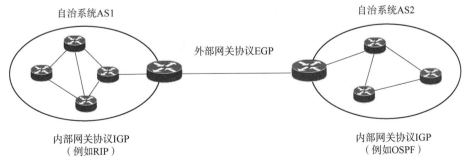

图 5-33　自治系统与内部网关协议 IGP、外部网关协议 EGP 之间的关系

5.6.4 路由信息协议 RIP

路由信息协议（**Routing Information Protocol**，**RIP**）是内部网关协议中最先得到广泛使用的协议。RIP 采用距离向量路由选择算法。距离向量路由选择算法源于 1969 年的 AR-PANET。在 1988 年公布的 RFC1058 中描述了 RIPv1 协议的基本内容。1993 年，RFC1388 对 RIPv1 进行了扩充，成为 RIPv2 协议，协议本身并无多少变化，但性能有所提高，如支持 CIDR 等。RIPv2 向后兼容 RIP。为了适应 IPv6 的推广，RIP 工作组于 1997 年公布 RIPng 协议文档 RFC2080。1998 年，RIP 成为正式的 Internet 标准。

RIP 位于应用层，使用运输层用户数据报（UDP）进行传输，其最大优点就是简单。

RIP 要求网络中的每一个路由器都要维护从它本身到其他每一个目的网络的"距离"记录，这里的"**距离**"定义如下：

从一个路由器到直接连接的网络的距离定义为"1"。从一个路由器到非直接连接的网络的距离定义为所经过的路由器数加"1"。加"1"是因为到达目的网络后就进行直接交付，而到直接连接的网络的距离已经定义为"1"。

如图 5-34 所示，路由器 R1 到网络 11.0.0.0 和 12.0.0.0 的距离都是"1"，因为这两个网络与路由器 R1 直接连接；R1 到网络 22.0.0.0 的距离是"2"，因为到 22.0.0.0 网络要经过路由器 R2（1 跳），而路由器 R2 到达 22.0.0.0 也是 1 跳，故距离为"2"。

图 5-34　距离信息协议 RIP 跳数的定义

RIP 允许一条路径最多只能包含 15 个路由器。因此，"距离"的最大值为"16"时，相当于不可达。可见 RIP 只适用于小型互联网。

1. RIP 要解决的问题

RIP 作为分布式路由选择协议，需要不断地与网络中其他路由器交换路由信息，要解决以下几个问题。

（1）Best，即，什么是最佳路由

对于 RIP，衡量一条路由的优劣的标准是"跳数"，经过的跳数越少，路由就越优。即 RIP 会选择一条包含最少路由器的路径，即使还存在另一条高速或低时延，但却包含了较多路由器的路径。同时，RIP 不允许在两个网络之间同时使用多条路径。

（2）Who，即，与"谁"进行交换信息

RIP 仅和相邻路由器交换信息。两个路由器是相邻的，当且仅当它们之间的通信不需要经过另一个路由器。换言之，两个相邻路由器在同一个网络上都有自己的接口。RIP 规定，不相邻的路由器不交换信息。

（3）What，即，交换什么信息

交换的信息是当前本路由器所知道的全部信息，即自己的路由表。这些信息应包括：到本自治系统中所有网络的最短距离、到每个网络应经过的下一跳地址或接口。

（4）When，即，什么时候进行交换信息

RIP 周期性（例如，每隔 30 s）向邻居路由器发布路由信息。邻居路由器根据收到的路由信息更新自己的路由表。同时，当网络拓扑发生变化时，路由器也及时向相邻路由器通告拓扑变化后的路由信息。

这里要强调一点：路由器在刚刚开始工作时，只知道与自己直接连接的网络的距离。此后，每一个路由器（例如，每隔 30 s）将自己已知的路由信息发布给自己的邻居路由器，经过若干次的路由更新后，自治系统内所有的路由器最终都会知道到达本自治系统中任何一个网络的路由。但也请注意，RIP 并不知道全网的拓扑结构，仅仅知道自己去往其他网络的路径。

（5）How，即，如何计算和更新路由表

当路由器收到邻居路由器发过来的路由信息时，要根据这些路由信息按照一定的算法更新自己的路由表。RIP 采用距离向量算法。

2. 距离向量算法

距离向量算法描述如下：

①路由器接收到邻居路由器 R 发来的 RIP 更新报文，对 RIP 报文中的每一条路由做如下修改：

- 将所有路由的下一跳修改为路由器 R。
- 将所有路由的跳数加 "1"。

②对修改后 RIP 报文的每一条，进行如下步骤：

```
if 目的网络不在路由表中，
     then 将其直接添加到路由表中；
else if 下一跳地址是相同的，
     then 用收到的路由信息替换路由表中的原有路由信息；
else if 收到的路由信息的跳数小于路由表中路由信息的跳数，
     then 用收到的路由信息替换原路由表中的信息。
```

③若 3 min 没有收到相邻路由器发来的更新路由表，则将此邻居路由器记为不可达，即跳数改为 16 跳。

④返回。

【例 5-7】自治系统 AS1 中两个相邻的路由器 A 和 B 均运行路由信息协议 RIP，表 5-16 和表 5-17 给出了当前两台路由器路由表的内容。在某一时刻，路由器 A 向路由器 B 通告自己的路由表，请计算路由器 B 更新后的路由表。

表 5-16　路由器 A 路由表

目的网络	跳数	下一跳地址
Net1	7	D
Net2	2	C
Net5	6	F
Net6	4	E

表 5-17　路由器 B 路由表

目的网络	跳数	下一跳地址
Net2	4	F
Net3	2	C
Net5	4	A
Net6	3	E

路由器 R1 和 R2 运行 RIP，因此，R2 在收到 R1 发过来的路由更新信息后，按照距离向量算法更新路由表。具体步骤如下：

①路由器 B 接收到邻居路由器 A 发来的 RIP 更新报文，对 RIP 报文中的每一条路由进行修改，即，将每一条路由的下一跳修改为 A，并将跳数加"1"。经路由器 B 修改后的路由见表 5-18。

表 5-18　对收到的 RIP 报文进行修改

目的网络	跳数	下一跳地址
Net1	8	A
Net2	3	A
Net5	7	A
Net6	5	A

②将修改后的 RIP 报文逐项与路由器 B 路由表中的路由条目对比，进行如下更新：

• 表 5-18 中的目的网络 Net1 的跳数为 8，下一跳地址为 A；而表 5-16 中没有关于目的网络为 Net1 的路由，因此，直接添加到路由器 B 的路由表中。路由器 B 的路由表被更新为见表 5-19。

表 5-19　路由器 B 路由表（1）

目的网络	跳数	下一跳地址
Net2	4	F
Net3	2	C
Net5	4	A
Net6	3	E
Net1	**8**	**A**

• 表 5-18 中的目的网络 Net2 的跳数为 3，下一跳地址为 A；而表 5-16 中 Net5 的下一跳地址为 F，跳数为 6；下一跳地址不同，而 3 小于 4，因此需要进行更新。路由器 B 的路由表更新后见表 5-20。

表 5-20 路由器 B 路由表（2）

目的网络	跳数	下一跳地址
Net2	**3**	**A**
Net3	2	C
Net5	4	A
Net6	3	E
Net1	**8**	**A**

• 表 5-18 中的目的网络 Net5 的跳数为 7，下一跳地址为 A；而表 5-16 中 Net2 的下一跳地址也是 C，跳数为 2；下一跳地址相同，直接进行更新。路由器 B 的路由表更新后见表 5-21。

表 5-21 路由器 B 路由表（3）

目的网络	跳数	下一跳地址
Net2	**3**	**A**
Net3	2	C
Net5	**7**	**A**
Net6	3	E
Net1	**8**	**A**

• 表 5-18 中的目的网络 Net6 的跳数为 5，下一跳地址为 A；而表 5-16 中 Net6 的下一跳地址也是 E，跳数为 4；下一跳地址不同，5 不小于 3，因此不更新。路由器 B 的路由表更新后见表 5-22。

表 5-22 路由器 B 路由表（4）

目的网络	跳数	下一跳地址
Net2	**3**	**A**
Net3	2	C
Net5	**7**	**A**
Net6	3	E
Net1	**8**	**A**

路由器 B 路由表中的 Net3 表项无须处理，从这一条路由可以看出，Net3 的下一跳地址为 C，因此，可以推断这一条路由应该是路由器 B 从路由器 C 学习到的路由。

更新后的路由表见表 5-23。

表 5-23　路由器 B 路由表（5）

目的网络	跳数	下一跳地址
Net2	3	A
Net3	2	C
Net5	7	A
Net6	3	E
Net1	8	A

3. RIP 的特点

根据距离向量算法，只有当一个距离更短（即跳数更小）的路由信息出现时，才会修改相应的路由信息，否则将一直保留下去，如图 5-35 所示。

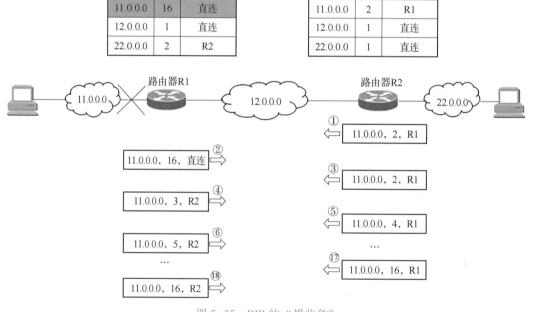

图 5-35　RIP 的"慢收敛"

当网络 11.0.0.0 出现故障时，路由器 R1 将其距离置为 16，意为不可达。假设路由器 R2 的更新周期早于 R1，路由器 R2 将路由（11.0.0.0，2，R1）通告给 R1，如图 5-35 的①所示。随后，路由器 R1 根据收到的更新报文，将网络 11.0.0.0 的路由修改为（11.0.0.0，3，R2），依此类推，经过一段时间之后，路由器 R1、R2 到网络 11.0.0.0 的距离都增加到 16 时，R1 和 R2 才知道 11.0.0.0 网络已经不可达。这种现象称作 RIP 的"**慢收敛**"，即当网络出现故障时，要经过比较长的时间才能将此信息传送到所有路由器。为了避免这种现象，RIP 会采取以下措施：

①RIP 规定距离的最大值为 15，即当跳数为 16 时，即认为"网络不可达"。

②产生上述问题的根本原因是：路由器 R2 将从 R1 学习到的路由又在更新周期到来时发布给路由器 R1。RIP 规定，在路由信息传送过程中，不再把路由信息发送到接收此路由信息的接口上，这种技术叫"水平分割"。

③路由器当得知某目的网络不可达之后的 60 s 内，不再接收关于该目的网络可达的信息。

④当某个网络不可达之后，将其距离定义为 16，即不可达，同时触发路由更新，立即将此信息广播给邻居路由器，以保证网络中的路由器尽早获知网络不可达的信息。这种技术在 RIP 中被称为"毒性反转"。

RIP 的优点是实现简单，开销较小。但由于 RIP 限定了最大距离为 15（16 跳记为不可达），同时，由于 RIP 交换的是完整的路由表，当网络规模比较大时，开销也会比较大。因此，RIP 只适用于较小的网络规模。

5.6.5　开放最短通路优先 OSPF

由于路由信息协议 RIP 不能应用于大型互联网络，随着 Internet 规模的不断扩大，RIP 的缺点表现得更加突出。为了克服这些缺点，1989 年，另一种内部网关协议即开放最短通路优先（Open Shortest Path First，OSPF）协议应运而生。OSPF 的路由选择算法是基于 Dijkstra 提出的最短路径算法（Shortest Path First，SPF）。

1. OSPF 协议的特点

①"开放"表示是一种通用技术，而不是某个厂商专有的技术，即任何人都可以使用它，不需要支付任何版权费用。

②OSPF 是一个链路状态路由协议。所谓**链路状态**，包含与该路由器直连的每条链路的状态，包括邻居 ID、带宽、接口的 IP 地址和子网掩码、网络类型（如以太网链路或串行点对点链路）、该链路的开销及所有的相邻路由器等。

③快速收敛。OSPF 可以比 RIP 更快地检测并传播拓扑结构的变化。

④支持认证。OSPF 规定，所有路由器交换的信息必须是经过认证的，并允许很多认证方法。不同的区域可以选择不同的认证方法。

⑤OSPF 对不同的链路可根据 IP 分组的不同服务类型 TOS（如最小时延、最大吞吐量、最高可靠性和最小费用）而设置成不同的代价。因此，OSPF 对于不同类型的业务可计算出不同的路由。

⑥支持负载平衡。如果到同一个目的网络有多条相同代价的路径，那么可以将通信量分配给这几条路径。

2. OSPF 要解决的问题

OSPF 作为分布式链路状态协议，也要解决 Best、Who、What、When、How 五个问题。

（1）Best，即，什么是最佳路由

对于 OSPF 协议，采用**度量**值计算路由。"度量"值是指距离、延时、带宽和费用。度量值的范围是 1~65 535。OSPF 允许网络管理员给每一条链路分配不同的"度量"值。例如，为对延时要求高的实时性应用（如语音传输）的链路分配一个较小的度量值；为非实时性应用（如文本传输）的链路分配一个较大的度量值。很多 OSPF 产品是根据链路带宽来计算链路的度量值的。因此，根据不同的度量值计算出的路由是不同的。

（2）Who，即，与"谁"交换信息

OSPF 协议是向本自治系统中所有路由器发送信息。这里使用的方法是洪泛法（flooding），也就是路由器通过所有输出端口向所有相邻的路由器发送信息。而每一个相邻路由器又再将此信息发往其所有的相邻路由器（除刚刚发来信息的那个路由器）。这样，最终整个区域中所有的路由器都得到了这个信息的一个副本。

（3）What，即，交换什么信息

发送的信息就是与本路由器相邻的所有路由器的链路状态，但这只是路由器所知道的部分信息。

（4）When，即，什么时候交换信息

OSPF 只有当链路状态发生变化时，路由器才向所有路由器用洪泛法发送此信息。而不像 RIP 那样，不管网络拓扑有无发生变化，路由器之间都要定期交换路由表的信息。

（5）How，即，如何计算和更新路由表

OSPF 协议根据路由器之间交换的链路状态，最终会形成一个跟踪网络链路状态变化的**链路状态数据库**，这个链路状态数据库其实就是一张全网的网络拓扑图。OSPF 协议根据链路状态数据库，采用 SPF 算法计算网络中的最优路径。通过运行该算法，每个路由器会以自己为根建立一棵最短路径优先树，去往目的网络的最优路径将出现在路由表中。

图 5-36 展示了由链路状态数据库转换成的方便计算最短路径的拓扑图。

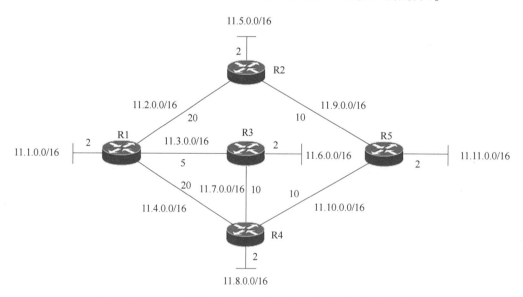

图 5-36　由链路状态数据库转换成便于计算最短路径树的拓扑图

根据图 5-36，计算出以 R1 为根的最短路径树，从而得到表 5-24 所示相关数据。

表 5-24　以 R1 为根的最短路径

目的网络	最短路径	度量值
11.5.0.0/16	R1→R2	22
11.6.0.0/16	R1→R3	7
11.7.0.0/16	R1→R3	15
11.8.0.0/16	R1→R3→R4	17
11.9.0.0/16	R1→R2	30
11.10.0.0/16	R1→R3→R4	25
11.11.0.0/16	R1→R3→R4→R5	27

根据表 5-24 中的数据，即可得到 R1 的路由表，见表 5-25。

表 5-25　以 R1 的路由表

目的网络	跳数	度量值
11.5.0.0/16	R2	22
11.6.0.0/16	R3	7
11.7.0.0/16	R3	15
11.8.0.0/16	R3	17
11.9.0.0/16	R2	30
11.10.0.0/16	R3	25
11.11.0.0/16	R3	27

注意：虽然自治系统内所有路由器的链路状态数据库是一致的，但由于每台路由器在网络中的位置不同，因此，计算出来的路由表各不相同。

3. OSPF 区域

OSPF 为了适应大规模网络路由选择的需要，将自治系统进一步划分成了若干个更小的范围，称作**区域（area）**。每个区域都有一个 32 bit 的区域标识符（用点分十进制表示）。一个区域也不能太大，区域内路由器的数量最好不超过 200 个。

OSPF 采用层次结构的区域划分，将区域划分为两级：一个主干区域及多个其他区域。主干区域的标识符为 0.0.0.0。主干区域用来与其他区域连通，每个区域至少有一个路由器连接到主干区域，每个区域都可通过主干区域到达其他区域。

自治系统内的每个区域都维护自己本区的链路状态数据库，区域内的路由器交换链路状态信息，它们只知道本区域的网络拓扑。这种链路状态信息的隔离，大大减小了链路状态数据库的规模和网络上链路状态数据交换的流量。连接多个区的路由器需要有多个区的链路状态数据库，为每个区运行 OSPF 协议，计算最短路径树，并负责在区间传递路由信息。

图 5-37 是某个自治系统内部区域划分情况，共划分了 3 个区域，包括一个主干区域。

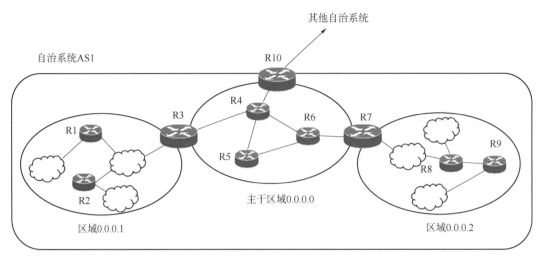

图 5-37　OSPF 区域

OSPF 将路由器分为以下几类：

（1）内部路由器（internal router）

只连接同一个区域网络的路由器，在本区域范围内运行路由算法。如图 5-37 的路由器 R1、R2、R8、R9 所示。

（2）区域边界路由器（area border router）

连接两个或多个区域（包括主干区域）的路由器，为每个区域都运行路由算法。从其他区域发来的信息都由区域边界路由器来进行概括。如图 5-37 的路由器 R3、R7 所示。

（3）主干路由器（backbone router）

连接在主干区域的路由器。如图 5-37 的路由器 R3、R4、R5、R6 和 R10 所示。一个主干路由器可以同时是区域边界路由器。如路由器 R3、R7 所示。

（4）自治系统边界路由器（AS bounary router）

在主干区域内专门和自治系统外的其他自治系统交互路由信息的路由器。如图 5-37 的路由器 R10 所示。

采用分层次划分区域的方法虽然使交换信息的种类增多了，同时也使 OSPF 协议更加复杂，但却能使每一个区域内部交换路由信息的通信量大大减小，因而使 OSPF 协议能够用于规模很大的自治系统中。

4. OSPF 协议的分组类型

OSPF 协议规定了五种分组类型，见表 5-26。

表 5-26　OSPF 协议分组类型

类型	名称	含义
1	问候（Hello）分组	用于发现邻居，测试可达性
2	数据库描述（Database Description）分组	用于向相邻路由器发送本路由器链路状态数据库的链路状态项目摘要信息
3	链路状态请求（Link State Request）分组	用于请求相邻路由器发送某些链路状态项目的详细信息

续表

类型	名称	含义
4	链路状态更新（Link State Update）分组	用于向发出链路状态请求分组的相邻路由器，发出完整的链路状态通报信息，用洪泛法向区域内的路由器转发
5	链路状态确认（Link State Acknowledgment）分组	用于对链路状态更新分组的确认

OSPF 分组作为 IP 数据报的数据部分来传送。由于 OSPF 构成的数据报很短，可以减少路由信息的通信量，另外，也不必因为数据报过长而进行分片传送。

5. OSPF 协议的基本操作

如图 5-38 所示，说明了两台路由器 R1 和 R2 交换各种类型的分组。

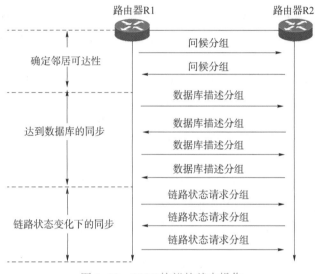

图 5-38　OSPF 协议的基本操作

（1）确定相邻路由器"可达"

当一个路由器刚开始工作时，通过 OSPF 协议的"问候分组"完成邻居路由器的发现功能，得知哪些相邻的路由器可达，以及将数据发往相邻路由器所需要的开销。

（2）链路状态数据库同步

为避免开销太大，OSPF 协议每个路由器采用"数据库描述分组"与相邻路由器交换本地数据库中已有的链路状态摘要信息。该摘要信息主要指出有哪些路由器的链路状态信息已写入数据库。经过与相邻路由器交换"数据库描述分组"之后，路由器就可以使用"链路状态请求分组"向相邻路由器请求发送自己缺少的某些链路状态项目的详细信息。通过一系列的这种分组交换，全网链路状态数据库就建立起来了。

（3）链路状态更新

在网络运行过程中，如果有一个路由器的链路状态发生了变化，该路由器就使用链路状态更新分组，采用洪泛法发送出去。接收到链路状态更新分组的路由器，用链路状态确认分组回复。

同时，OSPF 协议规定：

①两个相邻的路由器每隔 10 s 交换一次问候分组，确认相邻路由器是"可达"的。

②若 40 s 没有收到路由器发过来的问候分组，则认为该相邻路由器不可达，立即修改链路状态数据库并重新计算路由表。

③为了保证链路状态数据库与全网的状态保持一致，规定每隔一段时间（如 30 min），路由器要刷新一次数据库中的链路状态。

由于一个路由器的链路状态只涉及与相邻路由器的连通状态，因而与整个互联网的规模并无直接关系。因此，当互联网规模很大时，OSPF 协议要比距离向量协议 RIP 好得多。目前，大多数的路由器厂商都支持 OSPF，成为主要的内部网关协议。

5.6.6 外部网关协议 BGP

1989 年，公布了新的外部网关协议——边界网关协议 BGP。BGP 是不同自治系统的路由器之间交换路由信息的协议。BGP 的较新版本是 1995 年发表的 BGP-4。为简单起见，本书后面都将 BGP-4 简写为 BGP。

首先，应当弄清楚在不同自治系统之间的路由选择为什么不使用前面讨论过的内部网关协议，如 RIP 或 OSPF。

我们知道，内部网关协议（如 RIP 或 OSPF）主要用来设法使 IP 数据报在一个自治系统内部尽可能有效地从源站传送到目的站。在一个自治系统内部并不需要考虑其他方面的策略。然而 BGP 使用的环境却不同。这主要是由于以下三个原因：

第一，因特网的规模太大，使得自治系统之间路由选择非常困难。连接在因特网主干网上的路由器，必须让任何有效的 IP 地址都能在路由表中找到匹配的目的网络。目前主干网路由器中路由表的项目数早已超过了 5 万个网络前缀。无论是采用 RIP 还是 OSPF 协议，都会耗费很长的时间。

第二，因特网中不同网络的性能相差很大，使用的路由选择算法也不尽相同。例如，有的自治系统采用 RIP，有的自治系统采用 OSPF 协议，而不同的路由选择算法对路径的度量方法也不尽相同。例如，RIP 采用"跳数"作为度量值，而 OSPF 协议采用"开销"作为度量值。相同的度量值，在不同的路由选择算法中代表的含义不同，不能简单地进行累加。因此，在不同的自治系统之间，比较合理的做法是在自治系统之间交换"可达性"信息。例如，告诉相邻路由器："到达目的网络 N 可经过自治系统 X。"

第三，自治系统之间的路由选择必须考虑有关策略。例如，自治系统 A 要发送数据报到自治系统 B，本来最好是经过自治系统 C，但自治系统 C 不愿意让这些数据报通过本系统的网络，因为"这是它们的事情，和我们没有关系"。但自治系统 C 愿意让某些相邻的自治系统的数据报通过自己的网络，特别是对那些付了服务费的某些自治系统更是如此。因此，自治系统之间的路由选择协议应当允许使用多种路由选择策略。这些策略包括政治、安全或经济方面的考虑。例如：我国国内的站点在互相传送数据报时不应经过国外兜圈子，特别是，不要经过某些对我国的安全有威胁的国家。这些策略都是由网络管理人员对每一个路由器进行设置的，但这些策略并不是自治系统之间的路由选择协议本身。

由于上述情况，边界网关协议 BGP 只能力求寻找一条能够到达目的网络且比较好的路由（不能兜圈子），而并非要寻找一条最佳路由。

BGP 用来在不同自治系统 AS 的路由器之间交换路由信息。运行 BGP 的路由器即 BGP 路由器，称为 **BGP 发言人**（BGP speaker）。一般来说，两个 BGP 发言人都是通过一个共享网络连接在一起的，BGP 发言人往往是 BGP 边界路由器，但也可以不是 BGP 边界路由器。

图 5-39 表示 BGP 发言人和自治系统 AS 的关系。在图中画出了三个自治系统中的五个 BGP 发言人。每一个 BGP 发言人除了必须运行 BGP 协议外，还必须运行该自治系统所使用的内部网关协议，如 RIP 或 OSPF 协议。

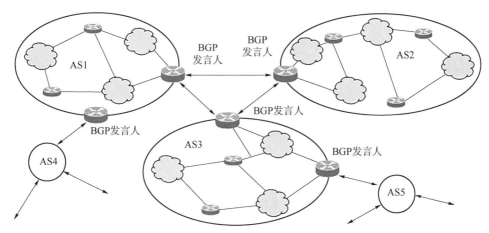

图 5-39　BGP 发言人和自治系统 AS 的关系

从 BGP 路由器的角度来看，整个 Internet 是由 BGP 路由器连接起来的很多 AS。BGP 要求每个 AS 有一个编号（AS number）作为它唯一的标识。AS 编号全球统一管理分配。每个 AS 至少有一个 BGP 路由器。

一个 BGP 发言人与其他 AS 的 BGP 发言人要交换路由信息，就要建立 TCP 连接（端口号是 179），然后在此连接上交换 BGP 报文，以建立 BGP 会话，利用 BGP 会话交换路由信息。使用 TCP 连接交换路由信息的两个 BGP 发言人，彼此成为对方的邻站（neighbour）或对等站（peer）。两个 BGP 邻站之间通常共享一个物理网络，可以通过这个网络通信。

边界网关协议 BGP 所交换的网络可达性的信息就是要到达某个网络所要经过的一系列自治系统，主要是到目的网络的路径和目的网络地址，因此，BGP 是一种路径矢量（path-vector）协议。当 BGP 发言人互相交换了网络可达性信息后，各 BGP 发言人就根据所采用的策略从收到的路由信息中找出到达各自治系统的较好路由。

5.7　网际控制报文协议 ICMP

IP 提供了不可靠、无连接的数据报传送服务，但当路由器不能正确选择路由或传送数据报，或者检测到一个异常条件影响它转发数据报时，路由器需要通知源站点采取措施避免或纠正出现的问题，因此，为了使互联网中的路由器报告差错或提供有关意外情况的信息，在 TCP/IP 中设计了一个特殊用途的报文机制，称作网际控制报文协议（Internet Control Message Protocol，ICMP）。ICMP 是因特网的标准协议。

5.7.1　ICMP 报文的种类

在网络中，ICMP 报文封装在 IP 数据报中进行传输。由于 ICMP 的报文类型很多，且又有各自的代码，因此，ICMP 并没有一个统一的报文格式供全部 ICMP 信息使用，不同的 ICMP 类别分别有不同的报文字段。但其前 4 字节是统一的格式，共包含三个字段：类型、代码和校验和。之后的 4 字节的内容与 ICMP 类型有关。最后是数据字段，其长度取决于 ICMP 的类型。前三个字段的含义如下：

①类型：1 字节，表示 ICMP 消息的类型。

②代码：1 字节，用于进一步区分某种类型的几种不同情况。

③校验和：2 字节，提供对整个 ICMP 报文的校验和。

ICMP 报文的种类可以分为 ICMP 差错报告报文和 ICMP 询问报文两种，表 5-27 列出了已定义的几种 ICMP 消息。

表 5-27　ICMP 消息及类型码

ICMP 报文种类	类型的值	ICMP 消息类型	ICMP 报文种类	类型的值	ICMP 消息类型
差错报告报文	3	目的站点不可达	询问报文	0	回送应答
	5	路由重定向		8	回送请求
	11	超时报告		13	时间戳请求
	12	参数出错报告		14	时间戳应答

ICMP 标准在不断更新，表 5-27 只列出了 4 种差错报告报文，包括目的站点不可达、路由重定向、超时和参数出错报告报文；4 种 ICMP 询问报文，包括回送请求和应答、时间戳请求和应答报文。

下面分别说明这几种报文的用途。

（1）目的站点不可达

产生"目的站点不可达"的原因有多种。在路由器不知道如何到达目的网络、数据报指定的源路由不稳定、路由器必须将一个设置了不可分片标志的数据报分片等情况下，路由器都会返回此消息。如果由于指明的协议模块或进程端口未被激活而导致目的主机的 IP 不能传送数据报，这时目的主机也会向源主机发送"目的站点不可达"的消息。

为了进一步区分同一类型信息中的几种不同情况，在 ICMP 报文格式中引入了代码字段，该类型常见信息代码及其意义见表 5-28。

表 5-28　ICMP 类型 3 的常见代码

代码	描述	代码	描述
0	网络不可达	3	端口不可达
1	主机不可达	4	需分片但 DF 值为 0
2	协议不可用	5	源路由失败

（2）路由重定向

当路由器检测到一台主机使用非优化路由时，路由器把改变的路由报文发送给主机，让主机知道下次应将数据报发送给另外的路由器（可通过更好的路由）。

（3）超时报告

当一个数据报的 TTL 值达到"0"时，路由器将丢弃该报文，并会给源主机发送 ICMP 超时报文。

（4）参数出错

当路由器或目的主机收到的数据报首部中有的字段的值不正确时，就丢弃该数据报，并向源点发送参数问题报文。

（5）回送请求和回送应答

这两种 ICMP 消息提供了一种用于确定两台计算机之间是否可以进行通信的机制。当一个主机或路由器向一个特定的目的主机发出 ICMP 回送请求报文时，该报文的接收者应当向源主机发送 ICMP 回送应答报文。

（6）时间戳请求和时间戳应答

这两种消息提供了一种对网络延迟进行取样的机制。时间戳请求的发送者在其报文的信息字段中写入发送消息的时间。接收者在发送时间戳之后添加一个接收时间戳，并作为时间戳应答消息报文返回。时间戳请求和回答可用于时钟同步和时间测量。

5.7.2　基于 ICMP 的应用程序

1. ping 命令

ping 命令是调试网络常用的工具之一，通常用来检测网络的连通性。ping 使用了 ICMP 回送请求与回送回答报文。

ping 命令只有在安装了 TCP/IP 协议之后才可以使用。

对于 Windows 操作系统的用户，其主机接入互联网以后，在命令提示符后，键入"ping target_name"，然后按 Enter 键，即可测试与 target_name 主机之间的连通性。这里 target_name 可以是主机名或主机的 IP 地址。

例如，在 Windows 环境中，某主机 ping 目标主机 221.183.44.50，测试方法及结果如图 5-40 所示。

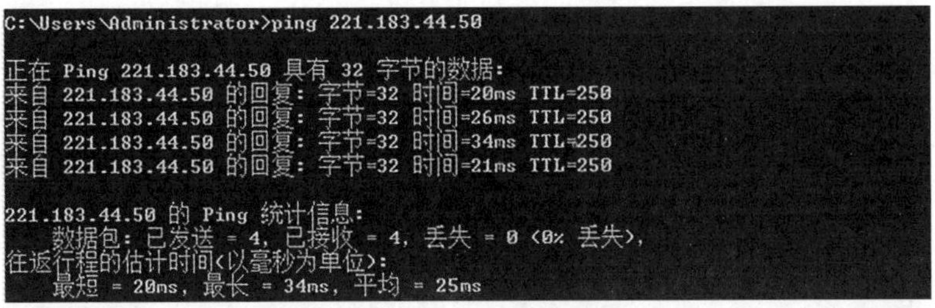

```
C:\Users\Administrator>ping 221.183.44.50

正在 Ping 221.183.44.50 具有 32 字节的数据:
来自 221.183.44.50 的回复: 字节=32 时间=20ms TTL=250
来自 221.183.44.50 的回复: 字节=32 时间=26ms TTL=250
来自 221.183.44.50 的回复: 字节=32 时间=34ms TTL=250
来自 221.183.44.50 的回复: 字节=32 时间=21ms TTL=250

221.183.44.50 的 Ping 统计信息:
    数据包: 已发送 = 4, 已接收 = 4, 丢失 = 0 (0% 丢失),
往返行程的估计时间(以毫秒为单位):
    最短 = 20ms, 最长 = 34ms, 平均 = 25ms
```

图 5-40　ping 执行过程示意图

从图 5-40 可以看出，主机向 221.183.44.50 一共发出了 4 个 ICMP 回送请求报文，主机 221.183.44.50 发回了 4 个 ICMP 回送应答报文，每个报文长度仅有 32 字节。由于往返的 ICMP 报文上都有时间戳，因此，可以很容易得到报文的往返时间。最后的统计信息中，可以看到已发送的分组数、收到的分组数、分组的丢失率，以及往返的最小值、最大值和平均值相关信息。

2. tracert 命令

tracert 命令用来获得从本地计算机到目的主机的路径信息。在 Windows 操作系统中，该命令为 tracert，而 UNIX 操作系统中，该命令为 traceroute。

tracert 的工作原理如图 5-41 所示。

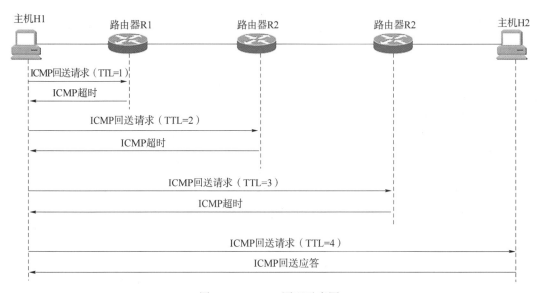

图 5-41　tracert 原理示意图

tracert 从源主机向目的主机发送一连串的 ICMP 回送请求报文。源主机先发送 TTL=1 的报文，当报文到达第一个路由器时，路由器将 TTL 值减 1，TTL 变为 0，路由器将该报文丢弃，并向源主机发回一个 ICMP 时间超过差错报告报文，源主机就得到了第一台路由器的 IP 地址等信息；随后，源主机的每次发送 ICMP 回送请求报文中将 TTL 递增 1，直到目标响应或 TTL 达到最大值，从而确定路由。tracert 所返回的信息要比 ping 命令详细得多，它包括源主机去往目的主机所经过的全部路由器的 IP 地址及时延等信息。

tracert 命令同样要在安装了 TCP/IP 协议之后才可以使用。

图 5-42 为源主机向目的主机 221.183.44.50 发出 tracert 命令后所获得的结果。图中每一行都带有三个时间和一个 IP 地址。IP 地址即为主机去往 221.183.44.50 所经过的每个路由器的 IP 地址。每一行有三个时间，这是因为对应于每一个 TTL 值，源主机要发送三次同样的报文。

```
C:\Users\Administrator>tracert 221.183.44.50

通过最多 30 个跃点跟踪到 221.183.44.50 的路由

  1    25 ms     4 ms     1 ms  192.168.168.1
  2     4 ms     1 ms            192.168.1.1
  3     7 ms     7 ms     4 ms  100.66.112.1
  4     4 ms    10 ms    14 ms  223.99.137.153
  5    13 ms     *       20 ms  120.222.48.61
  6    11 ms  1963 ms     9 ms  111.24.11.93
  7    13 ms     *       11 ms  111.24.11.78
  8    78 ms   106 ms   131 ms  221.183.44.50

跟踪完成。
```

图 5-42　tracert 命令执行过程示意图

📔 5.8　网络层设备

5.8.1　路由器

1. 主要功能

（1）建立并维护路由表

为了实现 IP 分组转发功能，路由器需要建立一个路由表。在路由表中，保存路由器去往目的网络的下一跳地址、度量值等信息。路由器通过定期与其他路由器交换路由信息来自动更新路由表。当然，对于规模较小或拓扑结构相对稳定的网络，也可以由网络管理员手动配置路由到路由表中。

（2）提供网络间的分组转发功能

路由器的分组转发功能正是网络层的主要工作。

当一个 IP 分组进入路由器时，路由器提取分组的目的地址，然后根据路由表决定该分组是直接交付还是间接交付。如果是直接交付，就将分组直接传送给目的网络；如果是间接交付，路由器确定转发的接口与下一跳路由器的 IP 地址。

当路由表很大时，采用何种算法减少路由表查找时间成为一个重要问题。最理想的状况是路由器分组处理速率等于输入端口的线路的传送速率，人们将这种情况称为路由器能够以线速（line speed）转发。

2. 性能指标

衡量路由器性能的指标主要包括全双工线速转发能力、设备和端口吞吐量、路由表容量、丢包率、延时和延时抖动，以及可靠性等。其中，全双工线速转发能力是指以最小分组数据长度（例如，Ethernet 数据为 64 B）和最小分组间隔在路由器端口上双向传输，在不引起丢包情况下，每秒钟能够传输的最大分组数。这是衡量路由器性能的一个最重要的指标。

5.8.2　三层交换机

顾名思义，三层交换机主要工作在网络体系结构的第三层——网络层，具备网络层的功能。

1. 主要功能

①路由处理。第三层交换机通过内部路由选择协议（如 RIP 或 OSPF）创建和维护路由表。

②分组转发。一旦源节点到目的节点之间的路径决定下来，第三层交换机就按照路径进行转发分组。

③安全服务。出于安全考虑，第三层交换机也可提供防火墙、分组过滤等服务功能。

④其他服务。第三层交换机还提供包括封装和拆分帧与分组，以及流量优化等功能。第

三层交换机设计的重点是提高接收、处理和转发分组速度，减小传输延迟，其功能是由硬件实现的，从而提高了交换机的速度。

当分组进入三层交换机以后，会查看路由表，查找去往目的网络的下一跳地址和接口，完成"一次路由"的工作。之后会找到下一跳的 MAC 地址，进行二层数据帧的封装，如果找不到下一跳的 MAC 地址，则调用 ARP 进行洪泛，如果依然找不到，就丢弃。通过本次路由，三层的目的 IP 地址最后会映射到目的 MAC 地址上，此时会形成一个目标 IP 地址和目标 MAC 地址的映射记录。之后，分组进入三层交换机，三层交换机就根据该映射直接找到对应的输出接口的 MAC 地址进行转发，不需要再查看路由表，只需要进行一次二层封装就可以了，即所谓的多次交换。

2. 应用

对于需要更高分组转发速度，而不是对网络管理和安全有很高要求的应用场合，如网络内部网络主干部分，使用第三层交换机是最佳选择，因为三层交换机既可以确保子网间的通信性能需求，也可以节省另外购买交换机的成本。但当需要能对性能和安全性进行更好的控制时，路由器仍然是最好的选择，例如，当网络接入 Internet 时，一般选择路由器作为接入设备。

← 实训指导

【实训名称】跨网络主机通信

【实训目的】

1. 能够理解网络层设备路由器的作用及工作原理。

2. 能够根据网络的需求设计 IP 地址分配方案。

3. 能够通过配置路由信息协议 RIP 实现不同网络之间主机的通信。

【实训任务】

假设某校园网通过 1 台三层交换机连接到校园网出口路由器，路由器连接到校园外的另一台路由器上，现要在路由器上做适当配置，实现校园网内部主机与校园网外部的相互通信。

【实训设备】

路由器（2 台）、三层交换机（1 台）、计算机（3 台）、网线若干。

【拓扑结构】

拓扑结构如图 5-43 所示。

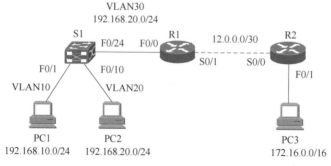

图 5-43 某校园网简化拓扑结构

【知识准备】

1. 路由器的基本原理。

2. 路由信息协议 RIP 的工作过程。

3. 路由器的基本配置。

【实训步骤】

步骤 1：地址规划。

根据图 5-43 所示的网络拓扑图上的地址信息进行地址规划。

步骤 2：搭建拓扑结构。

选择合适的设备和线缆来搭建拓扑结构。

步骤 3：路由器和计算机的基本配置。

完成路由器接口、计算机网卡的 IP 地址、子网掩码等参数的配置。

步骤 4：配置路由信息协议 RIPv2。

在三层交换机、路由器上配置 RIPv2。

步骤 5：测试。

从计算机 PC1 ping 其他计算机，测试其连通性。

步骤 6：开启 RIP 调试。

【实训拓展】

开启 RIP 调试，分析 RIP 工作过程。

1. 本实训中，校园网只有一个出口，是否适合采用静态路由或默认路由实现与外网的互连互通？

2. 如果可以采用静态路由或默认路由实现，那么路由器 R1 的配置需要做哪些修改？

小　结

1. IP 是一种无连接、不可靠的协议，它提供的是一种"尽力而为"的服务。

2. 在网络层，与 IP 配套使用的其他主要协议有地址解析协议 ARP、网际控制报文协议 ICMP、网际组管理协议 IGMP。

3. 网络层的地址称为 IP 地址，即 Internet 协议所使用的地址。IP 地址唯一地标识一台计算机。目前，主流的 Internet 协议版本是 IPv4，其地址格式由 32 位（4 字节）的二进制数组成，该地址也可采用点分十进制方式进行表示。

4. 为了支持不同大小规模的网络，设计者将 IP 地址空间分为 A、B、C、D、E 五个类别。每一类地址都由两个固定长度的字段组成，其中一个字段是网络标识，它标志主机（或路由器）所连接到的网络，简称网络号；而另一个字段则是主机标识，它标志该主机（或路由器）在本网络中的编号。

5. 当已知局域网中一个主机或路由器的 IP 地址时，地址解析协议 ARP 负责将 IP 地址解析成对应的 MAC 地址。

6. 实际网络中，不同类型的物理网络对一个数据帧可传送的数据长度规定了不同的上限值，称为网络最大传输单元 MTU。因此，IP 有时必须将数据报分片。当 IP 数据报被分片时，每一个 IP 数据报分片被看成一个单独的 IP 数据报。

7. 子网划分方法是在最初的 IP 地址分类编址基础上，将 IP 地址的主机号划分为两部分，其中前一部分用于子网号（标识子网），后一部分作为主机号（标识子网中的主机），形成新的有网络号、子网号、主机号的三层 IP 地址结构。

8. CIDR 支持任意大小的网络，采用两级 IP 地址结构：网络前缀+主机号。

9. IP 数据报分为首部和数据两部分。首部的前一部分是固定长度，共 20 字节，是所有 IP 数据报必须具有的（源地址、目的地址、总长度等重要字段都在固定首部中）。一些长度可变的可选字段放在固定首部的后面。

10. 从 IPv4 向 IPv6 过渡需要漫长的时间，实现过渡的方法有双协议栈技术、隧道技术等。

11. 路由表中的路由可以归结为两大类：静态路由和动态路由。

12. 静态路由也叫作非自适应路由选择，通常是由管理员手工进行配置生成，其特点是简单和开销较小，但不能及时适应网络状态的变化。对于很小的、结构不会经常改变的网络，完全可以采用静态路由选择。

13. 动态路由也叫作自适应路由选择。当网络变化时，路由要动态更新维护，其特点是能够较好地适应网络拓扑的变化。

14. 整个 Internet 划分为很多较小的自治系统。一般情况下，一个自治系统内的所有网络都属于一个行政单位（例如一个公司、一所大学、政府的一个部门等）来管辖，每个自治系统有一个 16 比特全球唯一的识别编号，该编号被统一管理分配。

15. 路由信息协议 RIP 是内部网关协议中最先得到广泛使用的协议，采用距离向量路由选择算法。"距离"定义如下：从一个路由器到直接连接的网络的距离定义为"1"；从一个路由器到非直接连接的网络的距离定义为所经过的路由器数加"1"。

16. RIP 的优点是实现简单，开销较小。但由于 RIP 限定了最大距离为 15（16 跳记为不可达），同时，由于 RIP 交换的是完整的路由表，当网络规模比较大时，开销也会比较大。因此，只适用于较小的网络规模。

17. OSPF 的路由选择算法是基于 Dijkstra 提出的最短路径优先算法。

18. OSPF 为了适应大规模网络路由选择的需要，将自治系统进一步划分成了若干个更小的范围，称作区域（area）。每个区域都有一个 32 比特的区域标识符（用点分十进制表示）。一个区域也不能太大，区域内路由器的数量最好不超过 200 个。

19. 边界网关协议 BGP 所交换的网络可达性的信息就是要到达某个网络所要经过的一系列自治系统，主要是到目的网络的路径和目的网络地址，因此 BGP 是一种路径矢量协议。

20. 为了使互联网中的路由器报告差错或提供有关意外情况的信息，在 TCP/IP 中设计了一个特殊用途的报文机制，即网际控制报文协议 ICMP。

21. ICMP 是因特网的标准协议。ICMP 的一个重要应用就是 ping，用来测试两台主机之间的连通性。ping 使用了 ICMP 回送请求与回送回答报文。

22. 路由器和三层交换机是工作在网络层的常见网络设备。

习 题

5-01 网络层为什么提供"尽最大努力交付"的服务，而不提供可靠服务？

5-02 IP 地址分为几类？如何表示？

5-03 IP 地址与硬件地址的区别是什么？为什么要使用两种不同的地址？

5-04 哪些设备可以分隔广播域？

5-05 动态路由选择协议和静态路由选择协议的各自特点是什么？

5-06　请把下列 IPv4 地址从二进制记法转换成点分十进制记法。

（1）10000001 00001011 00001011 11101111

（2）11000001 10000011 00011011 11111111

（3）11100111 11011011 10001011 01101111

（4）11111001 10011011 11111011 00001111

5-07　下列地址中，属于单播地址的是：

（1）172.31.128.255/18

（2）10.255.255.255/8

（3）192.168.24.59/20

（4）224.105.5.211

5-08　目的地址是 201.230.34.56，子网掩码是 255.255.240.0，试求子网地址。

5-09　A 类、B 类、C 类地址的默认子网掩码是什么？每个类别能表示多少个网络？每个网络能容纳多少台主机？

5-10　一台主机的 IP 地址是 182.60.11.2，请写出这台主机的网络类别、网络号、主机号。

5-11　一个网络的子网掩码是 255.255.255.240，请问该网络的网络号占多少位？主机号占多少位？这个网络能容纳的主机数最多是多少？

5-12　以下掩码对应的网络前缀各是多少位？

（1）192.0.0.0

（2）240.0.0.0

（3）255.240.0.0

（4）255.255.255.252

5-13　已知 IP 地址是 200.1.12.1，掩码是 255.255.128.0，其网络地址是什么？广播地址是多少？

5-14　IP 分组的首部长度字段值为 101（二进制），总长度字段的值为 101000（二进制）。请问该分组携带了多少字节的数据？

5-15　一个 IP 数据报长度为 4 000 字节（固定首部长度）。现在经过一个网络传送，但此网络能够传送的最大数据长度为 1 500 字节。请问：

（1）该数据报应当划分为几个数据报分片？

（2）各数据报分片的总长度、数据字段长度、片偏移字段和 MF 标志应为何值？

5-16　ARP 是如何进行地址解析的？采用什么办法来提高地址解析的效率？

5-17　ARP 高速缓存为什么一个项目要设置 10～20 min 的超时计时器？这个时间设置得是不是越大越好或者越小越好？

5-18　设某路由器的路由表见表 5-29。

表 5-29　习题 5-18 中某路由器路由表

目的网络地址/掩码	下一跳地址/接口
135.46.56.0/22	接口 0
135.46.60.0/22	接口 1
192.53.40.0/23	路由器 1
默认	路由器 2

现在该路由器收到目的地址是如下 IP 地址的几个 IP 数据报，请问路由器如何进行转发？

(1) 135.46.63.10

(2) 135.46.57.14

(3) 135.46.52.2

(4) 192.53.40.7

5-19 假设一个路由器连通三个子网：子网 1、子网 2 和子网 3。如果三个子网中的所有接口都要求前缀是 223.1.17/24，并且子网 1 需要 60 个 IP 地址，子网 2 需要 95 个 IP 地址，子网 3 需要 16 个 IP 地址。请给出三个子网的网络地址及前缀长度。

5-20 如果到达的分组的片偏移值为 100，分组首部中的首部长度字段值为 5，总长度字段值为 100。请问：数据部分的第一字节的编号是多少？能够确定数据部分最后一字节的编号吗？

5-21 某公司需要创建内部网络，该公司使用的地址为 192.168.161.0/24。公司包含工程部、市场部、财务部、销售部和办公室 5 个部门，每个部门约有 30 台计算机，试问：若要将几个部门从网络上进行分开，该如何划分网络？请写出每个部门网络的地址、子网掩码、主机 IP 地址范围。

5-22 一个自治系统有 5 个局域网，如图 5-44 所示，LAN2～LAN5 上的主机数分别为 91、150、3 和 15，该自治系统分配到的 IP 地址块为 30.138.118/23，试给出每一个局域网的地址块（包括前缀）。

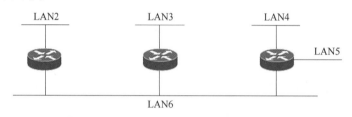

图 5-44　习题 5-22 中某自治系统的拓扑结构

5-23 一个 CIDR 地址块是 192.168.10.0/20，试求其所包含的 IP 地址范围。

5-24 上题的 CIDR 地址块包含多少个 C 类地址块？

5-25 试把以下的 IPv6 地址用零压缩方法写成简洁形式：

(1) 0000:0000:0F53:6382:AB00:67DB:BB27:7332

(2) 0000:0000:0000:0000:0000:0000:004D:ABCD

(3) 0000:0000:0000:AF36:0000:0000:87AA:0398

(4) 2819:00AF:0000:0000:0000:0035:0CB2:B271

5-26 试把以下的零压缩的 IPv6 地址写成原来的形式：

(1) 0::0

(2) 0:AA::0

(3) 0:1234::3

(4) 123::1:2

5-27 从 IPv4 过渡到 IPv6 的技术有哪些？

5-28 某网络拓扑图如图 5-45 所示，路由器 R1 通过接口 E1、E2 分别连接局域网 1、局域网 2，通过接口 L0 连接路由器 R2，并通过路由器 R2 连接域名服务器与互联网。R1 的 L0 接口的 IP 地址是 202.118.2.1，R2 的 L0 接口的 IP 地址是 202.118.2.2，L1 接口的 IP 地

址 是 130.11.120.1，E0 接口的 IP 地址 是 202.118.3.1，域名服务器的 IP 地址是 202.118.3.2。

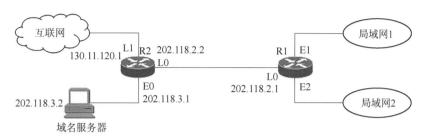

图 5-45 习题 5-28 中某网络拓扑图

R1 和 R2 的路由表结构见表 5-30。

表 5-30 习题 5-28 中 R1 和 R2 的路由表结构

目的网络地址	子网掩码	下一跳地址	接口

（1）将 IP 地址空间 202.118.1.0/24 划分为两个子网，分别分配给局域网 1、局域网 2，每个局域网需分配的 IP 地址数不少于 120 个。请给出子网划分结果，说明理由或给出必要的计算过程。

（2）请给出 R1 的路由表，使其明确包括到局域网 1 的路由、局域网 2 的路由、域名服务器的主机路由和互联网的路由。

（3）请采用路由聚合技术，给出 R2 到局域网 1 和局域网 2 的路由。

5-29　一个 IPv4 分组到达一个节点时，其首部信息（以十六进制表示）为：0x45 00 00 54 00 03 58 50 20 06 FF F0 7C 4E 03 02 B4 0E 0F 02。请回答：

（1）分组的源 IP 地址和目的 IP 地址各是什么（点分十进制表示）？

（2）该分组数据部分的长度是多少？

5-30　IGP 和 EGP 这两类协议的主要区别是什么？

5-31　简述 RIP、OSPF 和 BGP 路由选择协议的主要特点。

5-32　什么是自治系统？自治系统内部使用的协议有哪些？自治系统之间使用的协议有哪些？

5-33　在某个使用 RIP 的网络中，B 和 C 互为相邻路由器，其中，表 5-31 为 B 的原路由表，表 5-32 为路由器 C 向路由器 B 通告的路由表。

表 5-31 习题 5-33 中路由器 B 的路由表

目的网络	距离	下一跳地址
Net1	7	A
Net2	2	C
Net6	8	F
Net8	4	E
Net9	4	D

表 5-32　习题 5-33 中路由器 C 通告的路由表

目的网络	距离
Net2	15
Net3	2
Net4	8
Net8	2
Net7	4

（1）试求出路由器 B 更新后的路由表并说明主要步骤。

（2）当路由器 B 收到发往网络 Net2 的 IP 分组时，应该做何处理？

5-34　Internet 中的一个自治系统的内部结构如图 5-46 所示，如果路由选择协议采用 OSPF 协议，试计算 R6 关于 N1、N2、N3、N4 网络的路由表。

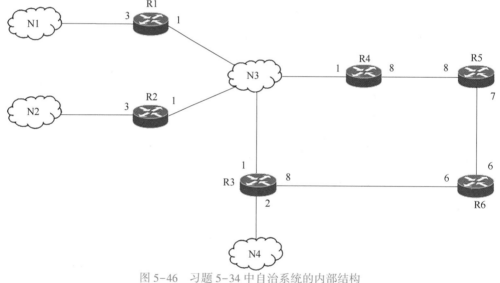

图 5-46　习题 5-34 中自治系统的内部结构

（注：端口处的数字是指该路由器向该链路转发分组的代价）

5-35　假设 Internet 的两个自治系统构成的网络如图 5-47 所示，自治系统 AS1 由路由器 R1 连接两个子网构成；自治系统 AS2 由路由器 R2、R3 互联并连接 3 个子网构成。各子网地址、R2 的接口名、R1 与 R3 的部分接口 IP 地址如图 5-47 所示。

请回答下列问题。

（1）假设路由表结构见表 5-33。请利用路由聚合技术给出 R2 的路由表，要求包括到达图 5-47 中所有子网的路由，并且路由表中的路由项尽可能少。

表 5-33　习题 5-35 中路由表结构

目的网络地址	下一跳地址	接口

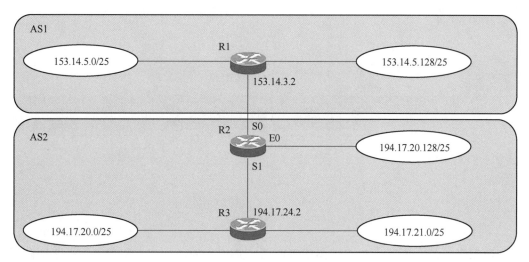

图 5-47　习题 5-35 中的网络拓扑图

（2）若 R2 收到一个目的 IP 地址为 194.17.20.200 的 IP 分组，R2 会通过哪个接口转发该 IP 分组？

（3）R1 与 R2 之间利用哪个路由协议交换路由信息？该路由协议的报文被封装到哪个协议的分组中进行传输？

第6章 运 输 层

在数据链路层，通过点对点链路或者广播链路连接的两个节点利用数据链路层协议进行帧的传送。在网络层，主机之间通过 IP 协议进行数据传送，实现主机与主机的通信。如果主机上同时运行着多个应用程序（进程），这些进程要通过 Internet 与远端主机某些进程进行通信，那么，计算机网络采用什么样的机制完成进程之间的通信呢？针对不同的网络应用对网络有不同的性能要求，计算机网络又如何满足网络应用需求呢？本章将解开这些疑惑。

 学习要点

本章首先概括介绍运输层功能和协议的特点、进程之间的通信以及端口等重要概念，然后讲述不可靠运输协议 UDP 与可靠运输协议 TCP。在详细讲述 TCP 报文段的格式之后，讨论 TCP 的三个重要问题：可靠运输、流量控制和拥塞控制机制。

本章的重要内容：

（1）运输层概述：运输层功能、运输层协议、运输层的端口、套接字。

（2）用户数据报协议 UDP：特点、UDP 首部格式、UDP 校验和。

（3）传输控制协议 TCP：特点、TCP 首部格式、TCP 连接与释放。

（4）可靠运输原理：停止等待协议、TCP 可靠运输。

（5）流量控制与拥塞控制：TCP 流量控制方法、TCP 拥塞控制方法。

 学习目标

（1）能够理解运输层的功能，掌握端口、套接字等相关概念。

（2）能够掌握用户数据报协议 UDP 的特点、首部格式。

（3）能够掌握运输控制协议 TCP 的特点、首部格式。

（4）能够分析传输控制协议 TCP 连接建立过程与释放连接过程。

（5）能够理解可靠运输的基本原理，掌握 TCP 滑动窗口协议。

（6）能够理解 TCP 拥塞控制方法。

6.1 运输层概述

数据链路层和网络层描述了可用于把多台计算机连接在一起的各种技术，从简单的以太网到覆盖全球的互联网。下面要考虑的问题是从这种主机到主机的分组传递服务转向进程的通信信道，这正是网络体系结构中运输层的任务，由于它支持节点上运行的应用程序之间的通信，因此运输层协议有时也称为端到端协议。

从其上层看，需要使用运输层服务的应用层有些特定的需求。下面列出了上层协议希望运输层能提供的一些常用的特性：

- 确保消息成功运输。
- 消息按序运输。
- 支持任意大的消息。
- 支持发送方与接收方之间的同步。
- 允许接收方对发送方进行流量控制。
- 支持每台主机上的多个应用进程等。

从其下层看，运输层协议赖以运行的下层网络所能提供的服务能力有某些限制。其中比较典型的是下层网络可能会：

- 丢弃消息。
- 使消息乱序。
- 传送一个消息的多个副本。
- 限制消息的大小。
- 在任意长延迟后才发送消息。

这样的网络称为是提供尽力而为的服务，因特网就是这种网络的实例。因此，问题的关键是设计出各种算法，把下层网络低于要求的特性转变成应用程序所需要的高级服务，不同的运输层协议应用这些算法的不同组合。本章重点讲解不可靠用户数据报协议 UDP 和可靠运输控制协议 TCP。

6.1.1 运输层功能

在整个网络体系结构中，通常将 OSI/RM 七层模型中的下面三层称为面向通信子网的层，负责通信信道的建立，而将运输层及以上的各层称为面向资源子网的层，负责终端系统间的数据通信。还有一种划分方式，即将运输层及以下的三层统称为面向通信的层，总体来说，负责通信数据运输；而将会话层、表示层和应用层这些不包含任何数据运输功能的层统称为面向应用的层，如图 6-1 所示。

从通信和信息处理两方面来看，运输层既是面向通信部分的最高层，与下面的三层一起共同构建进行网络通信所需的线路和数据运输通道，同时又是面向用户的最低层，因为无论何种网络应用，最终都需要把各种数据报传送到对方。来自应用层的用户数据必须依靠运输

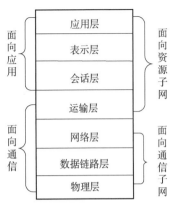

图 6-1　运输层在 OSI/RM 位置

层协议在不同网络中的主机间进行运输，因为仅靠网络层把数据传送到目的主机上还是不够的，还必须把它交给目的主机应用进程。因此，无论运输层使用哪种划分方式，它都起到承上启下的桥梁作用。

下面再从数据通信原理方面具体分析各层的基本作用，从而体会划分运输层的必要性。物理层为数据通信提供实际的物理线路和通信信道，这是任何数据通信的基础；数据链路层为同一网络中（数据链路层的通信限于同一局域网中）的数据通信提供了虚拟的通信通道，可以根据不同链路类型对物理层的比特流进行帧封装和运输；网络层为不同网络间的数据通信提供了数据包的路由、转发功能，把数据包从一个网络中的主机传送到另一网络中的目的主机上，其中需要选择传送的最佳路径。那么，既然网络层已把源主机上发出的数据包传送给了目的主机，为什么还需要设置一个运输层呢？

位于两个网络主机间的真正数据通信主体并不是这两台主机，而是两台主机中的各种网络应用进程。因为在同一时刻，两主机间可以进行多个应用通信。例如，某两个用户在进行视频通信时，还可以进行 QQ 聊天，如图 6-2 所示。主机上不同应用程序通过不同端口号使用运输层协议与远端主机进程进行通信，这表明运输层提供了很重要的功能——**复用**和**分用**。这里的"复用"是指在发送方不同的应用进程都可以使用同一个运输层协议传送数据（当然，需要加上适当首部），而"分用"是指接收方的运输层在剥去报文的头部后能够把这些数据正确交付目的应用进程。图 6-2 中两个运输层之间有一个双向粗箭头，写明"运输层提供应用进程间的逻辑通信"。"**逻辑通信**"的意思是：从应用层来看，只要把应用层报文交给下面的运输层，运输层就可以把这个报文传送到对方的运输层（哪怕双方相距很远，例如几千千米），好像这种通信就是沿水平方向直接传送数据的。但事实上，这两个运输层之间并没有一条水平方向的物理连接。数据是沿着图中的虚线方向（经过多个层次）传送的。

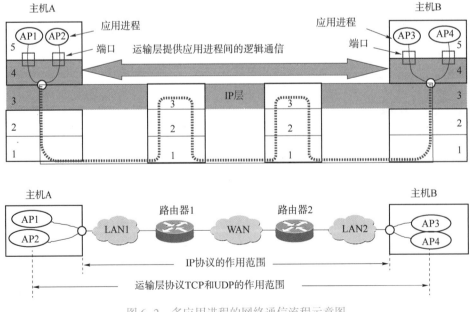

图 6-2　多应用进程的网络通信流程示意图

在运行具体的网络应用时，必须为每一个网络应用配备唯一的应用进程标识，否则所运输的报文就不知道要提交给哪个用户应用进程了。而这里的应用进程识别就要依靠本章所要介绍的运输层了，它就是通过"端口"将不同应用进程进行对应的。

处于不同网络的两台主机的通信过程基本如下：在一个用户主机的应用层发出的应用请求报文到了运输层后，在数据的头部添加对应的运输层协议头部信息，将其封装成数据段，传到网络层后封装在分组中，再依次传到数据链路层，重新封装成数据帧，最后通过物理层以比特流的方式一位一位地向对方网络运输。传送到对方网络中后，数据沿着与发送端相反的方向进行解封装，然后依次运输到对应的运输层，最后提交给应用层中的相应应用进程。如果中间经过多个路由器，则这些中间路由器只进行最低三层的报文封装和解封装，以及其他对应功能，不建立基于运输层的对等连接关系。

所以，网络层为主机间提供逻辑通信，而运输层则为应用进程之间提供端到端的逻辑通信。

6.1.2 运输层两个重要协议

TCP/IP 运输层的两个主要协议都是互联网的正式标准，即：

①用户数据报协议（User Datagram Protocol，UDP）：该协议提供无连接不可靠服务，不保证报文内容的可靠运输。

②传输控制协议（Transmission Control Protocol，TCP）：该协议提供面向连接可靠传输服务，保证报文内容的有序运输。

图 6-3 给出了这两种协议在协议栈中的位置。

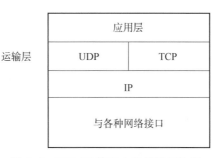

图 6-3 TCP/IP 体系中的运输层协议

UDP 提供无连接不可靠服务，在传送数据之前，不需要与接收方建立连接。远地主机在收到 UDP 报文后，不需要给发送方任何确认。虽然 UDP 提供不可靠交付，但在某些情况下，UDP 却是一种最有效的工作方式。

TCP 则提供面向连接的可靠交付服务，在传送数据之前，必须与接收方先建立连接，数据传送结束后释放连接，TCP 不提供广播或多播服务。TCP 由于要提供面向连接的、可靠的运输服务，因此增加了许多的开销，如确认字段、流量控制机制、计时器以及连接管理等机制，这使协议数据单元的首部增加很多字段，还要占用许多的处理机资源。

除了 UDP 和 TCP，还有一些其他的运输层协议可以用于 TCP/IP 协议栈中。它们的不同之处在于处理运输层任务的方法。开发者并不受限于应用标准的选择。如果 TCP、UDP 以及其他定义的运输层服务都不适合应用需求，那么也可以自己动手编写一个运输层协议，然后让其他人来适应这个协议。

6.1.3 运输层的端口

计算机中的运行进程是用进程标识符来标识的。但运行在网络上的各种应用进程却不应当让操作系统指派它的进程标识符。这是因为在网络上使用的操作系统种类很多，不一样的操作系统又采用不同格式的进程标识符，因此发送方无法识别其他机器上的进程。为了使运行不同操作系统的计算机的应用进程能够互相通信，就必须用统一的方法对 TCP/IP 体系的应用进程进行标识。解决这个问题的方法就是在运输层使用端口号（protocol port number），简称为**端口**（port）。端口用 16 位二进制进行标志。端口号只具有本地意义，即端口号只是为了标识本计算机应用层中的不同进程。在网络上，不同计算机的相同端口号是没有联系的。虽然通信的终点是网络应用进程，但可以把端口想象成通信的终点，因为我们只要把要传送的报文交到目的主机的某一个合适的目的端口就可以了，剩下的工作就由运输层协议来完成。

下面介绍端口的分类。

端口号的范围是 1~65535。分为 3 类端口：熟知端口号、登记端口号、客户端口号（或短暂端口号）。

熟知端口号：数值一般为 0~1023，每个端口号应用于特定熟知的应用协议。这个范围的端口号由 IANA 负责指派。例如，FTP 使用熟知端口号 21，Telnet 使用熟知端口 23 等。一些常见的端口号及其用途见表 6-1。

表 6-1 使用 UDP 和 TCP 协议的各种应用及应用层协议

应用	应用层协议	运输层协议	端口号
文件运输服务	FTP（文件运输协议）	TCP	21
远程终端接入	TELNET（远程终端协议）	TCP	23
超文本运输服务	HTTP（超文本传送协议）	TCP	80
简单邮件运输服务	SMTP（简单邮件传送协议）	TCP	25
加密的超文本运输服务	HTTPS（安全的超文本传送协议）	TCP	443
域名解析服务	DNS（域名系统）	UDP	53
路由选择协议	RIP（路由信息协议）	UDP	520
IP 地址配置	DHCP（动态主机配置协议）	UDP	68
IP 电话	专用协议	UDP	
流式多媒体通信	专用协议	UDP	

登记端口号：数值为 1024~49151，供没有熟知端口号的应用程序使用。使用这个范围的端口号必须在互联网赋号管理局（Internet Assigned Numbers Authority，IANA）登记，以

防止重复。

客户端口号（或短暂端口号）：数值为 49152～65535，留给客户进程选择暂时使用。当服务器端进程收到客户端进程的报文时，就知道了客户进程所使用的动态端口号。通信结束后，这个端口号可供本机上其他客户进程以后使用。

6.1.4　套接字

所谓**套接字**（Socket），就是对网络中不同主机上的应用进程之间进行双向通信的端点的抽象。一个套接字就是网络上进程通信的一端，提供了应用层进程利用网络协议交换数据的机制。从所处的地位来讲，套接字上联应用进程，下联网络协议栈，是应用程序通过网络协议进行通信的接口，是应用程序与网络协议栈进行交互的接口。通常，套接字采用客户机-服务器架构。服务器通过监听指定端口，来等待客户请求。服务器在收到请求后，接受来自客户套接字的连接，从而完成连接。

1. 套接字表示方法

套接字 Socket =（IP 地址:端口号），套接字采用点分十进制的 IP 地址后面写上端口号表示，中间用冒号或逗号隔开。每一个连接唯一地被通信两端的两个套接字所确定。例如：如果 IP 地址是 220.137.45.110，而端口号是 80，那么得到的服务器端套接字就是（220.137.45.110：80）。

例如，当客户进程发出 Web 服务连接请求时，它的主机为它分配一个短暂端口号。当 IP 地址为 146.86.5.120 的主机 X 希望与 IP 地址为 220.137.45.110 的 Web 服务器（其监听端口 80）建立连接时，它所分配的端口为 50007。该连接由一对套接字组成：主机 X 上的（146.86.5.120：50007），Web 服务器上的（220.137.45.110：80）。这种情况如图 6-4 所示。

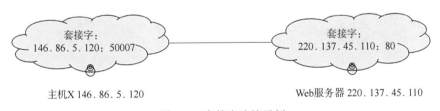

图 6-4　套接字连接示例

2. 套接字连接类型

流套接字：该套接字提供面向连接可靠传输的数据服务。该服务能保证数据实现无差错、无重复、按顺序到达接收端，其使用了运输控制协议 TCP。

数据报套接字：该套接字提供一种无连接不可靠的服务。该服务不能保证数据传输的可靠性，数据在传输过程中有可能丢失或数据重复，并且无法保证顺序地到达接收方。数据报套接字使用 UDP 协议进行数据的传输。

原始套接字：该套接字可以读写内核没有处理的 IP 数据包。如果要访问其他协议发送的数据，必须使用原始套接字。

6.2　用户数据报协议 UDP

有一些网络应用，其应用的连续性可能更重要，如视频会议、语音电话，其中丢失一部分数据的影响并不大，用户通过上下文部分的内容可能猜得出来，甚至这部分影响很难看得出来，但如果出现运输中断，或者延迟严重，可能就无法接受了。于是，为了满足上述网络应用需求，出现了一种无连接的运输层协议 UDP。

6.2.1　UDP 的基本特点

UDP 是一种无连接不可靠运输层协议。该服务对消息中运输的数据提供不可靠的、尽最大努力的传送。这意味着它不保证 UDP 用户数据报的到达，也不保证所传送 UDP 用户数据报的顺序是否正确。总体来说，UDP 具有以下几个方面的明显特性。

1. 无连接性

UDP 可以提供无连接的数据报服务，决定了在使用 UDP 进行数据运输前，是不需要建立专门的运输连接的，当然，在数据发送结束时，也无须释放连接。

2. 不可靠性

因为 UDP 运输数据时是不需要事先建立专门运输连接的，所以它的运输是不可靠的（但会尽最大努力进行交付），很可能运输不成功，如图 6-5 所示。UDP 特别适用于一些短消息类的数据运输，如 DHCP、DNS 中的一些消息就是采用 UDP 进行运输的。

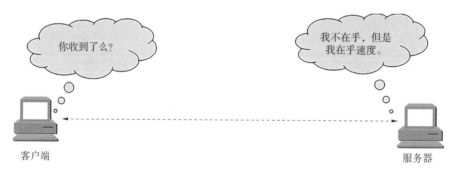

图 6-5　UDP 是无连接，不可靠服务

3. 以报文为边界

UDP 直接对应用层提交的报文进行封装、运输，但不拆分，也不合并，保留原来报文的边界。因此，UDP 是报文流，如图 6-6 所示。因为 UDP 不拆分报文，自然也就没有报文段之说，但 UDP 报文运输到网络层后，在网络层仍然可以根据网络的 MTU 值进行分割。

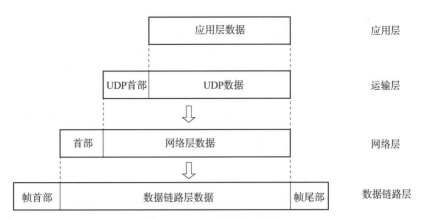

图 6-6　UDP 是面向报文的

4. 无流量控制和拥塞控制功能

使用 UDP 进行数据运输时，不能进行流量控制和拥塞控制，因为这类数据运输的连续性要比数据的完整性更重要，允许数据在运输过程有部分丢失，如 IP 电话、流媒体通信等。

5. 支持各种交互通信方式

UDP 支持各种通信方式，即可以是一对一、一对多、多对一和多对多的方式，计算机网络中有许多使用 UDP 的应用服务，如 DNS、SNMP、DHCP 和 RIP 等。

6.2.2　UDP 的首部格式

用户数据报协议 UDP 包含首部和数据两个部分。首部有 4 个字段，共 8 字节，如图 6-7 所示。每个字段的长度都是两字节。各字段意义如下：

源端口号：源主机端口号，代表发送应用进程使用的端口号。

目的端口号：目的主机端口号。代表终点交付报文时使用的端口号。

UDP 长度：UDP 用户数据报的长度，当只有首部时，其字段最小值是 8。

UDP 检验和：检测 UDP 用户数据报在传输过程中是否有错。

图 6-7　UDP 首部格式

6.2.3　UDP 检验和

UDP 检验和检测 UDP 首部及 UDP 数据，而 IP 首部的检验和只检测 IP 的首部部分，并不检测 IP 数据报中的任何数据。UDP 用户数据报检验和字段计算方法有些特殊。在计算检验和时，要在 UDP 用户数据报之前增加 12 字节的伪首部。

UDP 检验和的基本计算方法与 IP 首部检验和计算方法相类似，均采用二进制反码和的方式计算。UDP 数据报包含了一个 12 字节长的伪首部，伪首部并不是 UDP 真正的首部，它是为了计算检验和而设置的。在计算检验和时，伪首部临时添加在 UDP 用户数据报前面，得到一个临时的 UDP 用户数据报。检验和就是按照这个临时的 UDP 用户数据报来计算的。伪首部不会传送。UDP 检验和既检查了 UDP 用户数据报的源端口号和目的端口号以及 UDP 用户数据报的数据部分，又检查了 UDP 数据报的源 IP 地址和目的 IP 地址。UDP 数据报中的伪首部格式如图 6-8 所示。

图 6-8　UDP 数据报中的伪首部格式

UDP 检验和是一个端到端的检验和。它由发送端计算，然后由接收端验证。其目的是发现 UDP 首部和数据在发送端到接收端之间发生的任何改动。

6.3　运输控制协议 TCP

6.3.1　TCP 的基本特点

（1）面向连接

应用程序在使用 TCP 之前，必须先建立 TCP 运输连接；在运输数据完毕后，必须释放已建立的 TCP 运输连接。

（2）仅支持单播

每条 TCP 运输连接只能有两个端点，只能进行点对点的数据运输，不支持多播和广播运输方式。

（3）提供可靠的交付

通过 TCP 运输的数据可以无差错、不丢失、不重复，并且按时序到达对方。

（4）支持全双工运输

TCP 允许通信双方的应用程序在任何时候都能发送数据，因为 TCP 连接的两端都设有发送和接收缓存，用来临时存放双向通信的数据。当然，TCP 可以立即发送一个数据段，也可以缓存一段时间，以便一次发送更多的报文段。

（5）TCP 连接是基于字节流的，而非报文流

TCP 采用字节流方式进行数据运输。TCP 中的"**流**"（stream）指的是发送到接收方进程或从发送方进程发送出的字节序列。"**面向字节流**"的含义是：虽然应用程序和 TCP 交互是一次一

个数据块，每个数据块可能大小不同，但 TCP 把这些数据仅仅看成是一串的无结构的字节流，不知道所传送的字节流的代表含义。TCP 不能保证接收方收到的数据块和发送方发出的数据块具有对应大小的关系。接收方应用程序收到的字节流必须和发送方应用程序发出的字节流完全一样。接收方的应用程序能够识别收到的字节流，把它还原成应用层数据，如图 6-9 所示。

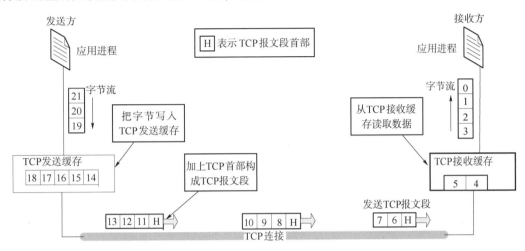

图 6-9　TCP 面向字节流

（6）每次发送的 TCP 报文段大小可变

在 TCP 中，每次发送多少字节的数据不固定，不是由发送方主机当前可用缓存决定的，而是根据接收方给出的窗口大小和当前网络的拥塞程度来决定。

TCP 的运输单元是 TCP 报文段，TCP 报文段是在应用层传送的数据基础上进行封装的。如果应用层传送的报文太长，超出了 MSS（Maximum Segment Size，最大报文段大小），则需要对报文进行分段。每次传输的 TCP 报文段大小是由应用层数据和 MSS 双重决定的。因此，每次发送的 TCP 报文段长度也是不固定的。如果应用进程传送到 TCP 缓存的数据太长，TCP 可以对它进行分段；反之，如果传到 TCP 缓存中的数据太小，则 TCP 会等待缓存中有足够多的数据后，再组装成一个数据段一起发送。

6.3.2　TCP 首部

TCP 通过报文段的交互来建立连接、运输数据、发出确认，以及进行差错控制、流量控制及关闭连接。整个 TCP 报文段也分为首部和数据两部分，所谓首部，就是 TCP 为了实现端到端可靠运输而加上的 TCP 控制信息，而数据部分则是指由应用层来的用户数据。

TCP 数据被封装在一个 IP 数据报中，如图 6-10 所示。

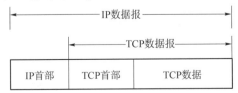

图 6-10　TCP 数据报在 IP 数据报中封装

TCP 首部数据格式如图 6-11 所示。如果不计选项字段，TCP 首部最小长度是 20 字节。

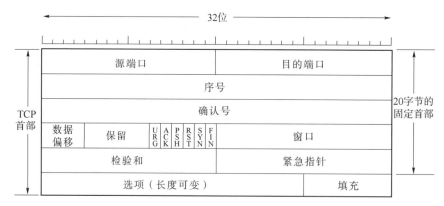

图 6-11 TCP 首部数据格式

源端口和目的端口：源端口和目的端口分别代表发送方和接收方的 TCP 端口号，各占 16 位。一个端口与其主机的 IP 地址就可以完整地标识一个端点了，构成了套接字。

序号：序号指 TCP 数据段中的"数据"部分的第一字节的编号，占 32 位。在一个 TCP 连接中，传送数据字节流中的每一个数据字节都要按顺序进行编号，在首部中标识的只是每个数据段的第一个数据字节的编号。整个要传送的字节流的起始序号必须在连接建立时设置。例如，一个数据段的"序号"字段值是 101，而该数字段中共有 100 字节，表明本数据段的最后一字节的编号是 200。这样，下一个数据段的"序号"字段值应该是 201。序号是 32 位的无符号数，序号到达 $2^{32}-1$ 后又从 0 开始。

确认号：确认号指期望接收到对方下一个数据段中"数据"部分的第一字节序号，占 32 位。注意，"确认号"不是代表已经正确接收到的最后一字节的序号。例如，主机 B 已收到主机 A 发来的一个数据段，其序号值是 101，而该数据段的长度是 100 字节。主机 B 发送的确认号应该是 201，即确认序号应当是上次已成功收到的数据字节序号加 1。只有 ACK 标志为 1 时，确认序号字段才有效。

数据偏移：数据偏移指数据段中的"数据"部分起始处距离 TCP 报文段起始处的字节偏移量，占 4 位。其实这里的"数据偏移"也是在确定 TCP 报文段首部的长度，因为 TCP 数据段头中有不确定的"可选项"字段，所以数据偏移字段是非常必要。但要注意的是，数据偏移量是以 32 位（即 4 字节）为单位来计算的，而不是以单字节来计算的。因为 4 比特位可以表示的最大数为 15，所以数据偏移量最大为 60 字节，这也是 TCP 数据段头部分的最大长度。

保留：这是为将来应用而保留的 6 比特位，目前应全设置为 0。

确认（ACK）：Acknowledgement（确认）控制位，指示 TCP 数据段中的"确认号"字段是否有效，占 1 位。仅当 ACK 位置 1 时，才表示"确认号"字段有效，否则表示"确认号"字段无效。

推送（PSH）：Push（推）控制位，指示是否需要立即把收到的该数据段提交给应用进程，占 1 位。当 PSH 位置 1 时，要求接收端尽快把该数据段提交给应用进程，而置 0 时没这个要求，可以先缓存起来。

复位（**RST**）：Reset（重置）控制位，用于释放一个已经混乱的运输连接，然后重建新的运输连接，占 1 位。当 RST 位置 1 时，释放当前运输连接，然后可以重新建立运输连接。

同步（**SYN**）：Synchronization（同步）控制位，用来在运输连接建立时同步运输连接序号，占 1 位。当 SYN 位置 1 时，表示这是一个连接请求或连接确认报文。当 SYN = 1，而 ACK = 0 时，表明这是一个连接请求，如果对方同意建立连接，则对方会返回一个 SYN = 1、ACK = 1 的确认。

终止（**FIN**）：Final（结束）控制位，用于释放一个运输连接，占 1 位。当 FIN 位置 1 时，表示数据全部运输完成，发送端没有数据要运输了，要求释放当前连接，但是接收端仍然可以继续接收还没有接收完的数据。在正常运输时，该位置 0。

窗口：指示发送此 TCP 数据段的主机上用来存储传入数据段的窗口大小，也即发送者当前可以接收的最大字节数。“窗口”字段的值告诉接收本数据段的主机，从本数据段中所设置的“确认”值算起，本端目前允许对端发送字节数，是作为让对方设置其发送窗口大小的依据。假设本次所发送数据段的“确认”字段值为 501，而“窗口”字段值是 100，则从 501 算起，本端还可以接收 100 字节（字节序号是 501~600）。

检验和：检验和是指对“首部”“数据”和“伪头部”这三部分进行校验，占 16 位。“伪头部”包括源主机和目的主机的 32 位 IP 地址、TCP 协议号 6，以及 TCP 数据段长度。

紧急指针：仅当前面的 URG 控制位置 1 时才有意义，它指出本数据段中紧急数据的字节数，占 16 位。“紧急指针”字段指明了紧急数据的末尾在数据段中的位置。当所有紧急数据处理完成后，TCP 就会告诉应用程序恢复到正常操作。要注意的一点是，即使当前窗口大小为 0，也是可以发送紧急数据的，因为紧急数据无须缓存。

选项：选项字段是可选的，并且长度可变，最长可达 40 字节。当没有使用该字段时，TCP 头部的长度是 20 字节。它可以包括窗口缩放选项、MSS、选项、SACK（选择性确认）选项、时间戳（Timestamp）选项等。

MSS 是每一个 TCP 报文段中的数据字段的最大长度。数据字段加上 TCP 首部才等于整个 TCP 报文段。MSS 并不是整个 TCP 报文段的长度，而是“TCP 报文段长度减去 TCP 首部长度”。

为什么要规定一个最大报文段长度 MSS 呢？这并不是考虑接收方的接收缓存可能放不下 TCP 报文段中的数据。实际上，MSS 与接收窗口值没有关系。我们知道，TCP 报文段数据部分至少要加上 40 字节的首部（TCP 首部 20 字节和 IP 首部 20 字节，这里还没有考虑首部中的选项部分），才能组装成一个 IP 数据报。若选择较小的 MSS，网络的利用率就降低。假设在极端的情况下，当 TCP 报文段只有 1 字节的数据时，IP 数据报的开销至少有 40 字节，其中包括 TCP 报文段的首部和 IP 数据报的首部。这样，网络的利用率就不会超过 1/41，并且到了数据链路层还要加上一些开销。但是，如果 TCP 报文段非常长，那么在 IP 层就有可能要分解成多个短 IP 数据报片，在终点要把收到的各个短 IP 数据报片组装成原来的 TCP 报文段。当传输出错时，还要进行重传。这些也都会使开销增大。因此，MSS 应尽可能大些，只要在 IP 层传输时不分片就行。由于 IP 数据报所经历的路径是动态变化的，因此，可能在这条路径上确定的不分片的 MSS，改走另一条路径时，就可能需要进行分片。所以最佳的 MSS 是很难确定的。在连接建立的过程中，双方把自己能够支持的 MSS 写入这一字段，以后就按照这个数值传送数据，两个传送方向可以有不同的 MSS 值。若主机未填写这一项，则 MSS 的默认值是 536 字节。因此，所有在互联网上的主机都能接受的报文段长度应是 536+20（固定首部长度）= 556（字节）。

下面通过 Wireshark 软件捕获一个数据包，先来看看运输层 TCP 报文段都有哪些字段。打开抓包软件 Wireshark，启动捕获，然后访问任意一个网站，如图 6-12 所示，停止捕获后，选择了其中一个数据包，展开 "Transmission Control Protocol"，就能够看到 TCP 首部的全部字段了。

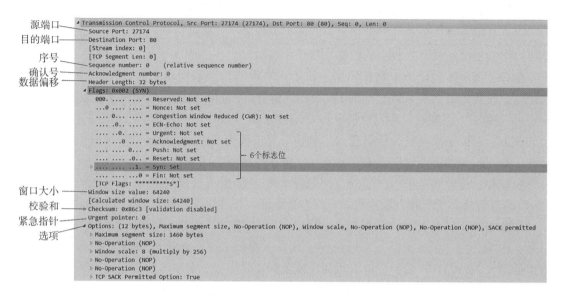

图 6-12　TCP 报文段抓包示例

6.4　TCP 连接与释放

TCP 是一个面向连接的协议。无论哪一方向另一方发送数据之前，都必须先在双方之间建立一条连接。本节将详细讨论一个 TCP 连接是如何建立以及通信结束后是如何终止的。

6.4.1　TCP 的连接建立

IP 负责将分组从网络中的一台计算机传送到另一台计算机，TCP 抽象化了 IP 的细节，确保报文能够在另一端正确重组，进而被理解。SYN 与 ACK 是报文中建立连接的重要标志位。序列号（Sequence Number）用于标识报文段，以方便将报文进行重组。这是因为网络是一个特殊的环境，有时会出现拥塞丢失，有时报文会出现无序到达。ACK 表示"确认收到"，是接收方计算机对发送方计算机说"好，已收到"的方式。

为了理解 TCP 的连接过程，看一下下面的简单例子，如图 6-13 所示。

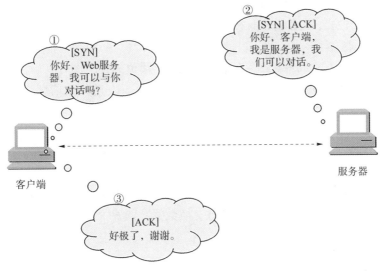

图 6-13 客户端与服务器对话视图

①客户端浏览器首先发送一个 SYN 报文，其中包含了一个新的序列号。

②Web 服务器回复一个 ACK 报文表示确认收到，同时也发送一个 SYN 报文。

③客户端浏览器回复一个 ACK 表示确认收到。此时通信双方都已加入 TCP 连接中，准备好开始对话。

一旦连接建立，就可以真正开始运输一个文件（比如图像）了。文件通常被封装在多报文中进行运输。这取决于文件的大小。服务器在发送一个报文之后，会等待浏览器回复确认报文。

应用数据被划分成若干个 TCP 认为最佳大小的数据块，然后被发送出去。而在 UDP 中，每一次应用程序写入的数据大小就决定了 UDP 数据报的大小。在这一点上，TCP 与 UDP 完全不同。

下面通过抓包方式来理解 TCP 连接建立过程。如图 6-14 所示，前三个报文段是 TCP 连接建立报文段。

No.	T: Source	Destination	Protocc	Lengt	Frame	Info
1 …	10.64.6.150	124.193.249.5	TCP	66	Yes	27174 → 80 [SYN] Seq=0 Win=64240 Len=0 MSS=1460 WS=256 SACK_PERM=1
2 …	124.193.249.5	10.64.6.150	TCP	62	Yes	80 → 27174 [SYN, ACK] Seq=0 Ack=1 Win=14600 Len=0 MSS=1448 SACK_PERM=1
3 …	10.64.6.150	124.193.249.5	TCP	54	Yes	27174 → 80 [ACK] Seq=1 Ack=1 Win=64240 Len=0
4 …	10.64.6.150	124.193.249.5	HTTP	487	Yes	GET / HTTP/1.1
5 …	124.193.249.5	10.64.6.150	TCP	60	Yes	80 → 27174 [ACK] Seq=1 Ack=434 Win=15544 Len=0
6 …	124.193.249.5	10.64.6.150	TCP	1502	Yes	[TCP segment of a reassembled PDU]
7 …	124.193.249.5	10.64.6.150	TCP	1502	Yes	[TCP segment of a reassembled PDU]
8 …	124.193.249.5	10.64.6.150	TCP	1273	Yes	[TCP segment of a reassembled PDU]
9 …	124.193.249.5	10.64.6.150	TCP	1502	Yes	[TCP segment of a reassembled PDU]
10 …	10.64.6.150	124.193.249.5	TCP	54	Yes	27174 → 80 [ACK] Seq=434 Ack=4116 Win=65160 Len=0
11 …	10.64.6.150	124.193.249.5	TCP	54	Yes	27174 → 80 [ACK] Seq=434 Ack=5564 Win=65160 Len=0
12 …	124.193.249.5	10.64.6.150	TCP	1502	Yes	[TCP segment of a reassembled PDU]
13 …	124.193.249.5	10.64.6.150	HTTP	1123	Yes	HTTP/1.1 200 OK (text/html)
14 …	124.193.249.5	10.64.6.150	TCP	60	Yes	80 → 27174 [FIN, ACK] Seq=8081 Ack=434 Win=15544 Len=0
15 …	10.64.6.150	124.193.249.5	TCP	54	Yes	27174 → 80 [ACK] Seq=434 Ack=8082 Win=65160 Len=0
16 …	10.64.6.150	124.193.249.5	TCP	54	Yes	27174 → 80 [FIN, ACK] Seq=434 Ack=8082 Win=65160 Len=0
17 …	124.193.249.5	10.64.6.150	TCP	60	Yes	80 → 27174 [ACK] Seq=8082 Ack=435 Win=15544 Len=0

图 6-14 TCP 连接建立过程抓包示意图

①客户端 10.64.6.150 首先向 Web 服务器 124.193.249.5 请求连接建立，称为第一次握手，源端口号是 27174，目的端口号是 80，标志位 SYN=1，序号 Seq=0，协商 MSS 字段值、

SACK 字段值等详见图 6-14 序号 1 报文。

②Web 服务器 124.193.249.5 向客户端 10.64.6.150 响应连接，称为第二次握手，服务器确认连接建立，源端口号为 80，目的端口号为 27174，标志位 SYN = 1，ACK = 1，序号 Seq = 0，确认号 Ack = 1，协商 MSS 字段值、SACK 字段值等详见图 6-14 序号 2 报文。

③客户端 10.64.6.150 向 Web 服务器 124.193.249.5 发送确认信息，称为第三次握手，源端口号是 27174，目的端口号是 80，标志位 ACK = 1，序号 Seq = 1，详见图 6-14 序号 3 报文。

当三次握手结束后，客户端向服务器请求 HTTP 报文，服务器会根据请求内容对数据进行分段运输。

三次握手的基本含义在于两个通信主机在传输数据之前建立一条连接，当建立的连接被使用后，也就意味双方节点彼此了解，同意交换数据。图 6-15 描述了三次握手过程以及客户端和服务器状态变化情况。

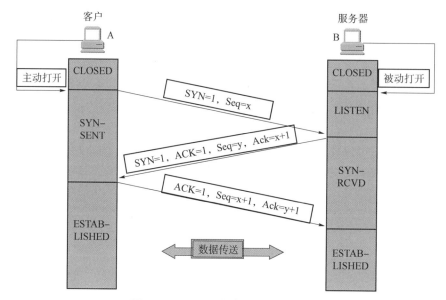

图 6-15　TCP 连接建立与状态变化过程

假定主机 A 运行 TCP 客户端，而主机 B 运行 TCP 服务器，最初两端的进程都处于 CLOSED（关闭）状态。图中在主机下面的方框分别是 TCP 进程所处的状态。请注意，在本例中，A 主动打开连接，而 B 被动打开连接。

一开始，B 的服务器进程先创建运输控制块 TCB，准备接收客户进程的连接请求。然后服务器进程就处于 LISTEN（收听）状态，等待客户的连接请求。

A 的客户进程也需要创建运输控制模块 TCB。然后，向 B 发出连接请求报文段，这时首部中的同步位 SYN = 1，同时，选择一个初始序号 Seq = x。TCP 规定，SYN 报文段（即 SYN = 1 的报文段）不能携带数据，但要消耗掉一个序号。这时，TCP 客户进程进入 SYN-SENT（同步已发送）状态。

B 收到连接请求报文段后，如果同意建立连接，则向 A 发送确认报文段。在确认报文段中，应把 SYN 位和 ACK 位都置 1，确认号是 Ack = x + 1，同时也为自己选择一个初始序号 Seq = y。注意，这个报文段也不能携带数据，但同样要消耗掉一个序号。这时 TCP 服务器进程进入 SYN-RCVD（同步收到）状态。

TCP 客户进程收到 B 的确认后，还要向 B 给出确认。确认报文段的 ACK 置 1，确认号 Ack = y+1，而自己的序号 Seq = x+1。TCP 的标准规定，ACK 报文段可以携带数据。但如果不携带数据，则不消耗序号，在这种情况下，下一个数据报文段的序号仍是 Seq = x+1。这时，TCP 连接已经建立，A 进入 ESTABLISHED（已建立连接）状态。

当 B 收到 A 的确认后，也进入 ESTABLISHED 状态。

6.4.2 TCP 的连接释放

建立一条连接需要三次握手，发送三个报文段，而结束一条连接需要四次挥手，发送四个报文段。由于 TCP 连接是全双工的，每个方向都需要独立关闭连接。连接的任意一端都能够发送一个 TCP FIN 报文表示自己已经发送完毕。当 TCP 连接一端收到 FIN 报文时，就会通知应用程序另一端已经终止了这个方向的数据流。发送 FIN 报文通常意味应用程序宣布关闭，如图 6-16 所示。

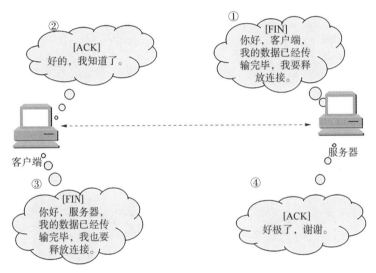

图 6-16 客户端与服务端释放连接视图

下面通过抓包对 TCP 释放连接进行解释，如图 6-17 所示。

①服务器 124.193.249.5 首先向客户端 10.64.6.150 发送释放连接 TCP 报文段，源端口号是 80，目的端口是 27174，标志位 FIN = 1，Seq = 8081，代表服务器首先运输完毕数据，需要请求释放服务器到客户端的连接，详见图 6-17 序号 14 报文。

②客户端 10.64.6.150 向服务器 124.193.249.5 发送确认 TCP 报文段，源端口是 27174，目的端口是 80，标志位 ACK = 1，Seq = 434，表示客户端对服务器释放连接请求的确认，详见图 6-17 序号 15 报文。

③客户端 10.64.6.150 向服务器 124.193.249.5 发送释放连接 TCP 报文段，源端口是 27174，目的端口是 80，标志位 FIN = 1，Seq = 434，代表客户端运输完毕数据，需要请求释放客户端到服务器的连接，详见图 6-17 序号 16 报文。

No.	T.	Source	Destination	Protocc	Lengt	Frame	Info
1	…	10.64.6.150	124.193.249.5	TCP	66	Yes	27174 → 80 [SYN] Seq=0 Win=64240 Len=0 MSS=1460 WS=256 SACK_PERM=1
2	…	124.193.249.5	10.64.6.150	TCP	62	Yes	80 → 27174 [SYN, ACK] Seq=0 Ack=1 Win=14600 Len=0 MSS=1448 SACK_PERM=1
3	…	10.64.6.150	124.193.249.5	TCP	54	Yes	27174 → 80 [ACK] Seq=1 Ack=1 Win=64240 Len=0
4	…	10.64.6.150	124.193.249.5	HTTP	487	Yes	GET / HTTP/1.1
5	…	124.193.249.5	10.64.6.150	TCP	60	Yes	80 → 27174 [ACK] Seq=1 Ack=434 Win=15544 Len=0
6	…	124.193.249.5	10.64.6.150	TCP	1502	Yes	[TCP segment of a reassembled PDU]
7	…	124.193.249.5	10.64.6.150	TCP	1502	Yes	[TCP segment of a reassembled PDU]
8	…	124.193.249.5	10.64.6.150	TCP	1273	Yes	[TCP segment of a reassembled PDU]
9	…	124.193.249.5	10.64.6.150	TCP	1502	Yes	[TCP segment of a reassembled PDU]
10	…	10.64.6.150	124.193.249.5	TCP	54	Yes	27174 → 80 [ACK] Seq=434 Ack=4116 Win=65160 Len=0
11	…	10.64.6.150	124.193.249.5	TCP	54	Yes	27174 → 80 [ACK] Seq=434 Ack=5564 Win=65160 Len=0
12	…	124.193.249.5	10.64.6.150	TCP	1502	Yes	[TCP segment of a reassembled PDU]
13	…	124.193.249.5	10.64.6.150	HTTP	1123	Yes	HTTP/1.1 200 OK (text/html)
14	…	124.193.249.5	10.64.6.150	TCP	60	Yes	80 → 27174 [FIN, ACK] Seq=8081 Ack=434 Win=15544 Len=0
15	…	10.64.6.150	124.193.249.5	TCP	54	Yes	27174 → 80 [ACK] Seq=434 Ack=8082 Win=65160 Len=0
16	…	10.64.6.150	124.193.249.5	TCP	54	Yes	27174 → 80 [FIN, ACK] Seq=434 Ack=8082 Win=65160 Len=0
17	…	124.193.249.5	10.64.6.150	TCP	60	Yes	80 → 27174 [ACK] Seq=8082 Ack=435 Win=15544 Len=0

图 6-17 TCP 连接释放过程抓包示意图

④服务器 124.193.249.5 向客户端 10.64.6.150 发送确认 TCP 报文段，源端口号是 80，目的端口是 27174，标志位 ACK＝1，Seq＝8082，表示客户端对服务器释放连接请求的确认，详见图 6-17 序号 17 报文。

经过上述四个 TCP 报文段，客户端与服务器之间连接释放。

TCP 连接释放过程比较复杂，需结合双方状态的改变来阐明连接释放的过程，如图 6-18 所示。

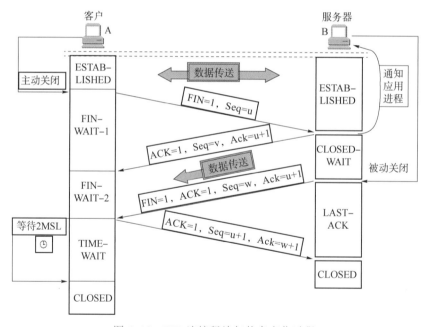

图 6-18 TCP 连接释放与状态变化过程

数据运输结束后，通信的双方均可释放连接。假设 A 的应用进程首先发出连接释放，并停止发送数据。A 生成释放报文，设置首部的终止控制位 FIN 为 1，序号 Seq＝u，它等于已传送过的数据的最后一字节的序号加 1，然后发送给 B。此时 A 进入 FIN-WAIT-1，等待 B 的确认。注意，TCP 规定，FIN 报文段会消耗一个序号。B 接收到 A 发送过来的连接释放报文段后，会发出确认报文段，设置确认标志位 ACK＝1，确认号是 Ack＝u+1，这个报文段自己的序号是 v，等于 B 前面已传送过的数据的最后一字节的序号加 1。然后 B 就进入

CLOSED-WAIT 状态。TCP 服务器进程通知高层应用进程，因而从 A 到 B 这个方向的连接就释放了，即 A 已经没有数据要发送了，但 B 若发送数据，A 仍要接收。这时的 TCP 连接处于半关闭（half-close）状态。也就是说，从 B 到 A 这个方向的连接并未关闭，这个状态可能会持续一段时间。

A 收到来自 B 的确认后，就进入 FIN-WAIT-2 状态，等待 B 发出的连接释放报文段。

假设 B 已经没有向 A 发送的数据，其应用进程就通知 TCP 释放连接。这时 B 发出的连接释放报文段设置标志位 FIN=1，假定 B 的序号为 w（在半关闭状态，B 可能又发送了一些数据），确认号 Ack=u+1，该确认号是 B 重复上次已发送过的确认号。这时 B 就进入 LAST-ACK（最后确认）状态，等待 A 的确认。

A 在收到 B 的连接释放报文段后，必须对此发出确认。在确认报文段中把 ACK 置 1，确认号 Ack=w+1，序号是 Seq=u+1。然后进入 TIME-WAIT（时间等待）状态。注意，此时 TCP 连接没有释放掉，必须经过时间等待计时器（TIME-WAIT timer）设置时间为 2MSL 后，A 才进到 CLOSED 状态。时间 MSL 叫作最长报文段寿命（Maximum Segment Lifetime），RFC273 建议设为 2 min。但这完全是从工程上来考虑的，对于现在的网络，MSL=2 min 可能太长了一些，因此 TCP 允许不同的实现可根据具体情况使用更小的 MSL 值。

为什么 A 在 TIME-WAIT 状态必须等待 2MSL 的时间呢？这有两个理由：

第一，为了保证 A 发送的最后一个 ACK 报文段能够到达 B。这个 ACK 报文段有可能丢失，因而使处在 LAST-ACK 状态的 B 收不到对已发送的 FIN+ACK 报文段的确认。B 会超时重传这个 FIN+ACK 报文段，而 A 就能在 2MSL 时间内收到这个重传的 FIN+ACK 报文段。接着 A 重传一次确认，重新启动 2MSL 计时器。最后，A 和 B 都正常进入 CLOSED 状态。

第二，A 在发送完最后一个 ACK 报文段后，再经过时间 2MSL，就可使本连接持续的时间内所产生的所有报文段都从网络中消失，这样就可以使下一个新的连接中不会出现这种旧的连接请求报文段。

6.4.3 TCP 状态迁移图

这里进一步探究 TCP 三次握手和四次挥手过程中的状态变迁以及数据运输过程。先看 TCP 状态迁移，如图 6-19 所示。

上半部分是 TCP 三次握手过程的状态变迁，下半部分是 TCP 四次挥手过程的状态变迁。

CLOSED：起始点，在超时或者连接关闭时候进入此状态，这并不是一个真正的状态，而是这个状态图的假想起点和终点。

LISTEN：服务器端等待连接的状态。服务器开始监听客户端发过来的连接请求。此过程称为应用程序被动打开（等到客户端连接请求）。

SYN-SENT：第一次握手发生阶段，客户端发起连接。客户端发送标志位 SYN=1 请求报文段给服务器端，然后进入 SYN-SENT 状态，等待服务器端确认报文。如果服务器端不能连接，则直接进入 CLOSED 状态。

SYN-RCVD：第二次握手发生阶段，这里是服务器端接收到了客户端的 SYN 请求报文，此时服务器状态由 LISTEN 状态进入 SYN-RCVD 状态，同时，服务器端发送一个 SYN=1、ACK=1（ACK，SYN）报文给客户端。

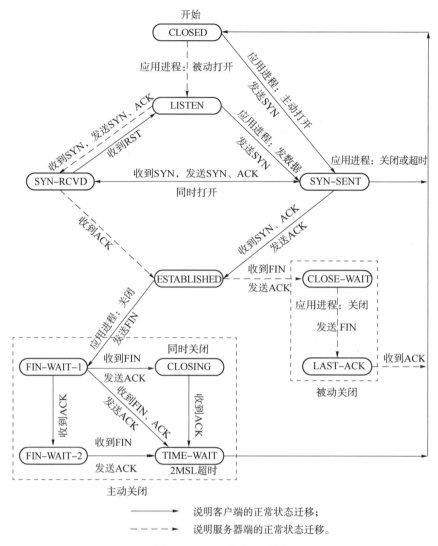

图 6-19　TCP 状态迁移图

ESTABLISHED：第三次握手发生阶段，客户端接收到服务器端的（ACK，SYN）报文段之后，也会发送一个 ACK 确认报文段，客户端进入 ESTABLISHED 状态，表明客户端这边已经准备好，但 TCP 需要两端都准备好才可以进行数据运输。服务器端收到客户端的 ACK 之后，会从 SYN-RCVD 状态转移到 ESTABLISHED 状态，表明服务器端也准备好进行数据运输了。这样客户端和服务器端都是 ESTABLISHED 状态，就可以进行后面的数据运输了。所以 ESTABLISHED 也可以说是一个数据传送状态。

上面就是 TCP 三次握手过程的状态变迁。

下面看看 TCP 四次挥手过程的状态变迁，主动关闭方以客户端为例。

FIN-WAIT-1：第一次挥手。客户端会发送 FIN=1 报文段给服务器，然后等待服务器返回 ACK 确认报文段。

CLOSE-WAIT：第二次挥手。服务器接收到 FIN=1 报文段之后，会发送 ACK=1 确认报文段，被动关闭的一方进入此状态。之所以叫 CLOSE-WAIT，可以理解为被动关闭的一方此时正在等待上层应用程序发出关闭连接指令。

FIN−WAIT−2：客户端执行主动关闭发送 FIN = 1 报文段后，会接收到服务器返回的 ACK = 1 确认报文段，然后进入此状态。

LAST−ACK：第三次挥手。服务器端发送 FIN = 1 报文段给客户端，要求发起关闭请求，由 CLOSE−WAIT 状态进入此状态，在接收到 ACK 时，服务器进入 CLOSED 状态。

TIME−WAIT：第四次挥手。客户端接收到 FIN = 1 报文段后，发送 ACK = 1 报文段，进入该状态。

CLOSING：两边同时发起关闭请求时（即主动方发送 FIN，等待被动方返回 ACK，同时被动方也发送了 FIN，主动方接收到了 FIN 之后，发送 ACK 给被动方），主动方会由 FIN−WAIT−1 进入此状态，等待被动方返回 ACK。

📔 6.5　TCP 可靠运输的工作原理

TCP 发送的报文段是交给 IP 层进行传送的，但 IP 层提供无连接不可靠服务，因此，TCP 必须采用适当的措施才能使两个运输层之间的通信变得可靠。

理想的运输条件有以下两个特点：

①运输信道不产生差错。

②不管发送方以多快的速度发送数据，接收方总是来得及处理收到的数据。在这样的理想运输条件下，不需要采取任何措施就能够实现可靠运输。

然而，实际的网络都不具备以上两个理想条件。但可以使用一些可靠运输协议，当出现差错时，让发送方重传出现差错的数据，同时，在接收方来不及处理收到的数据时，及时告诉发送方适当降低发送数据的速度。这样，本来不可靠的运输信道就能够实现可靠运输了。下面从最简单的停止等待协议讲起。

6.5.1　停止等待协议

全双工通信的双方既是发送方，也是接收方。下面为了讨论问题的方便，仅考虑发送方发送数据而接收方接收数据并发送确认。这里是讨论可靠传输的原理，因此把传送的数据单元都称为分组。

最简单的可靠传输方案是停止-等待（stop-and-wait）算法。停止-等待的思想很简单，发送方运输一个分组之后，在发送下一个分组之前等待确认。如果在一段时间之后确认没有到达，则发送方超时，并重传原始分组。

图 6-20 所示说明此算法的四种不同情形。图中使用时间线，这是描述协议行为的一种常用方法。左侧表示发送方，右侧表示接收方，时间从上向下流动。图 6-20（a）表示在计时器超时之前发送方收到 ACK 的情况，图 6-20（b）和图 6-20（c）分别表示原始分组和 ACK 丢失的情况，图 6-20（d）表示超时发生的情况。"丢失"的意思是指分组在运输中出错时，接收方用差错码检测到这类差错，接着将分组丢弃。

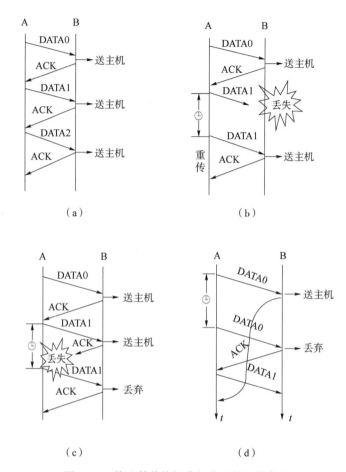

图 6-20　停止等待协议分组发送的几种类型

（a）超时前收到 ACK；（b）原始分组丢失；（c）ACK 丢失；（d）ACK 超时

在停止等待算法中有一个重要的细节：假设发送方发送一个分组，并且接收方确认它，但这个确认丢失或迟到了，如图 6-20（c）和图 6-20（d）所示。在这两种情况下，发送方超时并重传原始分组，但接收方认为那是下一个分组，因为它确实接收并确认了第一个分组。这就引起重复传送分组的问题。为解决这个问题，停止-等待协议的首部通常包含 1 比特的序号，即序号可取 0 和 1，并且每一分组交替使用序号，如图 6-21 所示。因此，当发送方重传 0 时，接收方可确定它是分组 0 的第二个副本而不是分组 1 的第一个副本，因此可以忽略它。

使用上述确认和超时重传机制，就可以在不可靠的运输网络上实现可靠的通信。上述这种可靠运输协议常称为自动重传请求（Automatic Repeat Request，ARQ），意思是重传的请求是自动进行的。接收方不需要请求发送方重传某个出错的分组。

停止等待协议的优点是简单，但缺点是信道利用率太低。可以用图 6-22 来说明。为简单起见，假定在 A 和 B 之间有一条直通的信道来传送分组。

假定 A 发送数据分组需要的时间是 T_D。显然，T_D 等于分组长度除以数据率。再假定分组正确到达 B 后，B 处理分组的时间可以忽略不计，同时立即发回确认。假定 B 发送确认分组需要时间 T_A。如果 A 处理确认分组的时间也可以忽略不计，那么 A 在经过时间（T_D +

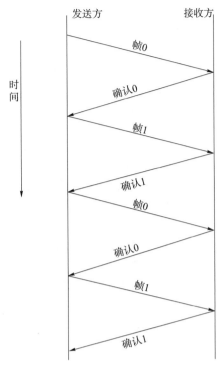

图 6-21　停止等待确认图

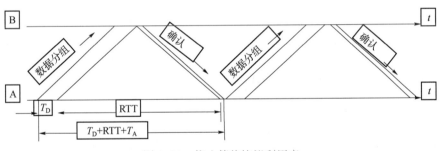

图 6-22　停止等待协议利用率

RTT+T_A）后就可以再发送下一个分组，这里的 RTT 是往返时间。因为仅仅是在时间 T_D 内才用来传送有用的数据（包括分组的首部），因此信道的利用率 U 可用下式计算：

$$U = \frac{T_D}{T_D + RTT + T_A}$$

我们知道，往返时间 RTT 取决于所使用的信道。从上述公式可以看出，当往返时间 RTT 远大于分组发送时间 T_D 时，信道的利用率非常低。如果出现差错后的分组重传，则对发送有用的数据信息来说，信道的利用率还要降低。

为了提高信道的利用率，发送方可以不等待每一个分组确认，可连续发送多个分组，采用流水线进行数据发送，这样可使信道上一直有数据不间断地在传送。显然，这种运输方式可以获得很高的信道利用率。当采用流水线进行数据传输时，我们称其为连续 ARQ 协议。

6.5.2 TCP 可靠运输的实现

本节讨论 TCP 可靠运输的实现。

首先介绍以字节为单位的滑动窗口。为了讲述可靠运输原理的方便，假定数据运输只在一个方向进行，即 A 发送数据，B 给出确认。

TCP 的滑动窗口是以字节为单位的。为了更好地理解 TCP 滑动窗口机制，假定字节序号很小。现假定 A 收到了 B 发来的确认报文段，其中窗口值是 100，而确认号是 11（这表明 B 期望收到的下一个序号是 11，而序号 10 以内的数据已经收到了，并且 A 可以发送的字节序号是 11~110）。根据这两个数据，A 就构造出了自己的发送窗口，如图 6-23 所示。

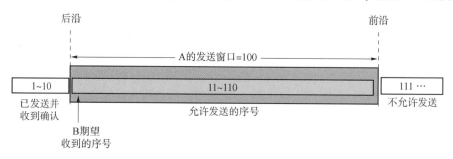

图 6-23 根据 B 给出的窗口值，A 构造出发送窗口

先讨论发送方 A 的发送窗口。**发送窗口**表示：在没有收到 B 的确认的情况下，A 可以连续把窗口内的数据都发送出去。凡是已经发送过的数据，在未收到确认之前，必须暂时保留，以便在超时重传时使用。

发送窗口里面的序号表示允许发送的序号。显然，窗口越大，发送方就可以在收到对方确认之前连续发送更多的数据，因而可能获得更高的运输效率。发送窗口后沿的后面部分表示已发送且已收到了确认，这些数据显然不需要再保留了；发送窗口前沿的前面部分表示不允许发送，因为接收方都没有为这部分数据保留临时存放的缓存空间。发送窗口的位置由窗口前沿和后沿的位置共同确定。发送窗口后沿的变化情况有两种可能，即不动（没有收到新的确认）和前移（收到了新的确认）。发送窗口后沿不可能向后移动，因为不能撤销掉已收到的确认。发送窗口前沿通常是不断向前移动，但也有可能不动。这对应于两种情况：一是没有收到新的确认，对方通知的窗口大小也不变；二是收到了新的确认，但对方通知的窗口缩小了，使得发送窗口前沿正好不动。

在发送方的发送窗口也分为两部分：一部分是已经发送，但是没有收到确认；一部分是允许发送，但是没有发送，如图 6-24 所示。

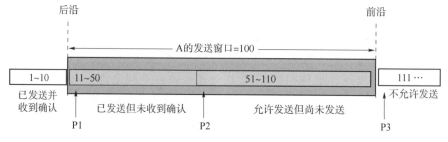

图 6-24 发送窗口分为两部分

从图 6-24 可以看出，要描述一个发送窗口的状态，需要三个指针：P1、P2 和 P3。指针都指向字节的序号。这三个指针指向的几个部分的意义如下：

小于 P1 的是已发送并已收到确认的部分，而大于 P3 的是不允许发送的部分。

$$P3-P1 = A \text{ 的发送窗口}$$

$$P2-P1 = \text{已发送但尚未收到确认的字节数}$$

$$P3-P2 = \text{允许发送但当前尚未发送的字节数（又称为可用窗口或有效窗口）}$$

再看一下 B 的接收窗口，如图 6-25 所示。B 的接收窗口大小是 100。在接收窗口外面，到 10 号为止的数据是已经发送过确认，并且已经交付主机了。因此，B 可以不再保留这些数据。接收窗口内的序号（11~110）是允许接收的。在图 6-25 中，如果 B 先收到了序号为 12 和 13 的数据，但是这些数据没有按序到达，因为序号为 11 的数据没有收到（也许丢失了，也许滞留在网络中的某处），接收方 B 会先暂存 12 和 13。请注意，B 只能对按序收到的数据中的最高序号给出确认，因此 B 发送的确认报文段中的确认号仍然是 11（即期望收到的序号），而不能是 12 或 13。

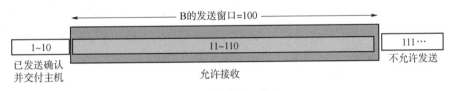

图 6-25　接收方接收窗口

现在假定 B 收到了序号为 11 的数据，并把序号为 11~13 的数据交付主机，然后 B 删除这些数据。接着把接收窗口向前移动 3 个序号（图 6-26），同时给 A 发送确认，其中窗口值仍为 100，但确认号是 14。这表明 B 已经收到了到序号 13 为止的数据。A 收到 B 的确认后，就可以把发送窗口向前滑动 3 个序号，但指针 P2 不动。可以看出，现在 A 的可用窗口增大了，可发送的序号范围是 51~113。

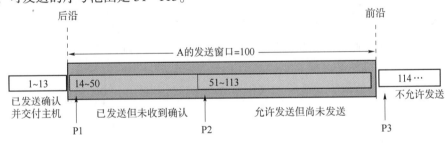

图 6-26　发送窗口滑动 3 字节后，发送窗口变化

A 在继续发送完序号 51~113 的数据后，指针 P2 向前移动，并和 P3 重合，此时可用窗口为 0。发送窗口内的序号已用完，但还没有再收到确认（图 6-27）。由于 A 的发送窗口已满，可用窗口已减小到零，因此必须停止发送。在没有收到 B 的确认时，为了保证可靠运输，A 只能认为 B 还没有这些数据。于是，A 在经过一段时间后（由超时计时器控制）就重传这部分数据，重新置超时计时器，直到收到 B 的确认为止，A 就可以使发送窗口继续向前滑动，并发送新的数据。

根据以上所讨论的，还要再强调以下三点：

第一，虽然发送窗口是根据 B 的接收窗口设置的，但是同一时刻，A 的发送窗口并不一

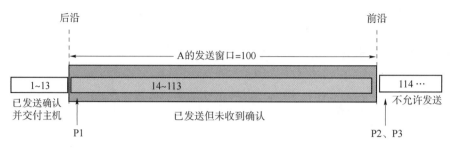

图 6-27　发送方可用窗口为 0

定和 B 的接收窗口一样大。这是因为通过网络传送这个时间还是不确定的。

第二，TCP 标准没有明确规定对于不按序到达的数据应如何处理。TCP 通常情况下对不按序到达的数据是先临时存放在接收窗口中，等到字节流中所缺少的字节到达后，再按序交付上层的应用进程。

第三，TCP 要求接收方必须有累积确认的功能，这样可以减少运输开销。但是接收方不应过分推迟发送确认，否则会导致发送方超时，从而导致不必要的重传。TCP 标准规定，确认推迟的时间不应超过 0.5 s。

最后再强调一下，TCP 的通信是全双工通信。通信中的每一方都可以发送和接收，因此，每一方都有自己的发送窗口和接收窗口。

6.6　TCP 的流量控制

在使用网络时，我们总是希望计算机网络数据传输更快。但是如果发送方发送数据过快，接收方接收速度慢，导致数据可能来不及接收，缓冲区发生溢出现象，就会造成数据的丢失。**流量控制**就是控制发送方发送数据速率不要太快，使得接收方能够来得及接收数据。接收方利用滑动窗口机制可以很方便地在 TCP 连接基础上实现对发送方的发送流量控制。

下面通过图 6-28 的例子，说明如何利用滑动窗口机制进行流量控制。

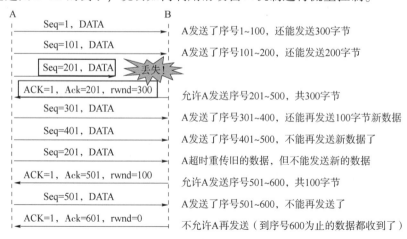

图 6-28　使用滑动窗口协议进行流量控制

假设发送方 A 向接收方 B 发送数据。在 TCP 连接建立时，接收方 B 告诉了发送方 A：“我的接收窗口 rwnd＝400 字节”。因此，发送方 A 的发送窗口不能超过接收方 B 给出的接收窗口数值。我们设置发送方 A 发送窗口为 400 字节，序号是 1～400。假设每一个报文段为 100 字节长，数据报文段序号的初始值设为 1。根据图 6-28，发送方连续发送了 3 个报文段，分别是 Seq＝1 的 100 字节报文段，Seq＝101 的 100 字节报文段，Seq＝201 的 100 字节报文段。在发送完 Seq＝201 报文段后，收到了接收方 B 发过来的确认消息 Ack＝201，说明接收方已正确接收 1～200 字节，期望接收 201 开始字节。同时，窗口调整为 300 字节。此时发送窗口为 300 字节，序号为 201～500。因为发送方已经发送 Seq＝201 的 100 字节报文段，所以发送方继续发送 Seq＝301 的 100 字节报文段和 Seq＝301 的 100 字节报文段。根据图 6-28 所示，序号为 Seq＝201 的 100 字节报文段丢失，导致时间超时，所以发送方又重新发送 Seq＝201 的 100 字节报文段。当发送完毕后，发送方收到接收方 B 发过来的确认消息 Ack＝501，窗口是 100，表明已经收到序号为 500 字节，期望收到 501 开始 100 字节。此时，发送方发送窗口值为 100。发送方 A 发送 Seq＝501 的 100 字节报文段，收到接收方的确认报文段 Ack＝601，窗口是 0，表明接收方已正确接收 A 发送的 Seq＝501 的 100 字节报文段，期望得到序号为 601 字节。但是窗口是 0，表明接收方已经没有空间接收新的数据。发送方 A 此时发送窗口为 0。

现在我们考虑一种情况。在图 6-28 中，B 向 A 发送了零窗口的报文段后不久，B 的接收缓存又有了一些存储空间，于是 B 向 A 发送了 rwnd＝400 的报文段。然而这个报文段在传送过程中丢失了。A 一直等待收到 B 发送的非零窗口的通知，而 B 也一直等待 A 发送的数据。如果没有其他措施，这种互相等待的死锁局面将一直延续下去。

为了解决这个问题，TCP 为每一个连接设有一个持续计时器（persistence timer）。只要 TCP 连接的一方收到对方的零窗口通知，就启动持续计时器。若持续计时器设置的时间到期，就发送一个零窗口探测报文段（仅携带 1 字节的数据），而对方就在确认这个探测报文段时给出了现在的窗口值。如果窗口仍然是零，那么收到这个报文段的一方就重新设置持续计时器；如果窗口不是零，那么死锁的僵局就可以打破了。

📝 6.7　TCP 的拥塞控制

拥塞控制是 TCP 协议中最复杂的功能，由于构成互联网的网络数量众多、类型多样、性能不确定，这些因素影响着 TCP 连接拥塞控制的复杂性和难度。TCP 拥塞控制是一个社会化的准则，要求每一个网络中的节点都必须遵守同一个拥塞控制策略。TCP 的拥塞控制主要是依靠互联网上每一台主机 TCP 连接商定的协议来减少数据的发送而实现的。

6.7.1　TCP 拥塞控制简介

顾名思义，拥塞控制（congestion control）就是要控制"网络拥塞"的出现。网络拥塞会在什么情况下出现呢？简单地说，在网络互联设备中，当输入的流量大于输出的流量，数据报长时间在缓存中或者造成缓冲区溢出时，就会出现网络拥塞。打个比喻，就像是在公路上发生堵车现象的一个根本原因就是出口道路太窄，而入口道路又比较宽，导致同一时间驶入的车辆数大于驶出的车辆数，最终使得这条路上排队并挤满了各种车辆，车辆的行驶速度自然会降下来。

当然，道路上发生堵车的原因有多种情况，比如上游驶入的车辆太多、中间或下游正在进行车辆检查、中间某些车辆行驶速度太慢，或者发生了交通事故而占用了部分道路等。网络上发生拥塞的原因也可能是多方面的，而且网络结构越复杂，发生拥塞的原因也可能越复杂。比如 TCP 连接的整个链路中，有些节点数据转发能力太低、对端数据接收能力低、设备的缓存空间太小、某段链路带宽太小等，都可能引起网络拥塞。而且往往是多个因素同时存在的，因此，处理拥塞控制问题不能简单地针对某一方面来加以解决，必须从全局角度来寻找解决方案，否则可能会出现不仅不能解决拥塞，还会形成新的"瓶颈"，使网络更加拥塞的现象。

例如，用户想单方面地提高中间路由器节点的数据转发能力，而忽视了所经路径上各段链路的带宽，结果是虽然提高了路由器转发性能，也提高了数据转发速度，但也同时造成了在链路上排队前行的数据不断增多，这样不仅没有解决网络拥塞问题，反而使网络拥塞得更严重。

再如，用户只提高路由器的缓存能力，但没有同步考虑路由器的数据转发能力和链路的带宽，结果是虽然可以使更多的数据在路由器上暂时缓存，但在缓存中排队的数据所需等待的时间会更长，因为队列比以前更长了，结果会出现超时现象，从而需要重传这些数据。重传数据越多，网络负荷越重，最终导致拥塞更加严重。

如果把整个网络有效处理负荷的能力称为"吞吐量"，而把网络中发送端输入的负荷称为"输入负荷"（input load），则理想情况下它们之间有如图 6-29 所示的线性关系（吞吐量是呈 45°斜线上升的）。

从图 6-29 可以看出，在开始时，网络的吞吐量随着输入负荷的增加呈同步提高，但当到了一定时期（在输入负荷达到了网络的最大吞吐量时），无论输入负载怎么增加，网络系统的吞吐量都不再提高了，而是保持在一个不变的水平，这时就出现了轻度拥塞现象。就像一条河流最初是没有水的，当上游河流放水时，它的水速会随着上游流入水的水速提高而提高，但当这条河流满了以后，也就是到了它的最大负荷水平时，它的水速不会再提高了，尽管上游流入的水速仍在提高。那么从上游新增的那部分水去了哪里呢？肯定是溢出了，就像网络达到最大吞吐量时，从发送端发来的超出吞吐量那部分的数据会被丢弃一样。

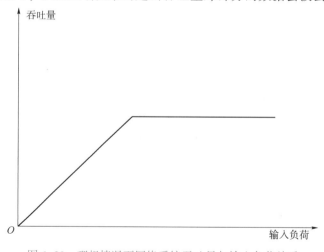

图 6-29　理想情况下网络系统吞吐量与输入负荷关系

图 6-29 只是一种理想情况，实际上，网络系统吞吐量与输入负荷之间的关系永远不会是线性关系。因为网络中不可能完全是理想情况下的状态。当输入负荷达到或接近最大吞吐量时，如果继续提高输入负荷，此时网络系统的实际吞吐量是不会保持在最大吞吐量水平的，而是呈现下降趋势的。这是因为 TCP 使用重传计时器来恢复传输错误。如果路由器缓存的占用率过高，那么 TCP 会认为部分报文段丢失，并重传发送窗口的报文段，这样做会进一步增加缓存的占用率甚至出现溢出。如果此时输入负荷继续增加，那么最终可能导致网络系统的吞吐量下降到 0，从而出现死锁的状态，如图 6-30 所示。

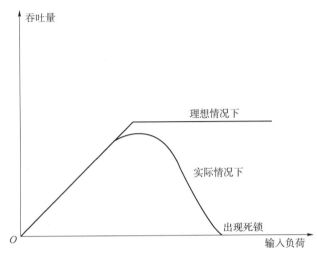

图 6-30　实际情况下网络系统吞吐量与输入负荷关系

6.7.2　TCP 拥塞控制方案

虽然已经了解了发生拥塞的原因，也知道了网络系统吞吐量与输入负荷之间的关系，但要真正设计一套有效的拥塞控制方案却不是一件容易的事，因为拥塞的出现和所引起的因素都是动态的，是在不断发生变化的。发生网络拥塞的一个最明显的征兆就是出现了数据的丢失。于是，为了防止网络出现拥塞现象，出现了一系列的 TCP 拥塞控制机制。最初由 V. Jacobson 在 1988 年的论文中提出的 TCP 拥塞控制由"慢启动"（slow start）和"拥塞避免"（congestion avoidance）组成，后来在 TCP Reno 版本中又针对性地加入了"快速重传"（fast retransmit）、"快速恢复"（fast recovery）算法。为了方便介绍，现假设数据是单方面发送的，另一个方向只传送确认数据段，而且假设接收端的窗口足够大，发送端的窗口大小由网络拥塞程度决定。

1. 慢启动

慢启动是指为了避免出现网络拥塞而采取的一种 TCP 拥塞初期预防方案。其基本思想就是在 TCP 连接正式运输数据时，每次可发送的数据量（这就是"拥塞窗口"的含义）是逐渐增大的，也就是先发送一些小字节数的试探性数据，在收到这些报文段的确认后，再慢慢增加发送的数据量，直到达到了某个原先设定的极限值（也就是下面将要提到的"慢启动阈值"（SSTHRESH））为止。

在"慢启动"拥塞解决方案中，发送端除了要维护正常情况下根据接收端发来的"窗口大小"字段值而调整的"发送窗口"外，还要维护一个"拥塞窗口"（Congestion Window，CWND），它是为了避免发生拥塞而设置的窗口，最终允许发送的字节数是这两个窗口中的最小值。如果从接收端返回的"窗口大小"字段值是 100，而当时设置的"拥塞窗口"大小为 50，那么此时只能发送 50 字节的数据。相反，如果从接收端返回的"窗口大小"字段值是 100，而当时设置的"拥塞窗口"大小为 200，则此时只能发送 100 字节的数据。下面仅假设"拥塞窗口"总是小于从接收端返回的"窗口大小"字段值（也就是"发送窗口"大小）。具体步骤如下：

①在一个 TCP 运输连接建立时，发送端将"拥塞窗口"初始化为该连接上当前使用的最大数据段大小 MSS，即 CWND＝MSS。然后它发送一个大小为 MSS 的数据段。

②如果在定时器过期前发送端收到了该数据段的确认，则发送端将"拥塞窗口"大小再增加一个 MSS，也就是此时 CWND 大小为 2MSS。然后发送 2MSS 大小的数据。

③如果这次发送的 2MSS 数据段也都被确认了，则"拥塞窗口"大小再增加两个 MSS（此时相当于达到了 4MSS），依此类推。

图 6-31 所示是一个采用"慢启动"方案的示例，其中 M 代表 MSS，表示"最大数据段大小"。第一次发送一个 MSS（即 M1），收到 M1 的确认后，再连续发送两个 MSS（即 M2 和 M3），当收到 M3 的确认（因为如果后面的已经确认的话，则预示着前面的都已正确接收，下同）后，再发送四个 MSS（即 M4～M7），当收到 M7 的确认时，后面将发送 8 个 MSS（即 M8～M15）。

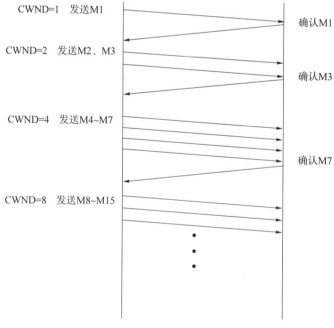

图 6-31　"慢启动"解决方案 TCP 数据发送示例

"慢启动"方案的基本规律：当"拥塞窗口"大小达到了 n 个 MSS 时，如果所有 n 个数据段都被及时确认，则新的"拥塞窗口"大小再增加 n 个 MSS，也就是新的"拥塞窗口"大小是旧的"拥塞窗口"大小的 2 倍。

但是"拥塞窗口"不可能无限制地继续增大，即使 CWND 值仍小于从接收端返回的"窗口大小"字段值，也有可能在某个时刻出现数据丢失的现象。这个"拥塞窗口"大小是一个临界点，于是引入了"慢启动"方案的另一个重要参数——慢启动阈值 SSTHRESH，其初始值为 64 KB，即 65 536 字节。当发生一次数据丢失时，SSTHRESH 设为当前 CWND 的一半，而 CWND 又重新置为 1MSS。然后继续使用"慢启动"方案来解决网络拥塞问题，不过当 CWND 再次增长到 SSTHRESH（此时仅为原来 CWND 的一半）时，便停止使用"慢启动"方案，需采用下面将要介绍的"拥塞避免"解决方案。

2. 拥塞避免

当 CWND 再次大于或等于 SSTHRESH 时，启动"拥塞避免"解决方案。它的基本思想是在 CWND 值第二次达到 SSTHRESH 时，让"拥塞窗口"大小每经过一个 RTT（一个数据段往返接收端和发送端所需的时间），仅拥塞窗口值加 1（即新的 CWND 只增加一个 MSS 大小，而不是原来 CWND 的几倍），使其以线性方式慢慢地增大，而不是继续像"慢启动"方案中那样以指数方式快速增大，因此，在拥塞避免阶段就称为"加法增大"。显然，这种 CWND 增长速度明显要慢于"慢启动"方案中的 CWND 增长速度。当再次发生数据丢失时，又会把 SSTHRESH 减为当前 CWND 的一半，同时把 CWND 置为 1，常称为"乘法减小"，重新进入"慢启动"数据发送过程，依此类推。

图 6-32 所示是一个"慢启动"和"拥塞避免"两种拥塞控制方案的控制示例。假设最初在某个时间的"慢启动阈值"大小为 16MSS。当开始拥塞窗口设置为 1MSS 时，启用"慢启动"算法。当拥塞窗口大于等于 16 时，开始采用拥塞避免算法。当拥塞窗口变成 24 时，发生丢包现象，没有收到后面发送的数据的确认，于是 SSTHRESH 减为 CWND 的一半，即 12（即图 6-32 中的"第一次调整的阈值"），同时把新的 CWND 设为 1MSS，从坐标原点开始重新采用"慢启动"方案进行数据发送，当达到了 SSTHRESH 值（即 12）时，采用"拥塞避免"方案进行数据发送，每个 RTT 时间 CWND 只增加一个 MSS。当再次在运输过程中发生了数据丢失时，SSTHRESH 再次降为当前 CWND 的一半，并且重新开始采用"慢启动"方案发送数据，直到达到新的 SSTHRESH 值，然后从这点开始又采用"拥塞避免"方案发送数据，依此类推。

3. 快速重传/快速恢复

上面介绍的"慢启动"和"拥塞避免"是 1988 年提出的拥塞控制方案，而 1990 年又新增了两种拥塞控制方案，就是下面要介绍的"快速重传"和"快速恢复"拥塞控制方案。

"快速重传"方案的基本思想：当接收端收到一个不是按序到达的数据段时，TCP 实体迅速发送一个重复 ACK 数据段，而不用等到有数据需要发送时顺带发出确认；在重复收到三个重复 ACK 数据段后，即认为对应"确认号"字段的数据段已经丢失，TCP 不等重传定时器超时就重传看似已经丢失的数据段。

为了进一步理解"快速重传"原理，现举一个示例，如图 6-33 所示。假设每次只发送

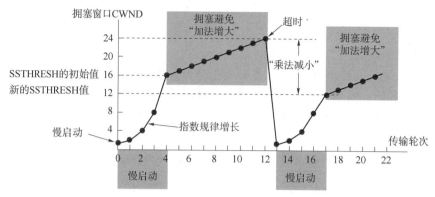

图6-32 慢启动和拥塞避免方案数据发送示例

一个大小等于 MSS 的数据段，并假设在第一次、第二次发送 M1、M2 后，发送端都从接收端收到了确认，但第三次发送的 M3 在途中丢失了，而后面第四次发送的 M4 又收到了。正常情况下，接收端是不会再发送任何确认数据段的，直到收到 M3 为止。然而，发送端此时并不知道 M3 丢失了，继续发送 M4，在接收端收到 M4 时，为了尽快通知发送端 M3 还没有收到，于是再次发送一个 M2 确认数据段（其中的"确认号"字段值是 M3 的序号），相当于再次提醒发送端 M3 数据段没收到。但此时发送端还不会重发 M3，希望再等等看，仍然继续依次发送 M5、M6。在接收端每收到一个数据段后，均会有一个重复的 M2 确认。在发送端收到了 4 个针对 M2 数据段的确认（1 个确认 M2、3 个重复确认 M2）时，发送端就会立即发送 M3，尽管此时可能 M3 的重传定时器还没过期。在"快速重传"算法发送了看似已经丢失的数据段后，进行"快速恢复"，算法同时开始发挥作用。

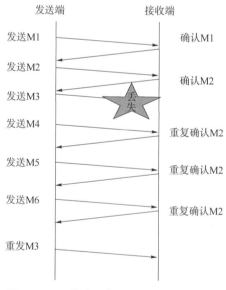

图6-33 "快速重传"方案数据重传示例

"快速恢复"算法的基本思想：在收到第三个重复确认 M2 ACK 时，把当前 CWND 值设为当前 SSTHRESH 值的一半，以减轻网络负荷，然后执行前面介绍的"拥塞避免"算法，使 CWND 值慢慢增大，以避免再次出现网络拥塞。

图 6-34 是一个"慢启动""拥塞避免""快速重传"和"快速恢复"拥塞控制方案的控制示例。假设最初在某个时间"慢启动阈值"大小为 16。当开始拥塞窗口设置为 1 时，启用慢开始算法。当拥塞窗口大于等于 16 时，开始采用拥塞避免算法。当拥塞窗口变成 24 时，发生丢包现象，没有收到后面发送的数据的确认，于是 SSTHRESH 减为 CWND 的一半，即 12（即图 6-34 中的"第一次调整的阈值"），同时，把新的 CWND 设为 1MSS，从坐标原点开始重新采用"慢启动"方案进行数据发送。当达到了 SSTHRESH 值（即 12）时，采用"拥塞避免"方案进行数据发送，每个 RTT 时间 CWND 只增加一个 MSS。当 CWND 增加到 16 时，发送方一连续到 3 个重复确认，于是不启动"慢启动"算法，而是执行"快速恢复"算法。发送方调整 SSTHRESH 为当前 CWND 的一半，即 SSTHRESH = 8，同时设置 CWND = SSTHRESH = 8，然后执行拥塞避免算法。

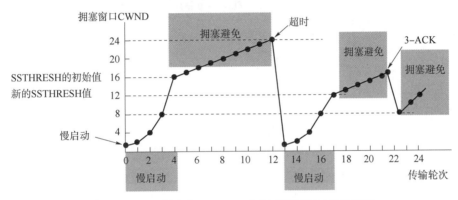

图 6-34　TCP 拥塞窗口 CWND 在拥塞控制时的变化情况

实训指导

【实训名称】UDP Socket 编程

【实训目的】

1. 学习 Socket 编程基础知识和基于 Python 的 Socket 编程相关函数和数据类型。

2. 实现一个简单的基于 UDP Client/Server 程序。

3. 熟练掌握 UDP Client/Server 模式的通信原理。

【实训任务】

编写 UDP 通信程序，发送端发送一个字符串"Hello world!"，接收端在计算机的 5000 端口进行接收，并显示接收内容，如果收到字符串 bye（忽略大小写），则结束监听。

【实训设备】

PC 机。

【知识准备】

1. 套接字概念。

2. Socket 模块中用于 UDP 编程的函数和套接字方法。

3. UDP 协议 Client/Server 模式工作时序。

【实训步骤】

步骤 1：完成服务器端代码。

服务器端代码 receiver. py：

```
import socket
# 使用 IPv4 协议,使用 UDP 协议运输数据
s=socket. socket( socket. AF_INET, socket. SOCK_DGRAM)
# 绑定 IP 地址和端口号,空字符串表示本机任何可用 IP 地址
s. bind( ( ' ' , 5000) )
while True:
    data, addr = s. recvfrom( 1024)
    # 显示接收到的内容
    data = data. decode( )
    print( ' received message:{0} from PORT {1[1]} on {1[0]}' . format( data, addr) )
    if data. lower( ) = = ' bye' :
        break
s. close( )
```

步骤 2：完成客户端代码。

客户端代码 sender. py：

```
import socket
import sys
s=socket. socket( socket. AF_INET, socket. SOCK_DGRAM)
# 假设 192. 168. 1. 101 是服务器的 IP 地址
# sys. argv [1] 表示第一个命令行参数，是一个字符串
s. sendto ( sys. argv [1] . encode ( ), ("192. 168. 1. 101", 5000) )
s. close ( )
```

步骤 3：测试。

小 结

1. 运输层提供了应用进程之间的逻辑通信，运输层向上层应用层屏蔽了下层通信网络的细节，使得应用进程好像在运输层提供的一条端到端的逻辑通信信道进行通信。

2. 网络层实现主机之间逻辑通信，而运输层实现应用进程之间端到端的逻辑通信。

3. 运输层有两个主要的协议：TCP 和 UDP。它们都有复用和分用，以及差错校验功能。当运输层采用面向连接的 TCP 协议时，尽管下面的网络是不可靠的，但这种逻辑通信信道就相当于一条全双工通信的可靠信道；当运输层采用无连接的 UDP 协议时，这种逻辑通信信道仍然是一条不可靠信道。

4. 不同的计算机系统中，相同的端口号是没有关联的。

5. TCP 的主要特点是：①面向连接；②每一条 TCP 连接只能是一对一的；③提供可靠交付的服务；④提供全双工通信；⑤面向字节流；⑥具有流量控制和拥塞控制功能。

6. UDP 的主要特点是：①无连接不可靠性；②以报文为边界；③无流量控制和拥塞控

制功能；④支持各种交互通信方式。

7. TCP 用主机的 IP 地址加上端口号作为 TCP 连接的端点。这样的端点就叫套接字或插口，套接字用（IP 地址：端口号）来表示。

8. TCP 报文段首部的前 20 字节是固定的，后面有 40 字节是根据需要而增加的选项。在一个 TCP 连接中，传送的字节流中的每一字节都按顺序编号，首部中的序号字段值则指的是本报文段所发送的数据的第一字节的序号，TCP 首部中的确认号是期望收到对方下一个报文段的第一字节的序号，若确认号为 N，则表明：到序号 $N-1$ 为止的所有数据都已正确收到。

9. TCP 数据传递有三个阶段，即连接建立阶段、数据传送阶段和连接释放阶段。主动发起 TCP 连接建立的应用进程叫作客户端，而被动等待连接建立的应用进程叫作服务器。TCP 的连接建立采用三次报文握手机制。

10. TCP 的连接释放采用四次握手机制。任何一方都可以在数据传送结束后发送释放连接通知，待对方确认后就进入半关闭状态。当另一方也没有数据再发送时，发送连接释放通知，对方确认后就完全关闭了 TCP 连接。

11. 停止等待协议是能够在不可靠的链路上实现可靠的通信的协议。每发送完一个分组就停止发送，等待对方的确认，在收到确认后再发送下一个分组。分组需要进行编号。

12. 超时重传是指只要超过了一段时间仍然没有收到确认，就重传前面已经发送过的分组（认为刚才发送的分组丢失了）。因此，每发送完一个分组，需要设置一个超时计时器，其重传时间应比数据在分组运输的平均往返时间更长一些。这种自动重传方式常称为自动重传请求 ARQ。

13. TCP 拥塞控制采用了四种算法，即慢开始、拥塞避免、快重传和快恢复。

习 题

6-01 试说明运输层在协议栈中的地位和作用，运输层的通信和网络层的通信有什么重要区别？为什么运输层是必不可少的？

6-02 试举例说明哪些应用程序愿意采用不可靠的 UDP，哪些应用采用可靠的 TCP。

6-03 假如希望尽快地完成一次从远程客户端到服务器的运输，我们应该选择 UDP 协议还是 TCP 协议？

6-04 接收方收到有差错的 UDP 用户数据报时，应如何处理？

6-05 为什么说 UDP 是面向报文的，而 TCP 是面向字节流的？

6-06 端口的作用是什么？为什么端口要划分为三种？

6-07 列举常见服务使用的端口号。

6-08 某个应用进程使用运输层的用户数据报 UDP，然而继续向下交给 IP 层后，又封装成 IP 数据报。既然都是数据报，可否跳过 UDP 而直接交给 IP 层？哪些功能是 UDP 提供了但 IP 没提供？

6-09 Web 服务器 www.CareerMonk.com 的 IP 地址是 76.12.23.240。一个 IP 地址为 74.208.207.41 的客户端从 Career Monk 网站下载文件。假如该客户端有一个大于 1024 的任意端口号，那么构成这条连接的套接字对可能是什么？

6-10 一个应用程序用 UDP，到 IP 层把数据报再划分为 4 个数据报片发送出去，结果前两个数据报片丢失，后两个到达目的站。过了一段时间后，应用程序重传 UDP，而 IP 层仍然划分为 4 个数据报片来传送。结果这次前两个到达目的站而后两个丢失。试问：在目的站能否将这两次运输的 4 个数据报片组装成完整的数据报？假定目的站第一次收到的后两个数据报片仍然保存在目的站的缓存中。

6-11 一个 UDP 用户数据的数据字段为 8 192 字节。在数据链路层要使用以太网来传送。试问应当划分为几个 IP 数据报片？说明每一个 IP 数据报字段长度和片偏移字段的值。

6-12 某端系统在一个全双工的、100 Mb/s 的以太局域网连接上使用 UDP 协议每秒发送 50 个报文。每个报文构成了以太帧 1 500 字节的数据负载。那么在 UDP 层，测量出吞吐量应该是多少？

6-13 在停止等待协议中，如果不使用编号，是否可行？为什么？

6-14 主机 A 向主机 B 发送一个很长的文件，其长度为 L 字节。假定 TCP 使用的 MSS 有 1 460 字节。

（1）在 TCP 的序号不重复使用的条件下，L 的最大值是多少？

（2）假定使用上面计算出文件长度，而运输层、网络层和数据链路层所使用的首部开销共 66 字节，链路的数据率为 10 Mb/s，试求这个文件所需的最短发送时间。

6-15 主机 A 向主机 B 连续发送了两个 TCP 报文段，其序号分别为 70 和 100。试问：

（1）第一个报文段携带了多少字节的数据？

（2）主机 B 收到第一个报文段后发回的确认中，确认号应当是多少？

（3）如果主机 B 收到第二个报文段后发回的确认中，确认号是 180，试问 A 发送的第二个报文段中的数据有多少字节？

（4）如果 A 发送的第一个报文段丢失了，但第二个报文段到达了 B。B 在第二个报文段到达后向 A 发送确认。试问这个确认号应为多少？

6-16 一个 TCP 报文段的数据部分最多为多少字节？为什么？如果用户要传送的数据的字节长度超过 TCP 报文字段中的序号字段可能编出的最大序号，问还能否用 TCP 来传送？

6-17 在 TCP 的拥塞控制中，什么是慢开始、拥塞避免、快重传和快恢复算法？这里每一种算法各起什么作用？

第7章 应 用 层

从计算机网络体系结构来看，应用层位于体系结构的最顶层，也是面向用户功能的最高层，可以直接为用户提供应用服务。**应用层实现的主要功能就是通过给每一种应用程序制定相应的通信标准实现进程之间的协调通信**。这里的通信标准也称为通信协议，每种应用层协议都可以用来解决特定的应用进程通信问题。协议包括三部分：语法、语义和同步。其中，语法规定了应用进程交换的报文类型以及各种报文类型的数据格式；语义规定了协议工作时执行的动作；同步则制定了各动作的先后顺序。

 学习要点

本章首先介绍了应用层实现的功能，接下来介绍常用的网络应用工作过程和工作原理以及遵守的协议。

本章的重要内容：

(1) 应用层基础知识概述，主要有应用层能够实现的基本功能以及应用进程之间的通信。

(2) 常用应用层协议，包括：

■ 实现域名到 IP 地址解析的域名系统（DNS）。

■ 实现 Web 访问的超文本传送协议（HTTP）。

■ 实现远程登录的协议（远程终端 TELNET 和安全外壳协议 SSH）。

■ 实现动态主机动态配置的协议（动态主机配置协议 DHCP）。

■ 实现电子邮件传输的协议（简单邮件传送协议 SMTP 和电子邮局协议 POP）。

■ 实现文件传输的协议（文件传送协议 FTP 和简单文件传送协议 TFTP）。

 学习目标

(1) 能够描述常用应用程序工作过程和工作原理。

(2) 能够阐述常见应用层协议。

(3) 能够根据网络实际通信过程，捕获通信数据包，对应用层协议进行分析。

7.1 应用层概述

应用层要实现的主要功能就是为各种不同的应用进程之间进行通信来制定统一的通信规则。制定的每一种应用层协议都是为了解决某一类特定的应用进程通信问题。应用层要做的主要工作就是来规定应用进程之间在通信时应该遵守的通信协议。

大部分应用层的协议都工作在**客户服务器模式**（C/S）下的。客户服务器的工作模式如图 7-1 所示。

图 7-1　客户服务器工作模式

特别提醒注意，此处提到的客户（Client）和服务器（Server）不是指某一台计算机，而是指在通信过程中所涉及的应用进程。客户服务器模式用来描述进程之间服务和被服务的关系。其中，客户进程作为服务请求方需要向服务器进程提出访问要求；而服务器进程作为服务提供方需要向客户进程提供所需要的资源。

7.2 应用层协议

本节主要介绍在互联网通信过程中涉及的常用的应用程序及需要遵守的应用层协议。

7.2.1 域名系统（DNS）

域名系统（Domain Name System，DNS）是用来解决互联网上主机命名问题的系统。我们知道，在互联网上使用 IP 地址来唯一地标识不同的设备。当主机之间需要进行通信时，必须获知对方的地址。

目前 IP 地址普遍采用的是 32 位的二进制地址形式，通常为了符合我们的习惯，将它转换成十进制形式，也就是用四位取值为 0~255 的十进制数来表示地址。这种表示方法依然太长，不容易记忆。因此，可以给每台主机定义唯一的域名（Domain Name）来进行标识。域名是一组具有特定含义的字符，利用域名系统将一个 IP 地址关联到域名，既容易记忆，又可以方便地实现主机之间的通信。

当我们在浏览器端需要访问一个站点的时候，通常输入域名进行访问。例如：要访问百度，一般在浏览器地址栏中输入"www.baidu.com"即可实现到页面的访问。而通信过程中，只有域名是不能实现通信的，需要把域名转换成对应的 IP 地址才行。域名 www.baidu.com 对 应 的 IP 地 址 是 110.242.68.4，不管用户在浏览器中输入的是 110.242.68.4 还是 www.baidu.com，都可以访问到百度对应的 Web 站点。既可以输入它的 IP 地址，也可以输入它的域名，对访问而言，两者是等效的。

就本质而言，主机之间进行通信时是用 IP 地址进行标识的，域名只是为了方便标识和记忆。每个域名都有唯一的 IP 地址与其对应，当输入域名时，需要能够将域名解析成对应的 IP 地址，这就是经常使用的域名解析服务。通常可以使用 nslookup 命令进行域名查询。运行界面如图 7-2 所示。

图 7-2　域名情况查询

在命令界面下执行 nslookup 命令后，可以返回默认域名服务器的域名和地址。接下来，输入要查询的域名，比如输入"www.baidu.com"，返回非权威应答，包括名称、对应的 IP 地址和别名等信息。

1. 域名系统的结构

因特网的域名是由互联网名字和数字分配机构（Internet Corporation for Assigned Names and Numbers，ICANN）进行管理的。这个机构承担了域名系统的管理、IP 地址的分配、协议参数的配置，以及主服务器系统管理等职能，是一个非营利性的机构。

目前，在互联网上采用了**层次结构的命名树**为主机进行命名，同时，采用了分布式的域名系统。域名系统的名字空间是层次结构的，类似于 Windows 的文件名。层次结构的域名系统如图 7-3 所示。

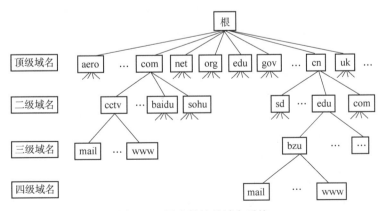

图 7-3　层次结构的域名系统

层次结构的域名系统可以看成是倒立的树状结构，域名系统不对树内节点和叶子节点进行区分，统一称为节点，对于不同节点，可以采用相同的标记方式。所有节点的标记是由 3 类字符组成的，包括 26 个英文字母（a~z）、10 个阿拉伯数字（0~9）和英文连词号（-），并且标记的长度不得超过 22 个字符。

每个节点的域名都是由从本节点到根的所有节点的标记连接起来而组成的，各节点之间用圆点（.）进行分隔。最上层节点的域名称为顶级域名（Top-Level Domain，TLD），第二层节点的域名称为二级域名（Second-Level Domain，SLD），依此类推。比如，通过 www.bzu.edu.cn 就可以访问滨州学院的主页，通过 www.cctv.com 就可以访问中央电视台的主页。

顶级域名可以分为国家顶级域名和类别顶级域名。

（1）国家顶级域名

ICANN 为不同的国家或地区设置了相应的顶级域名，这些域名通常都由两个英文字母组成。例如：英国用 .uk 表示、法国用 .fr 表示、日本用 .jp 表示。中国的顶级域名用 .cn 表示，.cn 下的域名由 CNNIC（China Internet Network Information Center，中国互联网络信息中心）进行统一管理。

（2）类别顶级域名

最初，ICANN 规定了 7 个类别的顶级域名，分别是用于科研机构的 .ac、企业的 .com、用于教育机构的 .edu、用于政府机构的 .gov、用于军事部门的 .mil、用于互联网络和信息中心的 .net，以及用于非营利性组织的 .org。

随着因特网的发展，ICANN 又增加了两大类共 7 个类别顶级域名，分别是 .aero、.biz、.coop、.info、.museum、.name、.pro。其中，.aero、.coop、.museum 是 3 个面向特定行业或群体的顶级域名：.aero 代表航空运输业，.coop 代表协作组织，.museum 代表博物馆；.biz、.info、.name、.pro 是 4 个面向通用的顶级域名：.biz 表示商务，.name 表示个人，.pro 表示会计师、律师、医师等，.info 则没有特定指向。

（3）我国的域名体系

我国域名体系分为类别域名和行政区域名两套。

①类别域名。

依照申请机构的性质，定义了 6 类类别域名，分别是：科研机构（.ac）；工、商、金融行业（.com）；教育机构（.edu）；政府部门（.gov）；互联网络、接入网络的信息中心和运行中心（.net）；非营利性的组织（.org）。

②行政区域名。

按照我国的各个行政区，划分定义了 34 个"行政区域名"，适用于我国的各省、自治区、直辖市，包括 23 个省、5 个自治区、4 个直辖市和 2 个特别行政区。

23 个省的行政区域名分别是：河北省（.he）、山西省（.sx）、辽宁省（.ln）、吉林省（.jl）、黑龙江省（.hl）、江苏省（.js）、浙江省（.zj）、安徽省（.ah）、福建省（.fj）、江西省（.jx）、山东省（.sd）、河南省（.ha）、湖北省（.hb）、湖南省（.hn）、广东省（.gd）、海南省（.hi）、四川省（.sc）、贵州省（.gz）、云南省（.yn）、陕西省（.sn）、甘肃省（.gs）、青海省（.qh）和台湾（.tw）。

5 个自治区的行政区域名分别是：内蒙古自治区（.nm）、广西壮族自治区（.gx）、新疆维吾尔自治区（.xj）、西藏自治区（.xz）和宁夏回族自治区（.nx）。

4个直辖市的行政区域名分别是：北京市（.bj）、上海市（.sh）、天津市（.tj）和重庆市（.cq）。

2个特别行政区域名分别是：香港特别行政区（.hk）和澳门特别行政区（.mo）。

目前，为了方便标识，有些行政区域名通常采用全拼的形式。比如山东省财政厅的域名为http://czt.shandong.gov.cn，从后向前看，分别是国家顶级域名（.cn中国）、类别域名（.gov政府机关）、行政区域名（.shandong山东省）。

2. 域名服务器

从域名到IP地址的解析过程由域名服务器程序完成。域名服务器程序运行在专门的计算机上，运行域名解析程序的计算机被称为**域名服务器**。在互联网上有许多分布在各地的域名服务器，为了提高域名解析的效率，通常采用划分区域的方法对域名服务器进行管理。一个域名服务器所负责管辖的（或有权限的）范围被称作**区域**（zone）。每个单位或部门根据网络部署的具体情况确定所管辖范围的区域。在同一个区中的所有节点必须是相互连通的。在每一个区都设置相应的**权限域名服务器**，用来保存该区中的所有主机的域名到IP地址的映射。层次结构的DNS域名服务器如图7-4所示。

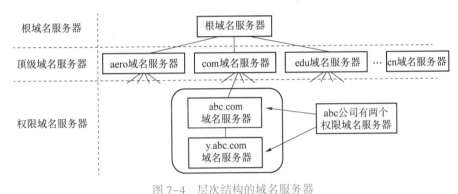

图7-4　层次结构的域名服务器

根据所起的作用，域名服务器分为根域名服务器、顶级域名服务器、权限域名服务器和本地域名服务器。

（1）根域名服务器

根域名服务器位于层次结构的最顶一层，是非常重要的域名服务器。每一个根域名服务器都需要知道所有的顶级域名服务器的域名和IP地址。当域名解析请求提交到本地域名服务器时，如果本地域名解析服务器不能完成解析任务，会首先将解析请求发送给根域名服务器以寻求帮助。这里需要注意的是，根域名服务器本身并不能把域名转换成对应的IP地址，只会告诉本地的域名服务器应该去寻找哪一个对应的顶级域名服务器进行查询。

根域名服务器实现的主要作用是管理互联网的主目录，最早采用IPv4的地址。全球只有13台IPv4的根域名服务器，分别采用字母A~M进行命名，其中1个为主根服务器，在美国，由美国互联网机构Network Solutions运作。其余12个均为辅根服务器，其中9个在美国、2个在欧洲（分别位于英国和瑞典）、1个在亚洲（位于日本）。

IPv4根服务器分布见表7-1。

表 7-1　IPv4 根服务器分布表

名称	地位	主服务器运营者	主服务器位置	IP 地址
A	主根域名服务器	INTERNI. NET	美国弗吉尼亚州	198. 41. 0. 4
B	辅助根域名服务器	美国信息科学研究所	美国加利福尼亚州	128. 9. 0. 107
C	辅助根域名服务器	PSINet 公司	美国弗吉尼亚州	192. 33. 4. 12
D	辅助根域名服务器	马里兰大学	美国马里兰州	128. 8. 10. 90
E	辅助根域名服务器	美国航空航天管理局	美国加利福尼亚州	192. 203. 230. 10
F	辅助根域名服务器	因特网软件联盟	美国加利福尼亚州	192. 5. 5. 241
G	辅助根域名服务器	美国国防部网络信息中心	美国弗吉尼亚州	192. 112. 36. 4
H	辅助根域名服务器	美国陆军研究所	美国马里兰州	128. 63. 2. 53
I	辅助根域名服务器	Autonomica 公司	瑞典斯德哥尔摩	192. 36. 148. 17
J	辅助根域名服务器	Ver Sign 公司	美国弗吉尼亚州	192. 58. 128. 30
K	辅助根域名服务器	RIPE NCC	英国伦敦	192. 0. 14. 129
L	辅助根域名服务器	IANA	美国弗吉尼亚州	198. 32. 64. 12
M	辅助根域名服务器	WIDE Project	日本东京	202. 12. 27. 33

　　在与现有 IPv4 根服务器体系架构充分兼容基础上，由我国牵头发起的"雪人计划"于 2016 年在全球 16 个国家已经完成 25 台 IPv6 根服务器架设，事实上形成了 13 台原有根加 25 台 IPv6 根的新格局，中国部署了其中的 4 台，由 1 台主根服务器和 3 台辅根服务器组成，打破了中国没有根域名服务器的尴尬局面。

　　实际上，根域名服务器只是逻辑上的概念，在每个根域名服务器后面有多台物理服务器支撑工作。截至 2020 年 9 月，全球共有 1 098 个根域名服务器在运行，每一个根都有若干个镜像，其中在我国的共有 28 个根镜像。其中，北京 5 个、上海 1 个、杭州 2 个、武汉 1 个、郑州 1 个、西宁 1 个、贵阳 1 个、广州 1 个、香港 9 个、台北 6 个。

　　（2）顶级域名服务器

　　顶级域名服务器包括两类：通用顶级域名服务器和国家顶级域名服务器。其负责管理在该顶级域名服务器下注册的所有二级域名。当收到 DNS 查询请求时，有两种处理情况：可以返回域名对应的 IP 地址；也可以指明下一步应查找的域名服务器的 IP 地址。

　　（3）权限域名服务器

　　权限域名服务器又称为授权域名服务器，负责一个区域的域名服务。当权限域名服务器收到查询请求后，要么给出查询应答，要么告诉发出查询请求的客户端下一步需要把请求交给哪一个权限域名服务器。

　　（4）本地域名服务器

　　本地域名服务器又称为默认域名服务器。当主机发出 DNS 查询请求时，会将查询请求报文发送给本地域名服务器。每一个 ISP 或一个单位，都可以拥有一个本地域名服务器。当所要查询的主机属于同一个本地 ISP 时，利用本地域名服务器就可以将所查询的主机名转换为对应的 IP 地址，而不需要再去询问其他的域名服务器。

3. 域名解析服务工作过程

域名解析服务的工作过程本质上就是将域名解析成对应的 IP 地址的过程，在域名服务器上会存放着 IP 地址和域名之间的映射关系。

在互联网上进行域名解析查询通常有两种方式：**递归查询**（recursive query）和**迭代查询**（iterative query）。计算机向本地域名服务器发出的查询请求一般采用递归的方式。本地域名服务器向根服务器发出的查询请求一般采用迭代的方式。

域名解析的具体过程如下：

第一步：

首先，客户机会在自己浏览器的地址栏中输入要访问的域名，申请进行站点访问。由于只通过域名无法标识主机，因此需要向 DNS 服务器提出域名解析请求，将域名解析成对应的 IP 地址才能进行访问。这里，首先会把域名解析的请求发送给本地的域名服务器，以寻求帮助。

第二步：

本地的域名服务器在收到请求后，首先会查询本地的域名缓存有没有该域名对应的 IP 地址信息。如果在本地缓存中存在对应的记录信息，则本地的域名服务器会直接把查询的结果返回给计算机。

一般来说，计算机第一次成功访问一个网站后，在浏览器或操作系统中会缓存有它的 IP 地址（DNS 解析记录）。可以在命令提示符下使用 ipconfig/displaydns 查看本机缓存 DNS 解析记录，显示结果如图 7-5 所示。

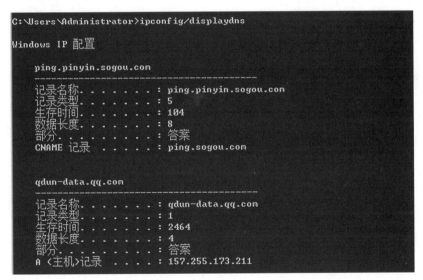

图 7-5　本机缓存 DNS 解析记录

第三步：

如果在本地的 DNS 缓存中没有查找到对应的记录项，则本地域名服务器会直接把解析请求的发送给根域名服务器。接下来，根域名服务器再返回给本地域名服务器一个所查询域的主域名服务器地址，告诉本地的域名服务器需要向哪个主域名服务器发送查询请求。

第四步：

本地域名服务器将解析请求发送给上一步返回的域名服务器，接受请求的服务器接下来查询自己的缓存是否有域名对应的 IP 地址信息，如果有，则返回；如果没有，则返回相关的下级的域名服务器的地址。

第五步：

重复第四步，直到找到正确的记录。

第六步：

本地域名服务器收到记录后，会将域名和 IP 地址的映射关系保存到缓存，这样以后再收到查询请求时，就可以直接返回结果了。同时，会将查询的结果返回给客户机。

提示：如果网站的 IP 发生变化，但系统的 DNS 缓存未到期，就会导致仍使用旧的 IP 去访问而出错。所以这种情况下，需要清除操作系统的 DNS 缓存，使用命令：ipconfig/flushdns，如图 7-6 所示。

图 7-6　清空 DNS 缓存

这里可以看到，此时 DNS 缓存为空。

4. DNS 报文格式

DNS 的报文包括两类：客户端向服务器发送的请求报文和服务器向客户端返回的响应报文。请求报文和响应报文的结构基本相同。

DNS 报文格式如图 7-7 所示。

事务ID	标志	首部
问题计数	回答资源记录数	
权威名称服务器计数	附加资源记录数	
查询问题区域		问题部分
回答问题区域		资源记录部分
权威服务器区域		
附加信息区域		

图 7-7　DNS 报文格式

这里可以看到，DNS 报文格式可包括三部分：首部、问题部分和资源记录部分。其中，首部包括六个重要的字段，问题回答部分用来显示 DNS 查询请求的信息，资源记录部分只在 DNS 响应报文中出现。

（1）首部

首部包括了事务 ID 字段、标志位字段、问题计数字段、回答资源记录数字段、权威名称服务器计数字段以及附加资源记录数字段，共6个字段12字节。

事务 ID 字段占 2 字节，是 DNS 报文的 ID 标识。对于请求报文和与其对应的应答报文，事务 ID 字段的值应该是相同的。通过这个字段可以区分出 DNS 应答报文是对哪个请求进行响应的。

标志位字段占 2 字节，是 DNS 报文中的标志字段。标志位各字段如图 7-8 所示。

QR	opcode	AA	TC	RD	RA	Z	rcode	
1	4	1	1	1	1	3	4	bit

图 7-8 标志位字段

标志位中每个字段的含义见表 7-2。

表 7-2 标志位字段含义

标志位	含义
QR（Query Response）	查询/响应标志，取值为 0 表示查询，为 1 表示响应
opcode（operate code）	操作码，取值为 0 表示标准查询，为 1 表示反向查询，为 2 表示服务器状态请求
AA（Authoritative）	授权应答，在响应报文中有效。取值为 1 表示名称服务器为权威服务器，为 0 表示为非权威服务器
TC（Truncated）	是否被截断。值为 1 时，表示响应超过 512 字节并已被截断，只返回前 512 字节
RD（Recursion Desired）	期望递归
RA（Recursion Available）	可用递归，只出现在响应报文中。值为 1 时，表示服务器支持递归查询
Z（Zero）	保留字段，在所有的请求和应答报文中，值为 0
rcode（reply code）	返回码，0 表示没有差错，1 表示报文格式错误，2 表示服务器错误，3 表示名字差错，4 表示查询类型不支持，5 表示拒绝

问题计数字段占 2 字节，用来表示请求报文段中的问题记录的数目。

回答资源记录数字段占 2 字节，用来表示响应报文段中的回答记录数目。

权威名称服务器计数字段占 2 字节，用来表示权威服务器区域中权威记录数目。

附加资源记录数字段占 2 字节，用来表示附加信息区域中的附加记录数目。

（2）问题部分

问题部分指的是报文格式中查询问题区域（Queries）部分，用来显示 DNS 查询请求的问题，通常只有一个问题，表示正在进行的查询信息，包含查询名（被查询主机名字）、查询类型、查询类。

查询名：指要查询的域名，有时也会是 IP 地址，用于反向查询。

查询类型：DNS 查询请求的资源类型。查询类型说明见表 7-3。通常查询类型为 A 类型，表示由域名获取对应的 IP 地址。

表 7-3　查询类型

类型	标识符	说明
1	A	由域名获得 IPv4 地址
2	NS	查询域名服务器
5	CNAME	查询规范名称
6	SOA	开始授权
11	WKS	熟知服务
12	PTR	把 IP 地址转换成域名
13	HINFO	主机信息
15	MX	邮件交换
28	AAAA	由域名获得 IPv6 地址
252	AXFR	传送整个区的请求
255	ANY	对所有记录的请求

（3）资源记录部分

资源记录部分对应着 DNS 报文中的最后三个字段，包括回答问题区域字段、权威名称服务器区域字段和附加信息区域字段。这三个字段都采用了资源记录格式。资源记录格式如图 7-9 所示。

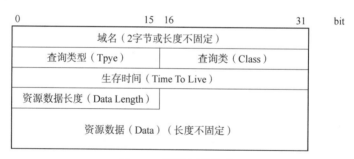

图 7-9　资源记录格式

注意：资源记录部分只在 DNS 响应包中才会出现。

域名字段占 2 字节或者长度不固定，是 DNS 请求的域名，格式和 Queries 区域的查询名字字段一样。

查询类型字段占 2 字节，表示资源记录的类型，与问题部分中的查询类型值一致。

查询类字段占 2 字节，表示地址类型，与问题部分中的查询类值一致。对于 Internet 信息，取值总是 IN。

生存时间字段占 4 字节，表示资源记录可以缓存的时间。如果取值为 0，则表示资源记录只能被传输，但是不能缓存。

资源数据长度字段占 2 字节，表示资源数据的长度。

资源数据字段长度不固定，表示按照查询段的要求返回的相关资源记录的数据，可以是

Address 地址信息（表明查询报文想要的回应是一个 IP 地址）或者 CNAME 别名信息（表明查询报文想要的回应是一个规范主机名）等。

图 7-10 是主机向 DNS 服务器发起域名解析请求时，截获到的查询报文。这是一个请求报文，包括两部分：首部和问题部分。

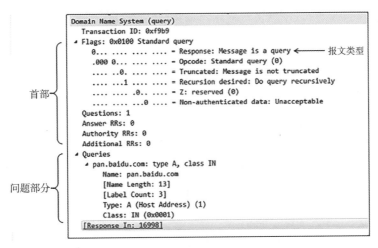

图 7-10　DNS 查询报文

可以看到，报文类型为 query，是一个查询报文。

其中：

■ 首部

Transaction ID（事务 ID）：取值为 0xf9b9，这里和响应报文取值相同。

FLags（标志）：取值为 0x0100，其中期望递归字段取值为 1，表示采用递归查询方式。

Questions（问题计数）：取值为 1，Answer RRs（回答资源记录数）、Authority RRs（权威名称服务器计数）和 Additional RRs（附加资源记录数）取值均为 0，没有起到实际作用。

■ 问题部分

Name（查询名）：pan. baidu. com

Type（查询类型）：A

Class（查询类）：IN

由于这是一个查询报文，所以没有对应的资源记录部分。

图 7-11 所示是 DNS 服务器向主机返回的响应报文。包括三部分：首部、问题部分和资源记录部分。

可以看出，这个报文类型为 response，是一个响应报文。

其中：

■ 首部

Transaction ID（事务 ID）：取值为 0xf9b9，这里和查询报文取值相同，是对应查询的响应。

FLags（标志）：取值为 0x8180，其中，查询响应字段取值为 1，表示这是一个响应报文；期望递归字段取值为 1，表示采用递归查询方式；可用递归字段取值为 1，表示服务器支持递归查询。

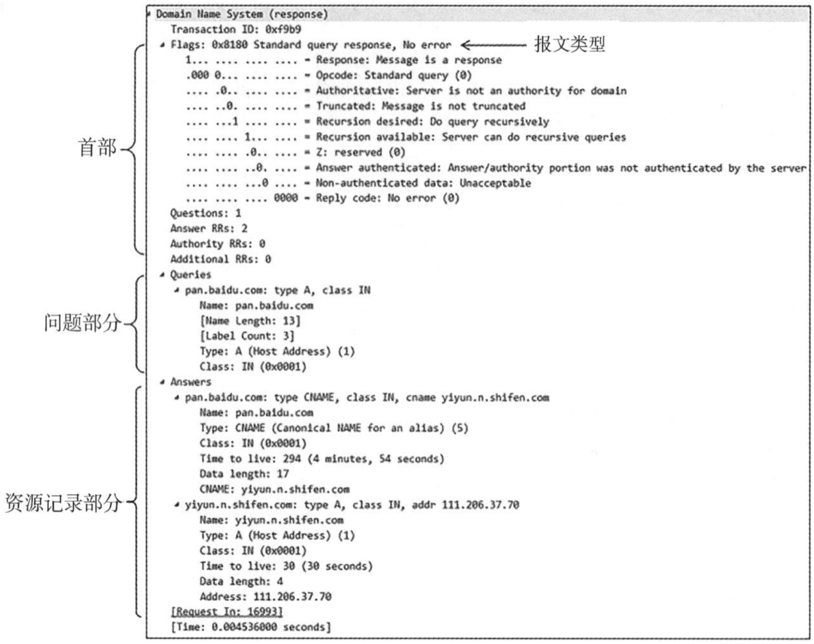

图 7-11　DNS 响应报文

Answer RRs（回答资源记录数）：表示该响应报文回答资源记录的个数，取值为 2。

■ 问题部分

Name（查询名）：pan. baidu. com

Type（查询类型）：A

Class（查询类）：IN

■ 资源记录部分

资源记录部分记录了两个回答资源记录。主要字段取值：

Name（域名）：pan. baidu. com 和 yiyun. n. shifen. com。

Type（查询类型）：A

Class（查询类）：IN

Time to live（生存时间）：294 和 30

Data length（数据长度）：17 和 4

CName（别名）：yiyun. n. shifen. com

Address（地址）：111. 206. 37. 70

7.2.2　超文本传送协议（HTTP）

万维网（World Wide Web）简称 WWW 或者 Web，是指存放在互联网的计算机中，具有相互关联的数量巨大的文档的集合。这些文档描述的信息可以是文本类型，也可以是图形、视频以及音频等超媒体（Hyper Media）。

存放在 Web 上的信息由若干个互相关联的文档组成，这些文档通过超链接（Hyper

link）进行关联 。利用统一资源定位符（Uniform Resource Locator，URL）来标识各种文档在万维网上的存放位置，每一个文档都拥有唯一的标识符。通过超文本传送协议（HyperText Transfer Protocol，HTTP）约定客户端和服务器端进行通信的标准和规则。

1. 统一资源定位符 URL

统一资源定位符用来标识互联网上文档的存放位置。在互联网的 Web 服务程序上使用了统一资源定位系统，用来确定信息资源在互联网上的存放位置。在最早的时候由蒂姆·伯纳斯·李发明，被定义为万维网的地址。目前万维网联盟将 URL 作为互联网标准进行编制，编号为 RFC1738。

在统一资源定位符中，一般有这样几个相关的信息：资源类型、存放资源的主机域名和资源文件名等。通常包括四部分：协议、主机、端口和路径。格式为：

> protocol://hostname[:port]/path

其中，protocol 表示协议，指出使用的协议类型，用于通知浏览器如何处理将要打开的文件。使用频率最高的协议是用来提供页面访问的超文本传送协议。现在随着网络安全技术的发展，逐渐使用安全的超文本传送协议（HyperText Transport Protocol Security，HTTPS）替代 HTTP 实现对 Web 页面的安全访问。hostname 表示主机名，一般用域名进行标识，比如 www.baidu.com，表示要访问百度服务器的主页。port 表示端口号，表示要访问主机的哪个端口，由于常用应用占用端口号是固定的（如 http 占用端口号 80，https 占用端口号 443），一般可以省略。path 表示路径，是指要访问主机上文件的存储位置。

比如，地址 https://www.bzu.edu.cn/5105/list.htm，表示在通信过程中需要遵守 HTTPS 协议，访问 www.bzu.edu.cn 主机上的，存放在 5105 文件夹下的 list.htm 页面。

2. 超文本传送协议 HTTP

HTTP 是面向 Web 的应用层协议，是 Web 的核心。HTTP 由两个程序实现：客户程序和服务器程序。其中，客户程序和服务器程序都需要相应的进程支持，一般客户程序通过浏览器支持，服务器程序则需要配置专门的服务端。客户和服务器之间利用 HTTP 报文实现会话和通信。在 HTTP 协议中需要定义采用的报文格式、客户和服务器进行报文交换的方式等。

HTTP 协议的工作过程如图 7-12 所示。

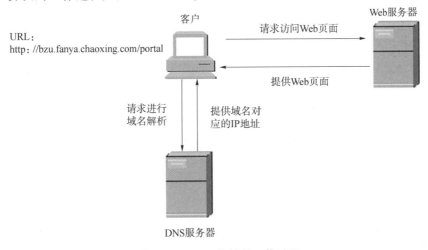

图 7-12　HTTP 协议的工作过程

这里以访问超星课程中心为例来说明 HTTP 协议的工作过程。

在客户端计算机打开浏览器运行客户端程序，输入要访问的 URL（通常采用域名形式，这里是 http://bzu.fanya.chaoxing.com/portal）。此时，主机端判断输入的是一个域名，首先会将请求提交到 DNS 服务器，请求将输入的域名解析成对应的 IP 地址。DNS 服务器收到请求后，如果能实现解析，则返回对应地址给客户端，此时域名解析成了 140.210.69.130。

此时在客户端就可以获取到 Web 服务器的 IP 地址（140.210.69.130）了，以后就可以和 Web 服务器进行通信了，此时向 Web 服务器提交访问 Web 页面请求，服务器收到后，返回 Web 页面到客户端，最终客户端显示页面信息。图 7-13 所示是通过域名访问到的 Web 页面。

图 7-13　通过域名访问

这里需要注意，HTTP 协议在通信时，使用运输层的 TCP 协议提供可靠数据传输，通信过程如图 7-14 所示。

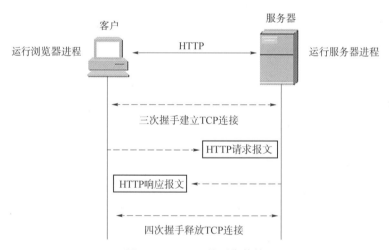

图 7-14　HTTP 的可靠传输

可以看出，HTTP 协议利用 TCP 协议实现可靠传输，但是 HTTP 在设计时没有充分考虑到安全性问题。一是，在通信过程中使用明文的形式进行数据传输，没有对数据进行加密处理，所传输的内容可能会被窃听；二是，双方在进行交互时没有进行身份验证的相应措施，这时就有遭遇伪装的可能性；三是，在收到报文后，无法证明报文的完整性，此时报文有可能已遭篡改。因此，现在的 Web 应用大多采用 HTTPS 的方式实现，通过引入 SSL/TLS 层，来达到安全的目的。

3. HTTP 报文

在 Web 通信过程中，定义了两种类型的报文：

①HTTP 请求报文，从客户发送到服务器的请求报文。

②HTTP 响应报文，从服务器发送到客户的回答报文。

（1）请求报文

请求报文格式如图 7-15 所示。由图可以看出，报文共包括三个重要的组成部分：请求行、首部行和实体主体。

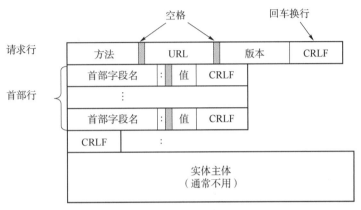

图 7-15　请求报文

其中，请求行中包括三个字段：方法字段、URL 字段和版本字段。首部行用来标识首部字段名和对应的取值，一般用来说明浏览器、服务器和报文主体的相关信息。而实体主体一般不会用到。

■ 方法是对所请求的对象进行的操作。

常用的方法包括 GET 和 POST 两类。其中，GET 方法是请求读取由 URL 所标志的信息；POST 方法是向服务器提交要被处理的数据。

■ URL 是所请求资源的 URL。

URL 用于标识存放在万维网上的文档，每一个文档在互联网上都具有唯一的标识符。URL 实际上就是文件名在网络范围的扩展。

■ 版本是 HTTP 协议的版本

（2）响应报文

响应报文格式如图 7-16 所示。响应报文主要包括三个组成部分：状态行、首部行和实体主体。

在状态行中定义了三项内容：HTTP 版本、状态码、解释状态码的短语。

■ 状态码

状态码采用三位数字形式，含义如下：

代码 1xx 表示通知信息，如请求收到或正在进行处理。

代码 2xx 表示成功，如接收或知道了。

代码 3xx 表示重定向，告诉请求方如果要完成请求，还必须采取进一步的行动。

代码 4xx 表示客户端出错了，比如请求中有错误的语法或不能完成。

代码 5xx 表示服务器端的差错，比如服务器失效，无法完成请求。

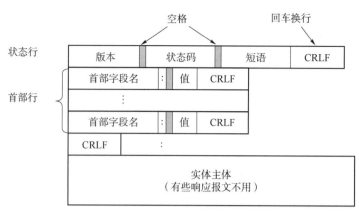

图 7-16　响应报文

■ 响应报文

响应报文中常见到的三种状态行主要有：

接收：HTTP/1.1 202 Accepted

错误的请求：HTTP/1.1 400 Bad Request

找不到：HTTP/1.1 404 Not Found

图 7-17 是通信过程中获取到 HTTP 请求报文，可以看出请求的方法是 GET，协议版本是 1.1，在首部行中定了支持的格式、语言类型、用户代理、主机名以及连接状态等相关信息。要求访问被 URL 标识的资源，指定的资源经服务器解析后返回响应内容。

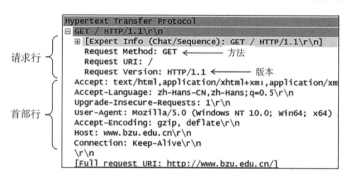

图 7-17　GET 方法的请求报文

图 7-18 是 POST 方法的 HTTP 请求报文。用于向服务器提交要被处理的数据，一般采用表单形式提交。

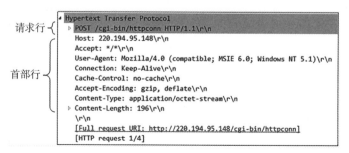

图 7-18　POST 方法的请求报文

图 7-19 是通信过程中获取到 HTTP 响应报文，这是服务器向客户端返回的报文，状态码为 200，表示正常。

图 7-19 OK 状态的响应报文

GET 与 POST 的区别主要体现在：

①GET 用于查询信息，根据 URL 向服务器请求页面信息；POST 用于提交信息，用于向服务器提出请求。

②安全性方面，GET 方法参数直接暴露在 URL 中，没有考虑安全性；而 POST 方法参数放在消息体中，安全性更高。

③GET 方法提交的数据长度是受到限制的，因为 URL 长度有限制，具体的长度限制视浏览器而定，而 POST 没有长度方面的限制。

7.2.3 远程终端协议（Telnet 和 SSH）

利用远程登录可以在互联网上的任何位置实现对计算机、服务器或网络设备的远程控制，和在本地操作一样，方便对设备进行管理。最简单的实现方式是利用 Windows 自带的远程桌面程序实现，也可以安装远程控制工具（比如 pc anywhere、向日葵等）。对网络设备的远程登录，一般需要配置远程终端的协议。

1. Windows 系统远程登录

微软公司提供了远程桌面连接组件，在安装 Windows 操作系统时，设置默认安装就可以了。利用 Windows 的控制面板，选择"系统"→"远程设置"，打开"系统属性"对话框，如图 7-20 所示。在"远程"选项卡下面勾选对应选项，就可以打开远程桌面连接了。利用远程桌面连接，不需要安装其他软件，只需要设置好网络连接就可以了。

此时，在任意主机端运行 mstsc 命令，打开远程桌面，输入要连接主机的 IP 地址和用户名即可实现远程登录。运行界面如图 7-21 所示。

从配置过程和登录过程可以看出，在利用 Windows 远程桌面进行连接时，需要知道被控制端计算机的 IP 地址才能进行连接，所有就要求被控端拥有固定的 IP 地址。

2. 远程终端 Telnet

Telnet（Terminal Emulation Protocol，终端仿真协议）也称为远程终端协议，是互联网上进行远程登录服务的标准协议和主要的方式，可以为用户提供在本地计算机上对远程主机进

图 7-20　远程桌面设置

图 7-21　远程桌面连接

行控制的操作。

　　在对远程终端设备进行配置之前，需要给设备分配远程登录的地址和登录密码，用于唯一标识设备和设置访问权限。在主机端，只需要在命令提示符下调用 telnet 命令，指定对端设备地址和登录密码，就可以实现对设备的远程控制，和在本地操作一样。图 7-22 所示是使用 telnet 命令在计算机远程登录交换机的连接图，这里可以看到在计算机端能够登录到交换机，实现对交换机的远程配置。

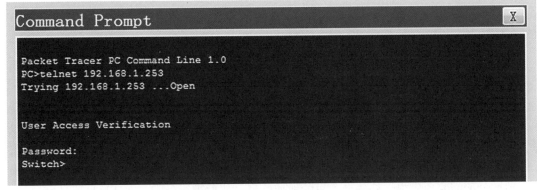

图 7-22　telnet 远程登录

Telnet 最初在设计时，未充分考虑安全性，连线会话所传输的信息没有进行加密处理，用户输入及显示的信息，包括账号名称及密码等信息都以明文形式进行传输，存在被窃听的危险，因此，现在对网络设备进行远程管理时，会将 telnet 服务关闭，改用更为安全的 SSH。

3. 安全外壳协议 SSH

SSH（Secure Shell Protocol，安全外壳协议）是在不安全网络上提供安全远程登录及其他安全网络服务的协议。SSH 协议簇由 IETF（Internet Engineering Task Force）的 Network Working Group 制定，是建立在应用层和传输层基础上的安全协议。

在对远程终端设备进行 SSH 配置时，除了需要给设备分配远程登录的地址和登录密码外，还需要生成加密密钥，对传输的数据进行加密处理，保证安全性。在主机端，需要在命令提示符下调用 ssh 命令，指定设备用户名、地址，并输入登录密码，实现对设备的远程控制。图 7-23 所示是在计算机通过 SSH 远程登录交换机的连接图，这里可以看到在计算机端可以登录到交换机，实现对交换机的远程配置。

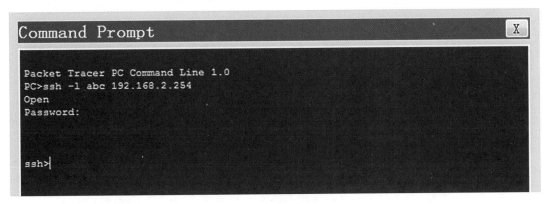

图 7-23　SSH 远程登录

目前来说，SSH 是比较可靠的远程登录协议，利用 SSH 协议可以有效防止远程管理过程中的信息泄露问题。SSH 在进行数据传输时，把所有的数据都进行了加密处理，能够在一定程度上防止 DNS 欺骗和 IP 欺骗的发生。

另外，SSH 对传输的数据是进行压缩处理，这样可以加快数据的传输速度。目前，已有多种 SSH 工具支持安全的远程登录，比如 Putty、secure CRT 和 XManager 等。

7.2.4　动态主机配置协议（DHCP）

1. DHCP 协议简介

动态主机配置协议（Dynamic Host Configuration Protocol，DHCP），是应用层的一个非常重要的协议，在早期称为 BOOTP（Bootstrap Protocol，引导程序协议）。通过配置 DHCP 服务，能够帮助计算机在局域网上动态地获取 IP 地址等相关的配置信息，而不需要人工干预。

在主机端连接互联网获取 IP 地址的方式有两种：静态 IP 地址分配和动态 IP 地址分配。静态地址分配需要预先规划好每台主机的地址信息，然后进行分配，保证地址不冲突。而动态地址分配，则不需要手工配置，只需要把可用的地址范围告诉服务器，由 DHCP 服务器进行统一分配即可。

当客户端 IP 地址设置为动态获取方式时，DHCP 服务器就会根据 DHCP 协议给客户端分配 IP、子网掩码、默认网关和 DNS 等相关信息，使得客户机能够利用获取到的 IP 相关信息连接互联网。

由于 DHCP 消息的收发采用广播形式，通常被用在局域网中，实现的主要功能就是对 IP 地址进行集中的管理和分配，使得客户端可以动态地获得 IP 地址、网关地址、DNS 服务器地址等信息，避免手工分配的差错和地址的冲突，提升地址的使用率。

DHCP 采用了客户服务器工作模式，由 DHCP 客户端发出请求配置信息，DHCP 的服务器会返回相应的提供信息。在客户端只需要设置网络连接的地址获取方式为动态方式即可。客户端动态获取地址信息如图 7-24 所示。

IP 设置

IP 分配:　　　　　自动(DHCP)

编辑

属性

链接速度(接收/传输):　　100/100 (Mbps)
IPv6 地址:　　　　　2001:da8:701a:25:e473:6c1:951b:7323
本地链接 IPv6 地址:　　fe80::e473:6c1:951b:7323%12
IPv4 地址:　　　　　10.63.2.89
IPv4 DNS 服务器:　　202.102.152.3
　　　　　　　　　211.137.191.26
制造商:　　　　　　Intel Corporation
描述:　　　　　　　Intel(R) Ethernet Connection (2) I219-V
驱动程序版本:　　　12.17.10.8
物理地址(MAC):　　2C-4D-54-57-5E-19

图 7-24　DHCP 客户端

2. DHCP 的工作过程

DHCP 协议的工作过程一般可以分成四个阶段，如图 7-25 所示。其中，客户端发给服务器的都是广播包，服务器发给客户端的都是单播包。

图 7-25　DHCP 协议工作过程

第一阶段（发现阶段）：DHCP 客户机以广播的形式寻找局域网上存在的 DHCP 服务器。

由于客户机在接入网络时并不知道服务器存放在哪个位置，也不知道服务器的通信地址，DHCP 服务器对于客户机来说是未知的。因此，DHCP 客户机会以广播的形式向局域网上所有计算机发送发现报文（DHCP discover），用来寻找局域网上的 DHCP 服务器。此时，由于主机没有分配任何地址信息，因此，IP 封包中的源地址是 0.0.0.0，目的地址采用 255.255.255.255，表示发送特定的广播信息。在局域网上，每一台连接网络的计算机都能够接收到广播的发现报文，但只有 DHCP 服务器具有提供地址的功能，所以会做出响应，而其他主机则丢弃数据包，不做任何处理。

第二阶段（提供阶段）：在这个阶段，DHCP 服务器会提供 IP 配置相关信息给客户端。

在此阶段，局域网中接收到发现报文（DHCP discover）的 DHCP 服务器均会进行响应。检查自己的地址池中有没有可供分配的 IP 地址，如果有，会从没有分配出去的 IP 地址中随机挑选一个分配给 DHCP 客户机，同时会包含地址的租约期等相关信息。所有信息封装成 DHCP offer 报文，一般会包含 IP 地址、子网掩码、默认网关和 DNS 等。

这里需要思考，既然客户机没有分配到 IP 地址，那么服务器是如何寻找到客户机的呢？由于此阶段客户机没有分配到 IP 地址，但是又需要进行身份的标识，因此，在第一阶段发送 discover 报文的时候，会将自己的 MAC 地址进行封装，作为自己的身份标识，这样服务器就可以通过 MAC 地址在局域网内找到对应的客户机进行地址的提供。

第三阶段（选择阶段）：在这个阶段，DHCP 客户机选择其中一个 DHCP 服务器提供的 IP 配置信息。

由于在局域网中可能会部署多台 DHCP 服务器进行提供地址，当客户机以广播形式发送发现（discover）报文时，每一个服务器都能够收到，由于不知道其他服务器的存在，因此每一个服务器都会给客户机发送提供（offer）报文。

此时在客户端可能会收到多条 offer，在客户机上只接收其中的一个 offer 作为自己主机的 IP 地址，而其他的没有被接收选用的 offer 需要归还给服务器，通常客户机会选择最先收到的 offer 报文，然后会以广播方式回答一个请求（DHCP request）报文，告诉所有服务器自己选用了哪一个地址。这里以广播方式进行回答，目的是让所有的 DHCP 服务器都知道客户端选用了哪一个地址，哪些地址没有别选用。一旦地址被选用，这个地址就不能再分配给其他用户了。而没有被选用的地址则由服务器收回，分配给它们的用户。

第四阶段（**确认阶段**）：在这个阶段，DHCP 服务器会对所提供的 IP 地址信息进行确认，让客户端放心使用。

在服务器端收到客户端发送的请求（request）报文之后，接下来给客户端发送确认报文（DHCP ACK）。在确认报文中，包含了所提供的 IP 地址和其他相关设置信息，用来告诉 DHCP 客户机所提供的 IP 地址可以放心使用。此后，客户机就可以把 TCP/IP 协议与其物理卡进行绑定。此外，除了被客户机选中的服务器外，其余所有的 DHCP 服务器则会将提供给该客户机的 IP 地址收回。

图 7-26 所示是计算机最初接入网络时，通过动态方式向 DHCP 服务器申请地址并获取地址信息的过程。

Source	Destination	Protocol	Length	Info
0.0.0.0	255.255.255.255	DHCP	344	DHCP Discover
10.63.255.254	10.63.1.211	DHCP	370	DHCP Offer
0.0.0.0	255.255.255.255	DHCP	370	DHCP Request
10.63.255.254	10.63.1.211	DHCP	370	DHCP ACK

图 7-26　主机端 DHCP 获取过程

由图可以看出，第一条报文和第三条报文是由客户端发给服务器的请求报文。由于此时客户端没有获取到地址，因此源地址是 0.0.0.0。客户端以广播形式寻找局域网上的服务器，因此目的地址是 255.255.255.255。

第二条报文和第四条报文是从服务器发给客户端的响应报文。其中，第二条是提供报文，由服务器给客户端提供地址相关的配置信息。第四条是确认报文，是服务器给客户端发回的确认地址分配的信息。这里是服务器和客户端一对一的通信，因此采用单播形式。

如果客户机释放地址后，需要重新连接网络（比如计算机重启或者长时间没有操作），此时不需要再次发送发现报文，而是尝试发送请求报文（在这个报文中包含了上一次分配的 IP 地址信息）。在服务器收到客户端发送的请求报文后，会判断上一次分配的 IP 地址是否被占用，如果没有被占用，则让客户机继续使用原来的 IP 地址，并返回确认（ack）报文。如果上一次分配的地址已被占用，无法分配给客户端，则返回否认（nack）报文给客户端。当客户端收到否认报文后，则会重新发送发现报文，申请一个新的 IP 地址。

为了避免用户无限制占用 IP 地址，服务器向客户端提供的 IP 地址都有一个租借期限（lease time），这个时间由服务器端决定。租约期满后，服务器就会收回提供的 IP 地址。如果租约期到了，但客户机仍然要使用网络，则需要申请延长租约时间，更新租约时间。一般在租约期限过一半时，客户机会自动向服务器申请续约。一旦续约成功，重新计算租约时间。

3. DHCP 报文格式

DHCP 协议在工作过程中用到的报文主要有**五类**：申请释放地址的释放报文（release）；向服务器请求地址的发现报文（discover）；服务器向客户端提供地址信息的提供报文（offer）；客户端向服务器端发送的地址使用的请求报文（request）；服务器向客户

端进行地址确认的确认报文（ack）。五种类型报文采用统一的格式，报文封包格式如图 7-27 所示。

操作码（1字节）	硬件类型（1字节）	硬件长度（1字节）	跳数（1字节）
事务ID（4字节）			
时间（秒）（2字节）		标志（2字节）	
客户端IP地址（4字节）			
你的IP地址（4字节）			
服务器IP地址（4字节）			
网关IP地址（4字节）			
客户端硬件地址（6字节）			
服务器名称（64字节）			
引导文件名（128字节）			
选项（64字节）			

图 7-27　DHCP 报文格式

各字段含义：

操作码字段：占一字节，用来指定报文的操作类型。可以分为两类：请求报文和响应报文。当操作码字段取值为 1 时，表示是请求报文；当操作码字段取值为 2 时，表示是响应报文。

DHCP 的请求报文包括 DHCP discover、DHCP request 和 DHCP release。

DHCP 的响应报文包括 DHCP offer 和 DHCP ack。

硬件类型字段：占 1 字节，指明 DHCP 客户端采用的硬件类别。对于 Ethernet 来说，取值为 1。

硬件长度字段：占 1 字节，指明 DHCP 客户端采用的硬件地址的长度。对于 Ethernet 来说，取值为 6，也就是 MAC 地址的长度。

跳数字段：占 1 字节，这个字段定义了 DHCP 报文在发送过程中经过的 DHCP 中继数目。默认取值为 0，如果封包需经过路由器进行传送和转发，每经过一个路由器，跳数加 1。

事务 ID 字段：占 4 字节，这个字段定义了客户端在广播发送发现报文（discover）时所选择的一个随机数，这里相当于请求标识，用来表示请求地址的过程。特别需要注意，在同一请求中，每一个报文的事务 ID 字段取值是一样的。

时间字段：占 2 字节，以秒为单位。这个字段定义客户端从获取到 IP 地址或者续约过程开始到目前为止所消耗的时间。在没有获得任何地址前，时间字段取值为 0。

标志位字段：占 2 字节，目前仅用到了第 0 比特，称为广播应答标识位。用来标识服务器应答报文是采用单播形式发生还是广播形式发送。当取值为 0 时，表示采用单播发送方式；当取值为 1 时，表示采用广播发送方式。

客户端 IP 地址字段：占 4 个字段，这个字段中表示的是客户端已经分配到的 IP 地址，只显示在服务器发送的确认报文（ack）中，在其他阶段由于客户端还没有分配到地址，因此取值为 0。

你的 IP 地字段：占 4 字节，这个字段中表示的是服务器分配给客户端的 IP 地址。由于只在服务器返回给客户端时携带相关的地址信息，因此这个字段在服务器发送的提供报文（offer）和确认报文（ack）中显示，其他报文中取值为 0。

服务器 IP 地址字段：占 4 字节，这里表示的是给客户端分配 IP 地址等信息的服务器的 IP 地址。由于客户端在申请地址时并不知道服务器的地址，因此，在客户端发给的发现报文（discover）和请求报文（request）报文中，此字段值为 0。在服务器返回给客户端的报文中，会显示自己的地址，因此这个字段在提供报文（offer）和确认报文（ack）中显示。

网关 IP 地址字段：占 4 字节，表示的是客户端发出请求报文后经过的第一个 DHCP 中继的 IP 地址。这个字段只有在跨网段进行 DHCP 请求时用到。

客户端硬件地址字段：占 6 字节，表示的是客户端的 MAC 地址。客户端在最初连接局域网没有分配到 IP 地址之前，使用 MAC 地址进行标识身份。在发送的每个 DHCP 报文中，都会显示对应的客户端的 MAC 地址。

服务器名称字段：占 64 字节，表示的是为客户端分配 IP 地址的服务器名称（DNS 域名格式）。此字段显示在服务器发送给客户端的报文中，因此，在提供报文（offer）和确认报文（ack）中会显示发送报文的 DHCP 服务器名称，其他报文显示为 0。

DHCP 报文在运输层传输时遵守运输层的 UDP 协议，当客户端传送封包给服务器时，采用的是 UDP 协议的 67 号端口，从 Server 传送给 Client 则是使用 UDP 协议的 68 号端口。

下面结合具体网络通信示例解析 DHCP 的工作方式。

当主机最初连接加入网络时，只拥有 MAC 地址，没有 IP 地址，需要以广播形式发送 DHCP discover 报文寻找局域网上的服务器。数据报文格式如图 7-28 所示。

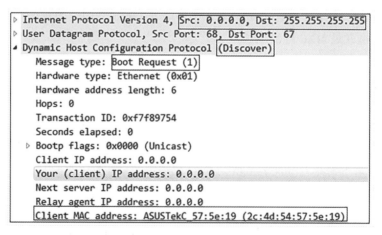

图 7-28　discover 报文

分析网络层数据报可以看出，源 IP 地址是 0.0.0.0，而目的 IP 是 255.255.255.255。由运输层数据可以看出，广播包封装了 UDP。在应用层的 DHCP 报文中可以看到，这是一个请求报文，由于客户端没有 IP 地址，因此在包中封装了主机的 MAC 地址信息。

　　局域网内的 DHCP 服务器收到发现报文后，如果有地址可以提供，会向主机单播发送 DHCP offer 提供报文。报文格式如图 7-29 所示。

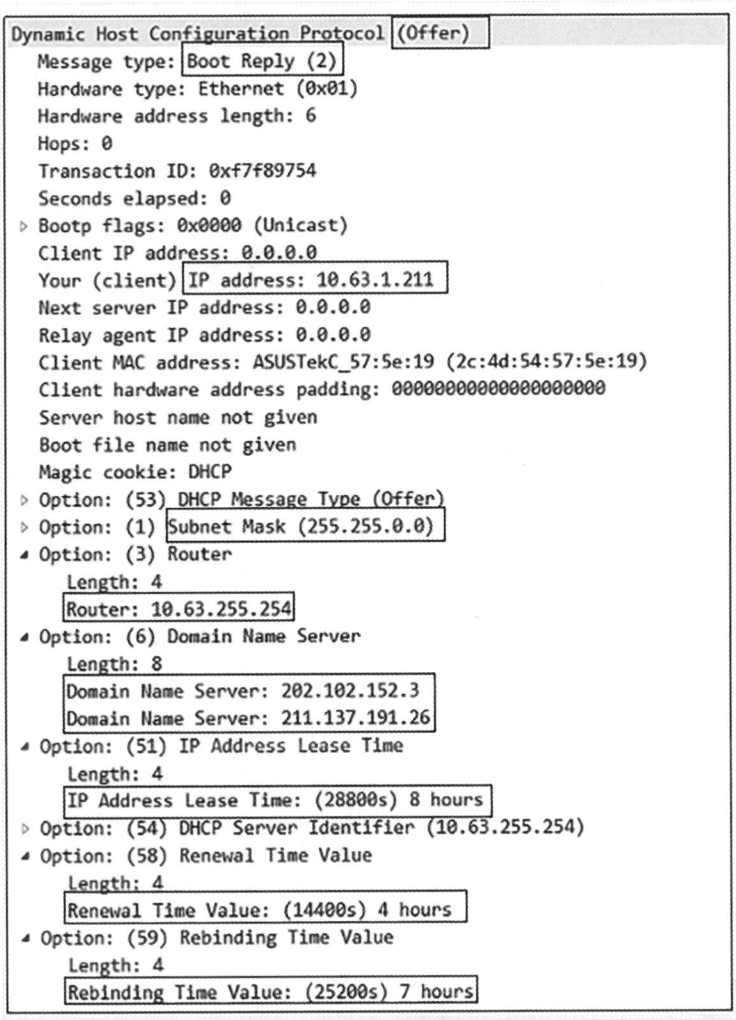

```
Dynamic Host Configuration Protocol (Offer)
  Message type: Boot Reply (2)
  Hardware type: Ethernet (0x01)
  Hardware address length: 6
  Hops: 0
  Transaction ID: 0xf7f89754
  Seconds elapsed: 0
▷ Bootp flags: 0x0000 (Unicast)
  Client IP address: 0.0.0.0
  Your (client) IP address: 10.63.1.211
  Next server IP address: 0.0.0.0
  Relay agent IP address: 0.0.0.0
  Client MAC address: ASUSTekC_57:5e:19 (2c:4d:54:57:5e:19)
  Client hardware address padding: 00000000000000000000
  Server host name not given
  Boot file name not given
  Magic cookie: DHCP
▷ Option: (53) DHCP Message Type (Offer)
▷ Option: (1) Subnet Mask (255.255.0.0)
◢ Option: (3) Router
    Length: 4
    Router: 10.63.255.254
◢ Option: (6) Domain Name Server
    Length: 8
    Domain Name Server: 202.102.152.3
    Domain Name Server: 211.137.191.26
◢ Option: (51) IP Address Lease Time
    Length: 4
    IP Address Lease Time: (28800s) 8 hours
▷ Option: (54) DHCP Server Identifier (10.63.255.254)
◢ Option: (58) Renewal Time Value
    Length: 4
    Renewal Time Value: (14400s) 4 hours
◢ Option: (59) Rebinding Time Value
    Length: 4
    Rebinding Time Value: (25200s) 7 hours
```

图 7-29　offer 报文

　　可以看到，获取到的 offer 报文是一个响应报文（reply），提供了 IP 地址、子网掩码、默认网关和 DNS 等相关信息。另外，还指定了地址的租约期和续租时间。

　　如果在局域网内有多台服务器，那么在客户端会收到多个 offer 报文。对于客户端，只需要一个地址就可以了，因此会选择其中一个 offer，一般选用最先到达的那个地址，同时向局域网内发送一个 DHCP request 广播数据包。request 报文格式如图 7-30 所示。

　　分析报文可以看到，在 request 报文中包含客户端的 MAC 地址、接收的租约中的 IP 地址、提供此租约的 DHCP 服务地址等相关信息。

　　DHCP Server 接收到客户机的 DHCP request 之后，会广播返回给客户机一个 DHCP ACK 消息包，表明已接收客户机的选择。ACK 报文如图 7-31 所示。

```
Dynamic Host Configuration Protocol (Request)
    Message type: Boot Request (1)
    Hardware type: Ethernet (0x01)
    Hardware address length: 6
    Hops: 0
    Transaction ID: 0xf7f89754
    Seconds elapsed: 0
  ▷ Bootp flags: 0x0000 (Unicast)
    Client IP address: 0.0.0.0
    Your (client) IP address: 0.0.0.0
    Next server IP address: 0.0.0.0
    Relay agent IP address: 0.0.0.0
    Client MAC address: ASUSTekC_57:5e:19 (2c:4d:54:57:5e:19)
    Client hardware address padding: 00000000000000000000
    Server host name not given
    Boot file name not given
    Magic cookie: DHCP
  ◢ Option: (53) DHCP Message Type (Request)
      Length: 1
      DHCP: Request (3)
  ◢ Option: (61) Client identifier
      Length: 7
      Hardware type: Ethernet (0x01)
      Client MAC address: ASUSTekC_57:5e:19 (2c:4d:54:57:5e:19)
  ◢ Option: (50) Requested IP Address (10.63.1.211)
      Length: 4
      Requested IP Address: 10.63.1.211
  ◢ Option: (54) DHCP Server Identifier (10.63.255.254)
      Length: 4
      DHCP Server Identifier: 10.63.255.254
```

图 7-30   request 报文

```
Dynamic Host Configuration Protocol (ACK)
    Message type: Boot Reply (2)
    Hardware type: Ethernet (0x01)
    Hardware address length: 6
    Hops: 0
    Transaction ID: 0xf7f89754
    Seconds elapsed: 0
  ▷ Bootp flags: 0x0000 (Unicast)
    Client IP address: 0.0.0.0
    Your (client) IP address: 10.63.1.211
    Next server IP address: 0.0.0.0
    Relay agent IP address: 0.0.0.0
    Client MAC address: ASUSTekC_57:5e:19 (2c:4d:54:57:5e:19)
    Client hardware address padding: 00000000000000000000
    Server host name not given
    Boot file name not given
    Magic cookie: DHCP
  ▷ Option: (53) DHCP Message Type (ACK)
  ▷ Option: (1) Subnet Mask (255.255.0.0)
  ▷ Option: (3) Router
  ▷ Option: (6) Domain Name Server
  ▷ Option: (51) IP Address Lease Time
  ▷ Option: (54) DHCP Server Identifier (10.63.255.254)
  ▷ Option: (58) Renewal Time Value
  ▷ Option: (59) Rebinding Time Value
```

图 7-31   ACK 报文

7.2.5 电子邮件协议（SMTP 和 POP3）

电子邮件（E-mail）是互联网上最常用的一种应用，可以方便地实现用户之间电子信件的发送和接收。通常在收发电子邮件的时候需要用户首先申请自己的电子邮箱地址，这样才能写信发给其他用户。当然，接收信件的用户也需要有自己的邮箱地址，这样才能登录邮箱查看信件。

电子邮件的地址格式一般是：用户名@邮件服务器的域名，其中，用户名是用户在申请邮箱地址时自己命名的，在同一邮件服务器域名下，每个用户都需要有唯一的用户名。符号"@"含义是"在……"，也就是在互联网中的位置。邮件服务器的域名是为了区分不同的邮件提供商。比如 abc@126.com，指的是在 126 邮箱服务器申请的 abc 这个用户。用户申请邮箱地址以后，在邮件服务器端就会专门划分出一块存储空间供该用户进行收发和存取邮件（发件箱和收件箱）。电子邮件的收发过程如图 7-32 所示。

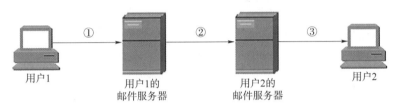

图 7-32 电子邮件收发过程

用户 1 要向用户 2 发送一封电子邮件，首先用户 1 需要登录到自己的邮箱（邮件服务器的一块存储区域）开始撰写邮件。接下来，根据用户 2 提供的邮件地址将邮件发送到用户 2 的邮件服务器中，此时邮件就会保存到用户 2 的收件箱（用户 2 的邮件服务器的一块存储区域），用户 2 登录邮箱后，就可以收到用户 1 发送的邮件了。

在电子邮件发送和接收过程中，需要遵守相应的通信协议来实现有序工作。通常采用的**电子邮件通信协议**包括 SMTP、POP3 以及 IMAP。其中，SMTP 协议用于发送电子邮件，POP3 和 IMAP 用于接收电子邮件。

SMTP（Simple Mail Transfer Protocol，简单邮件传送协议）定义了从邮件发送方到邮件接收方进行邮件传输的通信标准。在协议中还定义了邮件的中转和转发规范，使得每一台计算机都能在发送信件或转发信件时正确地找到下一跳地址。此外，SMTP 协议要求在登录服务器时必须通过输入账户名和密码进行认证，这样在一定程度上防止了垃圾邮件的发送和扩散，使用户避免受到垃圾邮件的侵扰。SMTP 已是事实上的 E-mail 传输的标准。

POP（Post Office Protocol，邮局协议）实现的功能是从邮件服务器中读取电子邮件信息。POP 协议支持多用户互联网邮件扩展，允许用户在电子邮件上以附件形式上传各种文件，诸如文字处理文件（Word 文档、PDF 文档）、电子表格文件（Excel 文档）以及图片声音等文件。客户端在登录自己的邮箱，查阅邮件的时候，邮件信息就会在用户端展示。目前普遍采用的是 POP3（RFC 1939），是邮局协议的第 3 个版本，是因特网电子邮件的第一个离线协议标准。

IMAP（Internet Message Access Protocol，因特网报文存取协议）也能够实现邮件的读取，但是在性能方面要比 POP 更优越，实现也复杂很多。目前普遍采用的是 IMAP 的修订版本 4，简称为 IMAP4（RFC3501）。

除了通过浏览器端登录邮件服务器进行邮件的收发外，目前还有一些邮件服务系统，像 Outlook Express、Fox Mail 等，它们都遵照邮件传输协议的标准，方便地实现邮件的收发和管理。

7.2.6 文件传送协议和简单文件传送协议（FTP 和 TFTP）

1. FTP 协议

文件传送协议（File Transfer Protocol，FTP）是在互联网上实现文件传输的协议，它工作在体系结构的应用层。在互联网发展的早期，FTP 传输被广泛采用。FTP 在传输文件时，运输层基于 TCP 协议进行传输，保证传输的可靠性，因此传输的质量比较高，数据可靠性高。

FTP 基于客户服务器模式进行工作，为了方便地区分控制信息和传输的数据信息，在客户端与服务器之间建立两个连接。其中一个连接用于传输控制信息，占用了 21 端口；另一条连接用于传输数据，占用了 20 端口。这种将命令和数据分开传送的思想大大提高了 FTP 的效率。图 7-33 给出了 FTP 的基本模型。

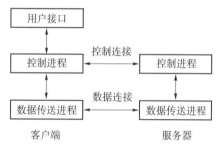

图 7-33 FTP 通信模型

可以看出，在客户端有三个组成部分：用户接口、客户控制进程和客户数据传送进程。在服务器端包括两个组成部分：服务器控制进程和服务器数据传送进程。在 FTP 通信过程中，控制连接始终处于活动状态，数据连接只有在进行文件传输和接收的时候才启动。

2. 简单文件传送协议

简单文件传送协议（Trivial File Transfer Protocol，TFTP）也称为小型文件传送协议，是比 FTP 要简单得多的一种文件传送协议。首先，TFTP 在进行数据传输时使用的运输层的 UDP 协议，不需要先建立连接就可以直接传送数据，传输效率较高。其次，代码运行过程只需要较少的内存空间即可实现。最后，TFPT 命令较少，实现简单，没有采取身份认证和鉴别的措施。当然，TFTP 由于没有任何可靠性传输的保障机制，所传输的文件并不可靠。

实训指导

【实训名称】搭建 WWW、DNS 服务器

【实训目的】

1. 了解 WWW、DNS 服务器的工作过程。

2. 掌握 WWW、DNS 服务器的配置方法。

【实训任务】

假设某校园网通过一台三层交换机连接到校园网出口路由器，路由器连接到校园外的另一台路由器上。校园网内部部署了 WWW 服务器，在外网部署了 DNS 服务器。拓扑结构如图 7-34 所示。请正确配置网络服务，实现能够通过域名（域名可以自己定义，符合命名规则即可）访问 WWW 服务器。

【实训设备】

路由器（2 台）、交换机（1 台）、计算机（1 台）、服务器（2 台）、网线若干。

【拓扑结构】

某校园网简化拓扑结构如图 7-34 所示。

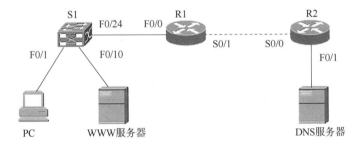

图 7-34　某校园网简化拓扑结构

【知识准备】

1. DNS 服务的工作原理。

2. WWW 服务的工作原理。

【实验步骤】

步骤 1：搭建网络拓扑。

配置给定网络拓扑，选择合适的网络设备，搭建网络。

步骤 2：基本网络配置。

合理规划各设备的地址，对交换机和路由器进行合理配置，保证网络连通。

步骤 3：WWW 服务器配置。

在服务器端开启 WWW 服务，并设置访问页面相关信息。

步骤 4：DNS 服务器配置。

在 DNS 服务器配置页面配置域名与 IP 地址的映射关系。

步骤 5：测试。

在计算机端分别通过 IP 地址和域名访问 WWW 服务器，验证服务是否可用。

使用 nslookup 等工具分别验证 DNS 服务的工作情况。

步骤 6：抓包分析。

使用 Wireshark 抓包软件抓取 DNS 包进行协议分析。

小 结

1. 应用层的协议都是为了解决某一类特定的应用问题而设计的。通常问题的解决需要借助于位于不同主机中的多个应用进程之间的通信和协同工作来完成。应用层规定了应用进程在通信时所应遵守的通信协议。

2. 应用层的协议大多数是基于客户–服务器模式的。其中的客户是服务请求方，而服务器则是服务提供方。

3. 域名系统 DNS 是目前在互联网上使用的命名系统，用来把便于人们使用的机器名字转换成对应的 IP 地址。域名到 IP 地址的解析是由分布在互联网上的许多域名服务器程序（即域名服务器）共同完成的。

4. 互联网采用层次树状结构的命名方法，任何一台连接在互联网上的主机或路由器，都有唯一的层次结构的名字，即域名。域名中的点和点分十进制 IP 地址中的点没有关系。

5. 域名服务器分为根域名服务器、顶级域名服务器、权限域名服务器和本地域名服务器。

6. 万维网 WWW 是一个大规模的、联机式的信息储藏所，可以非常方便地从互联网上的一个站点链接到另一个站点。

7. 万维网的客户程序向互联网中的服务器程序发出请求，服务器程序向客户程序送回客户所要的万维网文档。在客户程序主窗口上显示出的万维网文档称为页面。万维网使用统一资源定位符 URL 来标志万维网上的各种文档，并使每一个文档在整个互联网的范围内具有唯一的标识符 URL。

8. 万维网客户程序与服务器程序之间进行交互所使用的协议是超文本传送协议 HTTP。HTTP 使用 TCP 连接进行可靠的传送。但 HTTP 协议本身是无连接、无状态的。

9. 通过远程终端协议可以实现在互联网上的任何位置对计算机、服务器或网络设备的远程控制。最简单的实现方式是利用 Windows 自带的远程桌面程序实现，对网络设备的远程登录一般需要配置远程终端协议 Telnet 或 SSH。

10. DHCP 可以实现对 IP 地址集中的管理和分配，使得客户端可以动态地获得 IP 地址、网关地址、DNS 服务器地址等信息，避免手工分配的差错和地址的冲突，提升地址的使用率。

11. 电子邮件是互联网上使用最多的和最受用户欢迎的一种应用。电子邮件把邮件发送到收件人使用的邮件服务器，并放在其中的收件人邮箱中，收件人可随时上网到自己使用的邮件服务器进行读取，相当于"电子信箱"。

12. 文件传送协议 FTP 使用 TCP 可靠的运输服务。FTP 使用客户服务器模式。在进行文件传输时，FTP 的客户端和服务器之间要建立两个并行的 TCP 连接：控制连接和数据连接。实际用于传输文件的是数据连接。

习 题

7-01 应用层的主要作用是什么？

7-02 在互联网的上采用什么样的域名结构对域名进行命名？

7-03 域名系统能够实现什么功能？是如何来工作的呢？

7-04 结合通过浏览器访问页面的，举例说明域名转换的过程以及数据通信的过程。

7-05 设想有一天整个互联网的 DNS 系统都瘫痪了（这种情况不大会出现），试问还有可能给朋友发送电子邮件吗？

7-06 说明文件传送协议 FTP 的主要工作过程。

7-07 解释以下名词，并写出中文名称。

WWW，URL，HTTP，HTML，SMTP，FTP，DNS，DHCP

7-08 假定一个超链从一个万维网文档链接到另一个万维网文档时，由于万维网文档上出现了差错而使得超链指向一个无效的计算机名字。这时浏览器将向用户报告什么？

7-09 请简述 DHCP 协议的工作原理和工作过程。

7-10 远程终端协议 Telnet 和 SSH 有何异同之处？

第8章 网络安全

网络安全问题关系着国家安全和主权、社会稳定以及民族文化的继承发扬。随着互联网、移动互联网以及物联网技术的普及和发展，人们的生产、生活活动的方方面面无时无刻都离不开网络。网络技术在带来便利的同时，存在的安全问题也日益凸显。那么目前互联网存在哪些网络安全问题呢？如何进行网络安全防护呢？

 学习要点

本章首先简单介绍了网络安全的基础知识，接下来介绍了互联网使用的安全协议，最后结合网络安全的实现设备分析了网络安全的实现。

本章的重要内容：

（1）网络安全基础知识，包括网络安全的基本概念、网络安全属性、网络安全立法以及网络安全宣传周活动。

（2）互联网的安全协议，结合网络体系结构分层分别讲述网络层安全协议、运输层的安全协议和应用层的安全协议。

（3）网络安全设备，主要包括路由器上的访问控制实现网络安全以及网络防火墙设备。

学习目标

（1）理解网络安全的基本概念，了解当前网络面临的安全威胁。

（2）能够理解并分析互联网存在的安全问题，区分不同的网络安全协议。

（3）能够利用网络安全设备进行网络安全问题分析。

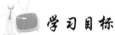 **8.1 网络安全基础**

8.1.1 网络安全基本概念

网络安全是一门涉及计算机科学、网络技术、通信技术、密码技术、信息安全技术、应用数学等多种学科的综合性学科。网络安全是指网络系统的硬件、软件及其系统中的数据受到保护，不受偶然的或者恶意的原因而遭受到破坏、更改、泄露，系统连续、可靠、正常地运行，网络服务不中断。

网络安全的具体含义会随着用户的不同而不同。

对于个人用户而言，在使用网络传输个人隐私或相关利益信息的时候，希望信息能够被保护，保证信息的安全性、完整性和真实性，以免信息被非法窃取和破坏，对个人利益带来影响。

对于网络安全运维管理人员而言，则希望能够实现对本地网络信息的访问、读写等操作进行保护和控制，避免出现"陷门"、病毒、非法存取、拒绝服务、网络资源非法占用和非法控制等威胁，制止和防御网络黑客的攻击。

对于安全保密部门而言，则希望对非法的、有害的或涉及国家机密的信息进行过滤和防堵，避免机要信息泄露，避免对社会产生危害，对国家造成巨大损失。

8.1.2　网络安全属性

网络安全实际上指的是网络上传输的信息安全。一般来说，凡是涉及网络信息的保密性、完整性、可用性、真实性和可控性的相关技术与理论都是网络安全的研究领域。在美国国家信息基础设施（National Information Infrastructure，NII）的文献中，明确给出安全的五个属性：保密性、完整性、可用性、可控性和不可抵赖性。

1. 保密性

所谓保密性，指的是网络中传输的信息不被非授权实体获取与使用。这里的实体既可以是连接在互联网上的用户，也可以指计算机上运行的应用进程。这里所描述的信息是广泛意义的信息，不仅包括国家机密，也包括企业和社会团体的商业机密和工作机密，还包括个人信息。

对于网络中传输的信息，要实现保密性，切实有效的方法就是对传输的信息进行加密处理，到了接收端再进行解密即可。而对于存储在重要节点设备上的信息，要实现保密性，需要通过访问控制实现，设置用户对数据的访问权限，确保数据不被非授权的访问。

2. 完整性

所谓完整性，指的是数据未经授权不能进行改变的特性，也就是说，信息在存储或传输过程中要保持不能被修改、不能被破坏和丢失的特性。对于数据的完整性，则指的是保证计算机系统上的数据和信息处于一种完整和未受损害的状态，数据不会因为有意或无意的事件而被改变或丢失。

此外，数据的完整性还要求数据的来源正确、可信，也就是说，首先需要验证数据是真实可信的，然后再验证数据是否被破坏。如果不能验证真实可信性，完整性的存在就没有意义了。

3. 可用性

所谓可用性，是指对信息或资源的期望使用能力。通俗地说，就是要保证信息资源在需要时能为授权用户所使用，防止由于主客观因素造成的系统拒绝服务。例如，网络环境下的拒绝服务、破坏网络和有关系统的正常运行等都属于对可用性的攻击。

4. 可控性

所谓可控性，指的是对发布出去的信息的传播路径、扩散范围及其描述内容能够进行有效的控制，也就是说，不能让不良内容的信息通过互联网络进行传输，使得信息可以有效掌控。

5. 不可抵赖性

所谓不可抵赖性，也称不可否认性，指的是在信息交换过程中，需要确信通信双方的身份，也就是说，参与通信的所有用户都应该对自己的操作行为认可，不能否认和抵赖。通俗来说，就是发送方不能对发送的信息和发送的行为进行否认，接收方也不能对自己的接收行为进行否认。目前，普遍采用数字签名技术解决不可否认性。

8.1.3　网络安全立法

网络安全直接影响国家安全、经济发展，影响广大人民的切身利益。近年来，随着互联网的普及和应用，网络安全事件层出不穷，因此迫切需要采取包括法律手段在内的各种措施来保障国家的网络安全。

党的十八大以来，以习近平总书记为核心的党中央敏锐地洞察到网络安全和信息化发展的重要性，网络安全被提升到前所未有的高度。习近平总书记担任中央网络安全和信息化领导小组组长，提出一系列重要思想和重大举措，充分体现了党中央对网信工作的高度重视。

在过去的近30年的时间里，国家针对网络安全问题，制定了一系列的法律法规和条例规定。主要网络安全立法有：《中华人民共和国计算机软件保护条例》（1991年6月）；《中华人民共和国计算机信息系统安全保护条例》（1994年2月）；《中华人民共和国计算机信息网络管理暂行规定》（1996年2月）；《中华人民共和国计算机信息网络国际联网安全保护管理办法》（1997年12月）；《中华人民共和国网络安全法》（2017年6月）；《网络安全威胁信息发布管理办法》（2019年11月）；《网络信息内容生态治理规定》（2020年3月）；《网络安全审查办法》（2020年4月）。

8.1.4　网络安全宣传

国家重视网络安全建设，围绕"共建网络安全，共享网络文明"为主题，每年选定一周为中国国家网络安全宣传周。围绕金融、电信、电子政务、电子商务等重点领域和行业网络安全问题，针对社会公众关注的热点问题，举办网络安全体验展等系列主题宣传活动，营造网络安全人人有责、人人参与的良好氛围。

自2014年第一届网络安全宣传周活动举办以来，每年都会举办网络安全相关的宣传和组织活动，并提出网络安全宣传主题。2016年第三届网络安全宣传周，以"网络安全为人民，网络安全靠人民"为主题展开活动。2019年网络安全宣传周针对当前存在的信息泄露和数据安全问题，贯彻落实了《网络安全法》以及数据安全管理、个人信息保护等方面的法律、法规、标准，深入开展宣传教育活动。2020年网络安全宣传周活动围绕APP个人信息保护、网络安全标准、网络安全产业创新发展、网络素养教育、青少年网络安全等议题开展宣传教育活动。2021 年国家网络安全宣传针对网络安全领域特别是数据安全、个人信息保护、新技术新应用风险防范等各界关注、百姓关切的热点问题，相关部门切实回应焦点、打通堵点、解决难点，有力地维护了国家网络安全和人民群众合法权益。

8.2　互联网使用的安全协议

互联网最初设计的目的是实现主机之间的互相通信，并没有考虑到安全性问题。随着互联网技术的普及，其存在的安全问题也日益凸显。信息在传输过程中的安全性无法保证，接收方无法确认发送方的身份，也无法判定接收到的信息是否与原始信息相同。

因此，网络安全研究人员在网络体系结构的主要层次——网络层、运输层和应用层——开发了相应的安全补充协议，期望在各个层次上分别达到保密性、完整性和不可抵赖性的安全目标。本章节重点讲解目前使用最为广泛的 IPSec 协议、HTTPS 协议和 SSL 协议。

8.2.1　网络层安全协议 IPSec

IPSec（IP Security，IP 安全）用于提供网络层的安全性，是一种开放标准的框架结构。由于所有支持 TCP/IP 协议的主机进行通信时，都要经过网络层的处理，提供了网络层的安全性，就相当于为整个网络提供了安全通信的基础。

IPSec 的安全特性包括：

①不可否认性：证实消息发送方是唯一可能的发送者，发送者不能否认发送过消息。

②反重播性：确保每个 IP 包的唯一性，保证信息万一被截取复制后，不能再被重新利用、重新传输回目的地址。

③数据完整性：防止传输过程中数据被篡改，确保发出数据和接收数据的一致性。

④数据可靠性：在传输前，对数据进行加密，可以保证在传输过程中，即使数据包遭截取，信息也无法被读取。

IPSec 提供了两种安全机制：加密和认证。加密机制通过对数据进行编码来保证数据的机密性，以防数据在传输过程中被窃听。认证机制使 IP 通信的数据接收方能够确认数据发送方的真实身份，以及数据在传输过程中是否遭篡改。为了进行加密和认证，IPSec 还需要有密钥的管理和交换的功能，以便为加密和认证提供所需要的密钥并对密钥的使用进行管理。以上工作分别由 AH（Authentication Header，鉴别首部）、ESP（Encapsulation Security Protocol，封装安全载荷）和 IKE（Internet Key Exchange，Internet 密钥交换）规定。IPSec 体系结构如图 8-1 所示。

AH 是认证头协议，定义了认证的应用方法。AH 是插入 IP 数据报的一个协议头，提供数据完整性、数据源验证和抗重传攻击等功能，但是不能保密。

ESP 是封装安全载荷协议，定义了加密和可选认证的应用方法。通过加密 IP 数据报，提供机密性、数据完整性、数据源验证和抗重传攻击等功能。

AH 和 ESP 都有两个工作模式，即传输模式和隧道模式。传输模式只对 IP 包的上层信

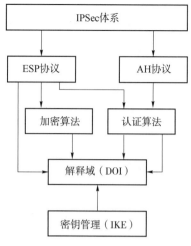

图 8-1　IPSec 体系结构

息提供安全保护，而隧道模式构造一个新的 IP 头，为整个 IP 包提供安全保护。AH 可以单独使用，也可在隧道模式下和 ESP 联用。

AH 协议传输模式和 AH 隧道模式下的数据报格式如图 8-2 所示。

图 8-2　AH 协议传输模式和 AH 隧道模式的数据格式

(a) AH 协议传输模式；(b) AH 隧道模式

可以看出，在传输模式下，AH 首部添加到了运输层首部前面，原有 IP 数据报结构发生了变化；在隧道模式下，保持原来的 IP 数据报格式不变，在 IP 数据报的首部添加了 AH 首部和新的 IP 首部信息。

ESP 协议传输模式和隧道模式下的数据报格式如图 8-3 所示。

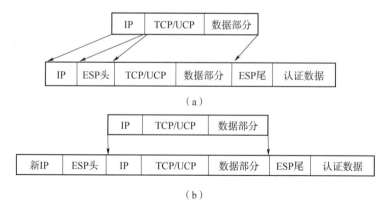

图 8-3　ESP 传输模式和隧道模式的数据格式

(a) ESP 传输模式；(b) ESP 隧道模式

可以看出，在传输模式下，ESP 首部添加到了运输层首部前面，原有 IP 数据报结构发生了变化。另外，和 AH 不同的是，在尾部添加了 ESP 尾和认证数据部分。在隧道模式下，保持原来的 IP 数据报格式不变，在 IP 数据报的首部添加了 ESP 首部和新的 IP 首部信息，在尾部添加了 ESP 尾和认证数据部分。

由于隧道传输模式没有改变原有 IP 数据报的结构，目前使用较多的是隧道方式。

8.2.2　网络层以上的安全协议 SSL 和 HTTPS

安全套接层（Secure Sockets Layer，SSL）是 Netscape 公司发明的一种用于 Web 的安全传输协议。第一个 Netscape 版本是 TLS（Transport Layer Security，安全传输层协议），是基于 SSL 研发的。SSL 协议有时也称为 TLS 协议。

早期的 Web 应用使用 HTTP 协议进行数据传输，由于没有对数据进行加密，使用 HTTP 协议传输信息时存在安全隐患。为了保证数据传输的安全性，将 SSL 协议用于对 HTTP 协议传输的数据进行加密，这就是现在普遍采用的 Web 通信协议 HTTPS。

通俗地讲，HTTPS 协议是由 SSL+HTTP 协议构建的，可进行加密传输、身份认证的网络协议，比 HTTP 协议更安全。两个协议的关系如图 8-4 所示。这里可以看到，HTTPS 协议实现的关键在于 SSL 协议的加入。

目前使用的浏览器都支持 SSL 协议保证通信的安全。如图 8-5 所示，可以在浏览器中可设置支持的协议和版本。

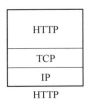

图 8-4　HTTP 和 HTTPS 的关系

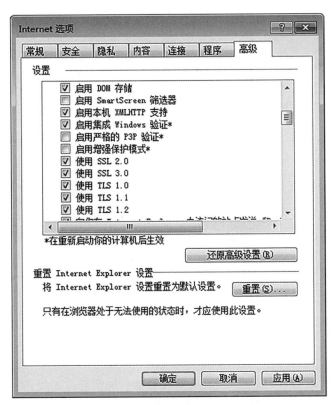

图 8-5　SSL 协议和 TLS 协议

对于 Web 信息传输通道的机密性及完整性，SSL 是最佳的解决方案，目前所有的浏览器和 Web 服务器都支持 SSL，采用 SSL 在技术上已经很成熟，互联网的安全敏感数据几乎都是由 SSL 通道传输的。另外，SSL 协议使用数字证书用于保护网络通信的安全，以及实现对通信双方身份的确认。在客户端浏览器中可查看证书信息，如图 8-6 所示。

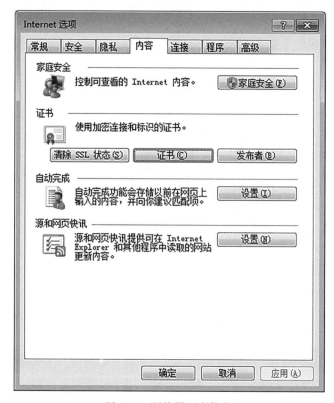

图 8-6　浏览器证书信息

数据通信过程中，进行数据包捕获，并过滤 SSL（TLS）协议数据，可以看到 SSL 协议的工作过程，如图 8-7 所示。

No.	Time	Source	Destination	Protocol	Length	Info
1190	4.613738	10.63.1.211	20.189.72.203	TLSv1.2	264	Client Hello ←———— 第一步　　　　第二步
1202	4.674468	20.189.72.203	10.63.1.211	TLSv1.2	827	Server Hello, Certificate, Server Key Exchange, Server Hello Done
1204	4.676133	10.63.1.211	20.189.72.203	TLSv1.2	147	Client Key Exchange, Change Cipher Spec, Encrypted Handshake Message
1221	4.735220	20.189.72.203	10.63.1.211	TLSv1.2	105	Change Cipher Spec, Encrypted Handshake Message ←　　第四步
1222	4.740413	10.63.1.211	20.189.72.203	TLSv1.2	141	Application Data　第三步
1223	4.740453	10.63.1.211	20.189.72.203	TLSv1.2	777	Application Data

图 8-7　SSL 协议工作过程

可以看到，通信过程包括四步：

第一步：客户端向服务器发送握手协议"Client Hello"报文，如图 8-8 所示。

在报文中包含了协议版本、客户端生成的随机数 Random1、会话 ID 和客户端支持的加密套件（Cipher Suites）等信息。

服务器收到客户端 Hello 报文后，检查协议版本、加密套件等是否兼容，如果服务器支持所有条件，它将发送其证书以及其他详细信息，否则，服务器将发送握手失败消息。

```
Transmission Control Protocol, Src Port: 54429, Dst Port: 443, Seq: 1, Ack: 1, Len: 210
Transport Layer Security
⊿ TLSv1.2 Record Layer: Handshake Protocol: Client Hello
    Content Type: Handshake (22)
    Version: TLS 1.2 (0x0303)
    Length: 205
  ⊿ Handshake Protocol: Client Hello
      Handshake Type: Client Hello (1)
      Length: 201
      Version: TLS 1.2 (0x0303)
    ▷ Random: 5db7d7d2b6e3df136c8db3798f074cf27638d74ff13bd32b7ad4509a202668be
      Session ID Length: 0
      Cipher Suites Length: 38
    ⊿ Cipher Suites (19 suites)
        Cipher Suite: TLS_ECDHE_ECDSA_WITH_AES_256_GCM_SHA384 (0xc02c)
        Cipher Suite: TLS_ECDHE_ECDSA_WITH_AES_128_GCM_SHA256 (0xc02b)
        Cipher Suite: TLS_ECDHE_RSA_WITH_AES_256_GCM_SHA384 (0xc030)
        Cipher Suite: TLS_ECDHE_RSA_WITH_AES_128_GCM_SHA256 (0xc02f)
        Cipher Suite: TLS_ECDHE_ECDSA_WITH_AES_256_CBC_SHA384 (0xc024)
        Cipher Suite: TLS_ECDHE_ECDSA_WITH_AES_128_CBC_SHA256 (0xc023)
        Cipher Suite: TLS_ECDHE_RSA_WITH_AES_256_CBC_SHA384 (0xc028)
        Cipher Suite: TLS_ECDHE_RSA_WITH_AES_128_CBC_SHA256 (0xc027)
        Cipher Suite: TLS_ECDHE_ECDSA_WITH_AES_256_CBC_SHA (0xc00a)
        Cipher Suite: TLS_ECDHE_ECDSA_WITH_AES_128_CBC_SHA (0xc009)
        Cipher Suite: TLS_ECDHE_RSA_WITH_AES_256_CBC_SHA (0xc014)
        Cipher Suite: TLS_ECDHE_RSA_WITH_AES_128_CBC_SHA (0xc013)
        Cipher Suite: TLS_RSA_WITH_AES_256_GCM_SHA384 (0x009d)
        Cipher Suite: TLS_RSA_WITH_AES_128_GCM_SHA256 (0x009c)
        Cipher Suite: TLS_RSA_WITH_AES_256_CBC_SHA256 (0x003d)
        Cipher Suite: TLS_RSA_WITH_AES_128_CBC_SHA256 (0x003c)
        Cipher Suite: TLS_RSA_WITH_AES_256_CBC_SHA (0x0035)
        Cipher Suite: TLS_RSA_WITH_AES_128_CBC_SHA (0x002f)
        Cipher Suite: TLS_RSA_WITH_3DES_EDE_CBC_SHA (0x000a)
```

图 8-8　Client Hello

第二步：服务器向客户端发送握手协议，包括 Server Hello、数字证书和服务器端密钥交换信息，如图 8-9 所示。

```
Transport Layer Security
⊿ TLSv1.2 Record Layer: Handshake Protocol: Multiple Handshake Messages
    Content Type: Handshake (22)
    Version: TLS 1.2 (0x0303)
    Length: 3688
  ▷ Handshake Protocol: Server Hello
  ▷ Handshake Protocol: Certificate
  ▷ Handshake Protocol: Server Key Exchange
  ▷ Handshake Protocol: Server Hello Done
```

图 8-9　服务器返回消息

（1）Server Hello

Server Hello 报文如图 8-10 所示。

在 Server Hello 报文中包含协议版本、随机选择的一种加密套件、随机数 Random2 和会话 ID 等。客户端和服务端都拥有了一个随机数（Random1+ Random2），这两个随机数会在后续生成对称密钥时用到。

图 8-10　Server Hello 报文

（2）Certificate

服务器将数字证书发给客户端，使客户端能用证书中提供的服务器公钥对服务器进行认证。客户端收到证书后，利用证书中提供的 public key 消息对客户端的随机数 Random1 进行加密，然后发给服务器。服务器收到后，用 private key 进行解密，返回给客户端。客户端收到后，进行比较，如果一致，则说明服务器是证书的拥有者，对服务器进行了身份的认证。

证书信息如图 8-11 所示。

图 8-11　证书信息

（3）Server Key Exchange

服务器密钥交换，这是可选项。通信双方已经协商好了密码套件，对于套件里面的非对称加密算法，有些算法需要更多的信息才能生成一个可靠的密码，而有些不需要。客户端可以自己生成一个准密码，此时就不需要服务器返回消息了。而有些算法，需要有服务器发送一点特殊的信息给客户端，用于生成准密码。服务器密钥交换报文如图 8-12 所示。

到了这里，服务器向客户端的信息发送完毕，最后发送 Server Hello Done 表示传输结束了，等待客户端响应。

第三步：客户端向服务器发送 Client Key Exchange（客户端密钥交换）、Change Cipher

```
Handshake Protocol: Server Key Exchange
  Handshake Type: Server Key Exchange (12)
  Length: 296
▲ EC Diffie-Hellman Server Params
    Curve Type: named_curve (0x03)
    Named Curve: x25519 (0x001d)
    Pubkey Length: 32
    Pubkey: 06a520630da98f31b0a1ed067fa80e3cf02b88de17f032e7613ece5295f6e166
  ▷ Signature Algorithm: rsa_pkcs1_sha256 (0x0401)
    Signature Length: 256
    Signature: 46ddebd9b96a0a29150ce10c4f3452fbacccc485b349f35c6eb279909e5e53c91609bef5.
```

图 8-12　服务器密钥交换信息

Spec（改变密码标准）和 Encrypted Handshake Message（加密的握手信息）信息。获取的数据包内容如图 8-13 所示。

```
TLSv1.2 Record Layer: Handshake Protocol: Client Key Exchange
  Content Type: Handshake (22)
  Version: TLS 1.2 (0x0303)
  Length: 37
▲ Handshake Protocol: Client Key Exchange
    Handshake Type: Client Key Exchange (16)
    Length: 33
  ▲ EC Diffie-Hellman Client Params
      Pubkey Length: 32
      Pubkey: 301bd600eaa55518f71b596f65b9564963d5b4173a042b2de3b6f51b47d5806e
TLSv1.2 Record Layer: Change Cipher Spec Protocol: Change Cipher Spec
  Content Type: Change Cipher Spec (20)
  Version: TLS 1.2 (0x0303)
  Length: 1
  Change Cipher Spec Message
TLSv1.2 Record Layer: Handshake Protocol: Encrypted Handshake Message
  Content Type: Handshake (22)
  Version: TLS 1.2 (0x0303)
  Length: 40
  Handshake Protocol: Encrypted Handshake Message
```

图 8-13　客户端密钥交换、改变密码标准、加密的握手信息

服务器已经经过认证，如果服务端需要对客户端进行验证，在客户端收到服务端的 Server Hello 消息后，需要向服务端发送客户端的证书，让服务端来验证客户端的合法性。

客户端向服务器发送 Client Key Exchange 报文，进行客户端的密钥交换。

Change Cipher Spec 是一个独立的协议，用于告知服务端客户端已经确认协商好的加密套件（Cipher Suite），准备使用协商好的加密套件加密数据并传输。

Encrypted Handshake Message 消息在生成对称加密密钥之后，发送一条加密的数据，让服务端解密验证。

第四步：服务器向客户端发送 Change Cipher Spec 和 Encrypted Handshake Message 消息。报文信息如图 8-14 所示。

Change Cipher Spec 报文用于告诉客户端以后的通信是加密的；Encrypted Handshake Message 报文是发送一条经过密钥加密的数据，让客户端验证，验证通过就可以开始进行加

```
TLSv1.2 Record Layer: Change Cipher Spec Protocol: Change Cipher Spec
   Content Type: Change Cipher Spec (20)
   Version: TLS 1.2 (0x0303)
   Length: 1
   Change Cipher Spec Message
TLSv1.2 Record Layer: Handshake Protocol: Encrypted Handshake Message
   Content Type: Handshake (22)
   Version: TLS 1.2 (0x0303)
   Length: 40
   Handshake Protocol: Encrypted Handshake Message
```

图 8-14　服务器发送改变密码标准、加密的握手信息

密通信了。

接下来，客户端/服务端就可以开始基于 TLS 进行通信了。这里可以看到，在通信过程中通过采用加密和认证等方式，实现了传输数据的保密性、完整性以及通信双方的身份认证。

8.3　网络安全实现

网络安全是一个比较系统同时比较有针对性的问题，要实现网络安全，需要综合考虑网络实现的各个方面。本部分主要从两个方面分析网络安全的实现：路由器实现网络安全和防火墙实现网络安全。

8.3.1　路由器实现网络安全

路由器用于连接内部局域网和外部互联网，内外网之间交换的数据都需要经过防火墙。可以在路由器上配置相应访问控制规则，进行数据包的过滤，控制网络流量，达到网络安全的目的。

1. 访问控制原理

路由器对包进行过滤是通过访问控制列表（Access Control List，ACL）来实现的。在路由器上配置访问控制列表，可以按预订的访问控制规则过滤数据报文，提高网络安全性。访问控制列表是控制流入、流出路由器数据包的一种方法。它通过在数据包流入路由器或流出路由器时进行检查、过滤，达到流量管理的目的。

访问实现的作用主要体现在两个方面：一是可以对网络资源节点进行保护，阻止非法用户对资源节点的非授权访问；二是限制特定的用户节点的访问权限。

访问控制列表的工作过程如图 8-15 所示。

当一个数据包进入路由器的某一个接口时，路由器首先检查该数据包是否可路由或可桥接。然后路由器检查是否在入站接口上应用了 ACL。如果有 ACL，就将该数据包与

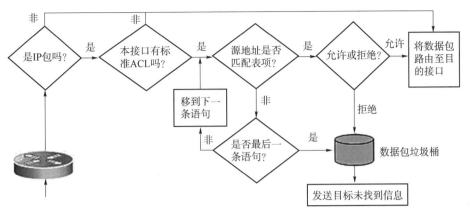

图 8-15 访问控制列表工作过程

ACL 中的条件语句相比较。如果数据包被允许通过，就继续检查路由器选择表条目，以决定转发到的目的接口。ACL 不过滤由路由器本身发出的数据包，只过滤经过路由器的数据包。下一步，路由器检查目的接口是否应用了 ACL。如果没有应用，数据包就被直接送到目的接口输出。

访问控制列表的特点包括以下方面：

①访问控制列表是条件判断语句，根据条件是否满足，执行拒绝（deny）或者允许（permit）动作。

②访问控制列表按照由上而下的顺序处理列表中的语句。

③在进行规则匹配时，如果找不到匹配项，就去匹配下一条，直到找到匹配项位置。如果找到匹配的语句，就不再继续向下执行，而是按照指定的动作对数据包执行允许或拒绝的操作。

④在路由器中默认隐藏有一条拒绝所有的语句，也就默认拒绝所有（any）。因此，配置的访问控制列表中至少有一条允许语句。

2. 访问控制列表分类

基本的 IP 访问控制列表有两类：标准 IP 访问控制列表和扩展 IP 访问控制列表。另外，为了方便标识，还引入了命名访问控制列表。

标准访问控制列表只能够检查可被路由的数据包的源地址，根据源网络、子网、主机 IP 地址来决定对数据包的拒绝或允许，使用的局限性大。对于思科的网络设备，其定义的序列号范围是 1~99，其他厂商略有不同。

扩展访问控制列表能够检查可被路由的数据包的源地址和目的地址，同时还可以检查指定的协议、端口号和其他参数，具有配置灵活、精确控制的特点。对于思科的网络设备，其序列号的范围是 100~199，其他厂商略有不同。

8.3.2 防火墙实现网络安全

所谓防火墙（Firewall），指的是一个由软件和硬件设备组合而成，在内部网和外部网之间、专用网与公共网之间的界面上构造的保护屏障，使 Internet 与 Intranet 之间建立起一个安全网关（Security Gateway），从而保护内部网免受非法用户的侵入。防火墙在互联网中的部署如图 8-16 所示。

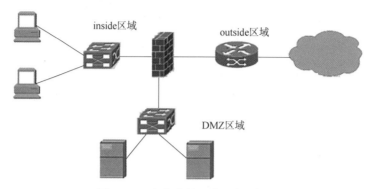

图 8-16　防火墙在互联网中的部署

防火墙在进行网络互连时，一般分为三个区域：inside 区域、outside 区域和 DMZ 区域。其中，inside 区域也称为 Trust（信任）区域，用于连接内部局域网，对安全性要求最高。DMZ 区域也称为隔离区（Demilitarized Zone，DMZ）或"非军事化区"，是为了解决安装防火墙后外部网络不能访问内部网络服务器的问题，而设立的一个缓冲区，在这个区域内存放单位内部需要对外发布的一些网络服务，比如 WWW 服务器、FTP 服务器和 E-mail 服务器等。ouside 区域也称为 Untrust（非信任）区域，用于连接互联网。

一般来说，内部局域网对安全性要求最高，其次是隔离区，最后是互联网。通过在防火墙上配置相应的访问控制规则和策略，达到各区域互访和安全的目的。

防火墙按照特性分为软件防火墙和硬件防火墙。

（1）软件防火墙

软件防火墙是使用最多的防火墙，软件防火墙运行于特定的计算机上，它需要客户预先安装好的计算机操作系统的支持，一般来说，这台计算机就是整个网络的网关，俗称"个人防火墙"。

软件防火墙就像其他的软件产品一样，需要先在计算机上安装并做好配置才可以使用。比较常见的防火墙有 360 个人防火墙、赛门铁克防火墙以及深信服防火墙等。

（2）硬件防火墙

硬件防火墙是网络间的墙，防止非法侵入、过滤信息等。传统硬件防火墙一般至少应具备三个端口，分别接内网、外网和 DMZ 区（非军事化区），现在一些新的硬件防火墙往往扩展了端口，常见四端口防火墙一般将第四个端口作为配置口、管理端口。

防火墙基于专门的硬件平台，没有操作系统。专有的 ASIC 芯片促使它们比其他种类的防火墙速度更快，处理能力更强，性能更高。做这类防火墙最出名的厂商有 NetScreen、FortiNet、Cisco 等。这类防火墙由于是专用操作系统，因此防火墙本身的漏洞比较少，不过价格相对比较高。

实训指导

【实训名称】访问控制列表配置

【实训目的】

1. 掌握标准 ACL 配置和测试方法。

2. 掌握扩展 ACL 配置和测试方法。

【实训任务】

假设某校园网通过一台三层交换机连接到校园网出口路由器，路由器连接到校园外的另一台路由器上，现要在路由器上做适当配置，实现内外网的访问控制，要求：VLAN10 的主机能访问外网，VLAN20 的主机不能访问外网。

【实训设备】

路由器（2 台）、交换机（1 台）、计算机（3 台）、网线若干。

【拓扑结构】

某校园简化拓扑结构如图 8-17 所示。

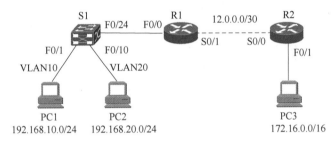

图 8-17　某校园简化拓扑结构

【知识准备】

1. 标准访问控制列表规则的定义。

2. 扩展访问控制列表规则的定义。

【实验步骤】

步骤 1：网络设计。

按照网络拓扑连接网络。

步骤 2：网络连通。

路由器基本配置：按照网络连接要求，规划并分配路由器和计算机的端口地址，配置动态路由协议使网络连通。

步骤 3：定义规则。

在路由器上配置标准访问控制规则，实现访问控制。

在路由器上配置扩展访问控制列表规则，实现访问控制。

注意：两种方式均可实现访问控制，需要分别实现。

步骤 4：测试。

利用网络测试命令进行测试和验证。

小 结

1. 网络安全是一门涉及计算机科学、网络技术、通信技术、密码技术、信息安全技术、应用数学等多种学科的综合性学科。安全的五个属性包括保密性、完整性、可用性、可控性和不可抵赖性。

2. 国家针对网络安全问题，制定了一系列的法律法规和条例规定。以"共建网络安全，共享网络文明"为主题，从 2014 年起，每年选定一周为中国国家网络安全宣传周。

3. 结合体系结构，进行安全协议的设计，实现网络安全。主要包括网络层的安全协议 IPSec、运输层的安全协议 SSL 以及应用层的安全协议 HTTPS。

4. 网络安全是一个比较系统的问题，要实现网络安全，需要综合考虑网络实现的各个方面。可以通过路由器的访问控制和防火墙的包过滤实现网络安全。

习 题

8-01 计算机网络安全的属性有哪些？各有什么含义？

8-02 简述网络层的安全协议 IPSec 的工作过程和工作原理。

8-03 简述应用层 HTTPS 协议的工作原理。

8-04 简述运输层 SSL 协议的工作过程，重点描述安全机制的实现。

8-05 试述防火墙的工作原理和工作过程。请结合网络安全设计，结合校园网部署网络安全结构。

附录 1　课后习题参考答案

第 1 章

1-06　$t=x/b_1+x/b_2$。

1-07　发送时延为 0.1 ms，传播时延为 5 ms。

第 2 章

2-03　根据规则，波形如下：

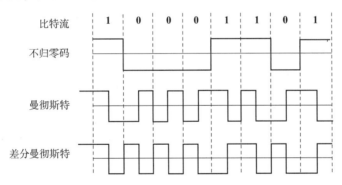

2-04　约 93 dB。

2-05　信噪比 S/N 应增大到约 100 倍。

如果在刚才计算的基础上将信噪比 S/N 再增大到 10 倍，最大信息速率只能再增加 18.5%左右。

2-09　每个时分复用帧 2 个时隙，构造的时分复用帧为 AC BA CB CC DD。

第 3 章

3-01　(1) 电气特性；(2) 功能特性；(3) 过程特性；(4) 机械特性。

3-07　(1) 多模光纤；(2) 多模光纤；(3) 超 5 类双绞线；(4) 单模光纤。

第 4 章

4-04　信息序列：10100111110010111101，"0" 比特插入后，为 101001111100010111101。

4-07　(1) 10 个站共享 10 Mb/s；

（2）10 个站共享 100 Mb/s；

（3）每个站独享 10 Mb/s。

4-08　每个站每秒钟发送的平均帧数的最大值为 34。

4-12　添加的检验序列为 1110。

（1）此时余数为 011，不为 0，接收端可以发现；

（2）此时余数为 101，不为 0，接收端可以发现；

（3）否。

4-13　帧的顺序号应为 5 位，信道利用率是 100%。

4-15　7E FE 27 7D 7D 65 7E。

4-16　00111011111 11111 00。

4-18　最短帧长为 20 000 位或 2 500 字节长。

4-19　$d(\text{prop}) < L/R$ 意味着传输速率大于传播时延，是否发生碰撞可能还要考虑传播距离。

4-21　参数 a 的数值分别为 0.122、0.041 7 和 0.000 977。结果表明，可用通过增大以太网的帧长来提高网络的信道利用率。但帧长过大会导致发送站占用信道时间过长，而其他站等待的时间太长，会降低系统的平均响应时间。因此标准的制定需要考虑各种因素。

4-22　再次冲突的概率为 50%，需要两次重传才成功的概率为 3/8×100% = 37.5%，因此最多两次重传就成功的概率为 87.5%。

4-23　（1）交换机工作在链路层，根据帧（链路层分组）的目的 MAC 地址进行转发；而集线器工作在物理层，仅是将端口接收到的比特转发到其他所有端口而不是对帧进行处理。（2）集线器在转发一个帧中比特时，不对传输媒体进行检测，因此其连接起来的主机属于同一冲突域；但交换机在转发一个帧之前必须执行 CSMA/CD 算法（当连接集线器时），有隔离冲突域的功能。

4-25　（1）会，因为同一个广播 LAN 上，所有适配器都会接收到这些帧，并检测该帧的目的 MAC 地址。（2）不会，因为适配器仅将目的 MAC 地址为自己或广播地址的帧中的数据提交给主机。（3）适配器会将广播帧中的 IP 数据报交给主机的 IP 协议软件去处理，但 C 的 IP 协议软件会丢弃该报文。

4-28　由于无线局域网的 MAC 协议不进行碰撞检测，而且无线信道易受干扰，导致大量帧因为碰撞或其他干扰不能被目的站正确接收，因此，在无线局域网上发送数据帧后，要对方必须发回确认帧，若超时收不到确认，则进行重传。而在以太网有线网络中，可以很容易实现碰撞检测，当信号碰撞时，能及时检测到并进行重传。而如果信号不碰撞，在有线网络中误码率是非常低的，因此没有必要实现可靠数据传输。

4-29　在概念上并不完全相同。WiFi（Wireless Fidelity，即无线保真度）是 IEEE 802.11 无线局域网的代名词。从理论上讲，不采用 IEEE 802.11 标准的无线局域网不能称为 WiFi，但实际上目前流行的无线局域网都是 IEEE 802.11 系列标准。因此，在当前，WiFi 几乎成为无线局域网 WLAN 的同义词。

4-30

动作	交换表的状态	向哪些端口转发帧	说明
A 发送帧给 D	写入（A，1）	2，3，4，5，6	略
D 发送帧给 A	写入（D，4）	1	略
E 发送帧给 A	写入（E，5）	1	略
A 发送帧给 E	更新（A，1）的有效时间	5	略

第 5 章

5-06　（1）129.11.11.239

（2）193.131.27.255

（3）231.219.139.111

（4）249.155.251.15

5-07　（1）和（3）

5-08　子网地址是 201.230.32.0。

5-10　是 B 类地址，网络号 182.60.0.0，主机号 0.0.11.2。

5-11　网络号占 28 位，主机号占 4 位，能容纳的主机数是 14 台。

5-12　（1）192.0.0.0 网络前缀 2 位。

（2）240.0.0.0 网络前缀 4 位。

（3）255.240.0.0 网络前缀 12 位。

（4）255.255.255.252 网络前缀 30 位。

5-13　网络地址是 200.1.0.0；广播地址是 200.1.127.255。

5-14　分组携带的数据长度为 20 字节。

5-15　应当划分为 3 个数据报分片。各数据报分片的总长度分别为 1 500 字节、1 500 字节和 1 040 字节，数据字段长度分别为 1 480 字节、1 480 字节和 1 020 字节，片偏移字段分别为 0、185、370，MF 标志分别为 1、1、0。

5-18　（1）接口 1 转发；（2）接口 0 转发；（3）路由器 2 转发；（4）路由器 1 转发。

5-19　此题答案不唯一。

子网 1：223.1.17.0/26。

子网 2：223.1.17.128/25。

子网 3：223.1.17.64/27。

5-20　数据部分的第一字节的编号是 800；数据部分最后一字节的编号是 879。

5-21　此题答案不唯一。下面给出其中一种分配结果。

部门	网络地址	子网掩码	主机 IP 地址范围
工程部	192.168.161.0	255.255.255.224	192.168.161.1～192.168.161.30
市场部	192.168.161.32	255.255.255.224	192.168.161.33～192.168.161.62

续表

部门	网络地址	子网掩码	主机 IP 地址范围
财务部	192.168.161.64	255.255.255.224	192.168.161.65 ~ 192.168.161.94
销售部	192.168.161.96	255.255.255.224	192.168.161.95 ~ 192.168.161.126
办公室	192.168.161.128	255.255.255.224	192.168.161.129 ~ 192.168.161.158

5-22　此题答案不唯一。下面给出其中一种分配结果。

LAN1 需要 3 个 IP 地址（3 个路由器接口），分配的地址块为 30.138.119.192/29。

LAN2 需要 92 个 IP 地址（含 1 个路由器接口），分配的地址块为 30.138.119.0/25。

LAN3 需要 151 个 IP 地址（含 1 个路由器接口），分配的地址块为 30.138.118.0/24。

LAN4 需要 4 个 IP 地址（含 1 个路由器接口），分配的地址块为 30.138.119.200/29。

LAN5 需要 16 个 IP 地址（含 1 个路由器接口），分配的地址块为 30.138.119.128/26。

5-23　192.168.0.0 ~ 192.168.15.255

5-24　16 个 C 类地址块

5-25　（1）::F53:6382:AB00:67DB:BB27:7332

（2）::4D:ABCD

（3）::AF36:0:0:87AA:398 或 0:0:0:AF36::87AA:398

（4）2819:00AF::35:CB2:B271

5-26　（1）0000:0000:0000:0000:0000:0000:0000:0000

（2）0000:00AA:0000:0000:0000:0000:0000:0000

（3）0000:1234:0000:0000:0000:0000:0000:0003

（4）0123:0000:0000:0000:0000:0000:0001:0002

5-28　（1）子网划分的结果：202.118.1.0/25，202.118.1.128/25。计算过程略。

（2）答案不唯一，以下为其中一种情况。

目的网络地址	子网掩码	下一跳地址	接口
202.118.1.0	255.255.255.128	—	E1
202.118.1.128	255.255.255.128	—	E2
202.118.3.2	255.255.255.255	202.118.2.2	L0
0.0.0.0	0.0.0.0	202.118.2.2	L0

（3）

目的网络地址	子网掩码	下一跳地址	接口
202.118.1.0	255.255.255.0	202.118.2.1	L0

5-29　（1）源 IP 地址：124.78.3.2；目的 IP 地址：180.14.15.2。

（2）数据部分的长度：64 字节。

5-33　（1）路由器 B 更新后的路由表见下表。主要步骤略。

目的网络	跳数	下一跳地址
Net1	7	A
Net2	16	C
Net3	3	C
Net4	9	C
Net6	8	F
Net7	5	C
Net8	3	C
Net9	4	D

（2）路由器 B 将丢弃该分组，并向源主机报告目的不可达。

5-34　R6 的路由表：

目的网络	度量值	下一跳地址
Net1	10	R3
Net2	10	R3
Net3	7	R3
Net4	8	R3

5-35　（1）R2 的路由表：

目的网络地址	下一跳地址	接口
153.14.5.0/24	153.14.3.2	S0
194.17.20.0/25	194.17.24.2	S1
194.17.20.128/25	—	E0

（2）通过 E0 接口转发。

（3）使用边界网关协议 BGP（或 BGP4）交换路由信息；它的报文被封装在 TCP 协议中进行传输。

第 6 章

6-01　运输层为应用进程之间提供端到端的逻辑通信，但网络层是为主机之间提供逻辑通信。各种应用进程之间通信需要"可靠或尽力而为"的两类服务质量，必须由运输层以复用和分用的形式加载到网络层。

6-02　VOIP：由于语音信息具有一定的冗余度，人耳能够承受 VOIP 数据报损失，但対传输时延的变化要求敏感。有差错的 UDP 数据报在接收端被直接抛弃。TCP 数据报出错则会引起重传，可能带来较大的时延扰动。所以 VOIP 宁可采用不可靠的 UDP，而不愿意采用可靠的 TCP。

6-03　应该选择 UDP，UDP 比 TCP 速度更快。

6-04　会丢弃。

6-05　UDP 对应用程序交下来的报文，既不合并，也不拆分，而是保留这些报文的边界。接收方对 UDP 用户数据报，在去除首部后，就原封不动地交付上层的应用进程，一次交付一个完整的报文。发送方 TCP 对应用程序交下来的报文数据块，视为无结构的字节流。

6-08　不可跳过 UDP 而直接交给 IP 层。IP 数据报承担主机寻址，只能找到目的主机而无法交付给进程。UDP 提供对应用进程的复用和分用功能。

6-09　此题有多种可能的答案。Web 服务器监听的端口一般是 80 端口。如果假设客户端被分配的套接字端口是 50007，那么对应的套接字对是 76.12.23.240：80 与 74.208.207.41：50007。

6-10　不可以。4 个数据报片的标识字段不一样。只有标识符相同的 IP 数据报片才能组装成一个 IP 数据报。前两个 IP 数据报片的标识符与后两个 IP 数据报片的标识符不同，因此不能组装成一个 IP 数据报。

6-11　6 个 IP 数据报，分别是数据字段的长度：前 5 个是 1 480 字节，最后一个是 800 字节。片偏移字段的值分别是 0、1 480、2 960、4 440、5 920 和 7 400。

6-12　以太帧大小是 1 500 B，IP 头部是 20 B，UDP 头部是 8 B，每个报文头部大小是 28 B，所以一个 UDP 数据报所负载的数据大小为 1 500−28＝1 472 字节。

所以吞吐量是 1 472×8×50＝588 800（b/s）。

6-13　分组和确认分组都必须进行编号，才能明确哪个分则得到了确认。

6-14　（1）L_max 的最大值是 2^{32}＝4 GB，G＝2^{30}。

（2）满载分片数 Q＝⌊L_max/MSS⌋ 取整＝2 941 758 发送的总报文数。

N＝Q＊(MSS+66)+⌊(L_max−Q＊MSS)＋66⌋＝4 489 122 708+682＝44 891 233 90

总字节数是 N＝4 489 123 390 字节，发送 4 489 123 390 字节需时间为 N×8/(10×10⁶)＝3 591.3 s，即 59.85 min，约 1 h。

6-15　（1）第一个报文段的数据序号是 70~99，共 30 字节的数据。（2）确认号应为 100。（3）80 字节。（4）70。

6-16　65 495 字节，此数据部分加上 TCP 首部的 20 字节，再加上 IP 首部的 20 字节，正好是 IP 数据报的最大长度 65 535（当然，若 IP 首部包含了选择，则 IP 首部长度超过 20 字节，这时 TCP 报文段的数据部分的长度将小于 65 495 字节）。数据的字节长度超过 TCP 报文段中的序号字段可能编出的最大序号，通过循环使用序号，仍能用 TCP 来传送。

6-17　慢开始：在主机刚刚开始发送报文段时，可先将拥塞窗口 CWND 设置为一个最大报文段 MSS 的数值。在每收到一个对新的报文段的确认后，将拥塞窗口增加至多一个 MSS 的数值。用这样的方法逐步增大发送端的拥塞窗口 CWND，可以分组注入网络的速率更加合理。

拥塞避免：当拥塞窗口值大于慢开始门限时，停止使用慢开始算法而改用拥塞避免算法。拥塞避免算法使发送的拥塞窗口每经过一个往返时延 RTT，就增加一个 MSS 的大小。

快重传算法规定：发送端只要一连收到三个重复的 ACK，即可断定有分组丢失了，就应该立即重传丢失的报文段而不必继续等待为该报文段设置的重传计时器的超时。

快恢复算法：当发送端收到连续三个重复的 ACK 时，就重新设置慢开始门限 SSTHRESH。

第 7 章

7-04　当在浏览器端需要访问一个站点的时候，通常输入域名进行访问。而通信过程中，只有域名是不能实现通信的，需要把域名转换成对应的 IP 地址才可以。

例如：要访问百度，一般在浏览器地址栏中输入"www. baidu. com"即可实现访问到页面的访问。而通信过程中，只有域名是不能实现通信的，需要把域名转换成对应的 IP 地址才可以。域名 www. baidu. com 对应的 IP 地址是 110. 242. 68. 4，不管用户在浏览器中输入的是 110. 242. 68. 4 还是 www. baidu. com，都可以访问到百度对应的 Web 网站。

7-05　如果互联网的 DNS 系统出现故障，将不能把输入的域名解析成对应的 IP 地址，这样收发邮件是不能正常进行的。

7-08　当客户端通过超链接申请访问服务器端文档时，会通过发送 HTTP 请求报文申请服务器资源，如果服务器端文档出现差错，在返回的响应报文中会显示代码 5×× 的错误信息，表示服务器端的差错，比如服务器失效，无法完成请求。

第 8 章

略

附录 2　常用术语缩写

3GPP（3rd Generation Partnership Project）第三代合作伙伴计划

ACK（ACKnowledgement）确认

ACL（Access Control List，访问控制列表）

ADSL（Asymmetric Digital Subscriber Line）非对称数字用户线

AES（Advanced Encryption Standard）先进的加密标准

AH（Authentication Header）鉴别首部

AN（Access Network）接入网

ANSI（American National Standards Institute）美国国家标准协会

AP（Access Point）接入点

API（Application Programming Interface）应用程序接口

AR（Augmented Reality）增强现实

ARP（Address Resolution Protocol）地址解析协议

ARPA（Advanced Research Project Agency）美国国防部远景研究规划局（高级研究计划署）

ARPANET（Advanced Research Projects Agency Network）阿帕网

ARQ（Automatic Repeat Request）自动重传请求

AS（Autonomous System）自治系统

ASCII（American Standard Code for Information Interchange）美国信息交换标准码

ASK（Amplitude Shift Keying）移幅键控法

BER（Bit Error Rate）误码率

BGP（Border Gateway Protocol）边界网关协议

BSA（Basic Service Area）基本服务区

BSS（Basic Service Set）基本服务集

C/S（Client/Server）客户机/服务器

CA（Collision Avoidance）碰撞避免

CATV（Community Antenna TV，CAble TV）有线电视

CCITT（Consultative Committee，International Telegraph and Telephone）国际电报电话咨询委员会

CCP（Communication Control Processor）通信控制处理机

CHAP（Challenge-Handshake Authentication Protocol）口令握手鉴别协议

CHINAPAC（China Public Packet Switching Data Network）中国公用分组交换数据网

CIDR（Classless InterDomain Routing）无分类域间路由选择

CNNIC（China Internet Network Information Center，中国互联网络信息中心）

CRC（Cyclic Redundancy Check）循环冗余检验

CSLIP（Compressed SLIP）压缩串行线路网际协议

CSMA/CA（Carrier Sense Multiple Access/Collision Avoidance）载波监听多点接入/冲突避免

CSMA/CD（Carrier Sense Multiple Access/Collision Detection）载波监听多点接入/冲突检测

CTS（Clear To Send）允许发送

DARPA（Defense Advanced Research Project Agency）美国国防部远景规划局（高级研究署）

DCE（Data Circuit terminating Equipment）数据电路端接设备

DCF（Distributed Coordination Function）分布协调功能

DDN（Digital Data Network）数字数据网

DF（Don't Fragment）不能分片

DHCP（Dynamic Host Configuration Protocol）动态主机配置协议

DMZ（Demilitarized Zone）非军事化区或隔离区

DNS（Domain Name System）域名系统

DS（Distribution System）主干分配系统

DSL（Digital Subscriber Line）数字用户线

DSSS（Direct Sequence Spread Spectrum）直接序列扩频

DTE（Data Terminal Equipment）数据终端设备

DWDM（Dense WDM）密集波分复用

EGP（External Gateway Protocol）外部网关协议

EHF（Extremely High Frequency）极高频

EIA（Electronic Industries Association）美国电子工业协会

eMBB（Enhanced Mobile Broadband）移动宽带增强

ENIAC（Electronic Numerical Integrator And Computer）电子数字积分器与计算机

ESP（Encapsulation Security Protocol，封装安全载荷）

ESS（Extended Service Set）扩展的服务集

FDDI（Fiber Distributed Data Interface）光纤分布式数据接口

FDM（Frequency Division Multiplexing）频分复用

FEP（Front-End Processor）前端处理机

FHSS（Frequency Hopping Spread Spectrum）跳频扩频

FSK（Frequency Shift Keying）移频键控法

FTP（File Transfer Protocol）文件传送协议

FTTB（Fiber To The Building）光纤到大楼

FTTC（Fiber To The Curb）光纤到路边

FTTD（Fiber To The Door）光纤到门户

FTTH（Fiber To The Home）光纤到户

FTTZ（Fiber To The Zone）光纤到小区

GPRS（General Packet Radio Service）通用分组无线服务

GSM（Global System for Mobile）全球移动通信系统，GSM 体制

HDLC（High-level Data Link Control）高级数据链路控制

HDSL（High speed DSL）高速数字用户线

HF（High Frequency）高频

HFC（Hybrid Fiber Coax）光纤同轴混合（网）

HIPPI（High-Performance Parallel Interface）高性能并行接口

HTML（HyperText Markup Language）超文本标记语言

HTTP（HyperText Transfer Protocol）超文本传送协议

HTTPS（Hypertext Transport Protocol Security）安全的超文本传送协议

IaaS（Infrastructure as a Service）基础设施即服务

IAB（Internet Architecture Board）互联网架构委员会

IANA（Internet Assigned Numbers Authority）互联网赋号管理局

ICANN（Internet Corporation for Assigned Names and Numbers）互联网名字和数字分配机构

ICMP（Internet Control Message Protocol）网际控制报文协议

IDEA（International Data Encryption Algorithm）国际数据加密算法

IEEE（Institute of Electrical and Electronic Engineering）（美国）电气和电子工程师学会

IETF（Internet Engineering Task Force）互联网工程部

IFS（Inter Frame Space）帧间间隔

IGMP（Internet Group Management Protocol）网际组管理协议

IGP（Interior Gateway Protocol）内部网关协议

IKE（Internet Key Exchange，Internet 密钥交换）

IMAP（Internet Message Access Protocol，因特网报文存取协议）

IoT（Internet of things）物联网

IP（Internet Protocol）网际协议

IPsec（IP security）IP 安全协议

IR（Infra Red）红外线

ISDN（Integrated Services Digital Network）综合业务数字网

ISO（International Organization for Standardization）国际标准化组织

ISP（Internet Service Provider）互联网服务提供者

ITU（International Telecommunication Union）国际电信联盟

ITU-T（ITU Telecommunication Standardization Sector）国际电信联盟电信标准化部门

LAN（Local Area Network）局域网

LCP（Link Control Protocol）链路控制协议

LF（Low Frequency）低频

LLC（Logical Link Control）逻辑链路控制

MAC（Medium Access Control）媒体接入控制

MAN（Metropolitan Area Network）城域网

MANET（Mobile Ad-hoc Network）移动自组织网络

MF（Medium Frequency）中频

MIME（Multipurpose Internet Mail Extensions）通用互联网邮件扩充

mMTC（Massive Machine Type of Communication）海量机器类通信

Modem（Modulator/Demodulator）调制解调器

MPLS（MultiProtocol Label Switching）多协议标记交换

MSS（Maximum Segment Size）最长报文段

MTU（Maximum Transfer Unit）最大传送单元

MUX（multiplexing）多路复用

NAT（Network Address Translation）网络地址转换

NAV（Network Allocation Vector）网络分配向量

NCP（Network Control Protocol）网络控制协议

NGI（Next Generation Internet Initiative）下一代因特网

NIC（Network Interface Card）网络接口卡、网卡

NII（National Information Infrastructure）国家信息基础设施

NSF（National Science Foundation）美国国家科学基金会

OLT（Optical Line Terminal）光线路终端

ONU（Optical Network Unit）光网络单元

OSI/RM（Open Systems Interconnection Reference Model）开放系统互连基本参考模型

OSPF（Open Shortest Path First）开放最短通路优先

OUI（Organizationally Unique Identifier）机构唯一标识符

P2P（Peer-to-Peer）对等方式

PaaS（Platform as a Service）平台即服务

PAN（Personal Area Network）个人区域网

PAP（Password Authentication Protocol）口令认证协议

PCF（Point Coordination Function）点协调功能

PCM（Pulse Code Modulation）脉码调制

PDU（Protocol Data Unit）协议数据单元

PON（Passive Optical Network）无源光网络

POP（Post Office Protocol）邮局协议

PPP（Point-to-Point Protocol）点对点协议

PPPoE（Point-to-Point Protocol over Ethernet）以太网上的点对点协议

PSK（Phase Shift Keying）移相键控法

QoS（Quality of Service）服务质量

RARP（Reverse Address Resolution Protocol）逆地址解析协议

RDSL（Rateadaptive DSL）速率自适应数字用户线

RFC（Request For Comments）请求评论

RIP（Routing Information Protocol）路由信息协议

RSA（Rivest，Shamir and Adleman）用三个人名表示的一种公开密钥算法的名称

RTS（Request To Send）请求发送

RTT（Round-Trip Time）往返时间

SaaS（Software as a Service）软件即服务

SAP（Service Access Point）服务访问点

SDN（Software Defined Network）软件定义网络

SET（Secure Electronic Transaction）安全电子交易

SHA（Secure Hash Algorithm）安全散列算法

SHF（Super High Frequency）特高频

SLD（Second-Level Domain）二级域名

SLIP（Serial Line Internet Protocol）串行线路网际协议

SMTP（Simple Mail Transfer Protocol）简单邮件传送协议

SNMP（Simple Network Management Protocol）简单网络管理协议

SPF（Shortest Path First）最短路径算法

SSH（Secure Shell Protocol）安全外壳协议

SSL（Secure Sockets Layer）安全套接层

STDM（Statistic TDM）统计时分复用

STP（Shielded Twisted Pair）屏蔽双绞线

STP（Spanning Tree Protocol）生成树协议

TCB（Transmission Control Block）传输控制程序块

TCP（Transmission Control Protocol）传输控制协议

TDM（time division multiplexing）时分多路复用

Telnet（Terminal Emulation Protocol）终端仿真协议

TFTP（Trivial File Transfer Protocol）简单文件传输协议

TIA（Telecommunications Industries Association）电信行业协会

TLD（Top-Level Domain）顶级域名

TTL（Time To Live）生存时间或寿命

UA（User Agent）用户代理

UAC（User Agent Client）用户代理客户

UAS（User Agent Server）用户代理服务器

UDP（User Datagram Protocol）用户数据报协议

UHF（Ultra High Frequency）超高频

URL（Uniform Resource Locator）统一资源定位符

uRLLC（Ultra Reliable Low Latency Communications）高可靠和低延迟通信

UTP（Unshielded Twisted Pair）无屏蔽双绞线

VDSL（Very high speed DSL）甚高速数字用户线

VHF（Very High Frequency）甚高频

VLAN（Virtual LAN）虚拟局域网

VLSM（Variable Length Subnet Mask）变长子网掩码

VOD（Video on Demand）视频点播

VoIP（Voice over IP）在 IP 上的话音

VPN（Virtual Private Network）虚拟专用网

VR（Virtual Reality）虚拟现实

WAN（Wide Area Network）广域网

WDM（wavelength division multiplexing）波分多路复用

WiFi（Wireless-Fidelity）无线保真度（无线局域网的同义词）

WLAN（Wireless Local Area Network）无线局域网

WMAN（Wireless Metropolitan Area Network）无线城域网

WWW（World Wide Web）万维网

参考文献

［1］卡鲁曼希，达莫达拉姆，拉奥. 计算机网络基础教程–基本概念及经典问题解析［M］. 许昱玮，等，译. 北京：机械工业出版社，2016.

［2］谢兆贤，曲文尧，等. 软件定义网络（SDN）技术与实践［M］. 北京：高等教育出版社，2017.

［3］谢希仁. 计算机网络（第 7 版）［M］. 北京：电子工业出版社，2017.

［4］吴功宜. 计算机网络高级软件编程技术［M］. 北京：清华大学出版社，2008.

［5］吴功宜，吴英. 计算机网络（第 4 版）［M］. 北京：清华大学出版社，2017.

［6］王道论坛. 计算机网络联考复习指导［M］. 北京：电子工业出版社，2016.

［7］王达. 深入理解计算机网络［M］. 北京：中国水利水电出版社，2017.

［8］田果，刘丹宁，余建威. 高级网络技术［M］. 北京：人民邮电出版社，2017.

［9］黄韬，刘江，魏亮等. 软件定义网络核心原理与应用实践［M］. 北京：人民邮电出版社，2014.

［10］胡道元. 计算机网络（第 2 版）［M］. 北京：清华大学出版社，2009.

［11］洪家军，陈俊杰. 计算机网络与通信——原理与实践［M］. 北京：清华大学出版社，2018.

［12］郭春柱. 网络管理员考试案例梳理、真题透解与强化训练［M］. 电子工业出版社，2009.

［13］陈功富. 计算机通信与网络技术［M］. 哈尔滨：哈尔滨工业大学出版社，2000.

［14］Kurose J，Ross K. 计算机网络：自顶向下方法［M］. 陈鸣，译. 北京：机械工业出版社，2009.

［15］Kevin R Fall，Richard Stevens W. TCP/IP 详解（卷 1）：协议［M］. 吴英，张玉，许昱玮，译. 北京：机械工业出版社，2016.

［16］Gary R Wright. TCP/IP 详解 卷 2：实现［M］. 陆雪莹，蒋慧，译. 北京：机械工业出版社，2019.

［17］马洪强. 网络科技知识博览［M］. 北京：科学普及出版社，2010.

［18］尹飞. IPv6 下 Linux 防火墙的改进与提高［D］. 北京：北京邮电大学，2006.

［19］祝烈煌，王栋. IPSEC 与 NAT 互操作协议分析［J］. 计算机工程，2004，30（17）：3.

［20］韩立刚，王艳华，潘刚柱. 奠基计算机网络［M］. 北京：清华大学出版社，2013.

［21］（美）库罗斯（Kurose J F），（美）罗斯（Ross K W）. 计算机网络：自顶向下方法［M］. 陈鸣，译. 北京：机械工业出版社，2018.

［23］（美）彼得森（Peterson L L），（美）戴维（Davie B S）. 计算机网络系统方法［M］. 王勇，薛静锋，王李乐，等，译. 北京：机械工业出版社，2009.